口絵1 地球の大地形（NASAのSeasat satelliteの解析に基づく）(Emiliani, 1992)

地球はその誕生時から絶え間なく変動し続けて，現在のヒマラヤ山脈がそびえる大陸と水深1万mを超すマリアナ海溝が落ち込む海洋底からなるが，地球表面の大部分は平坦である（本文 p. 18参照）.

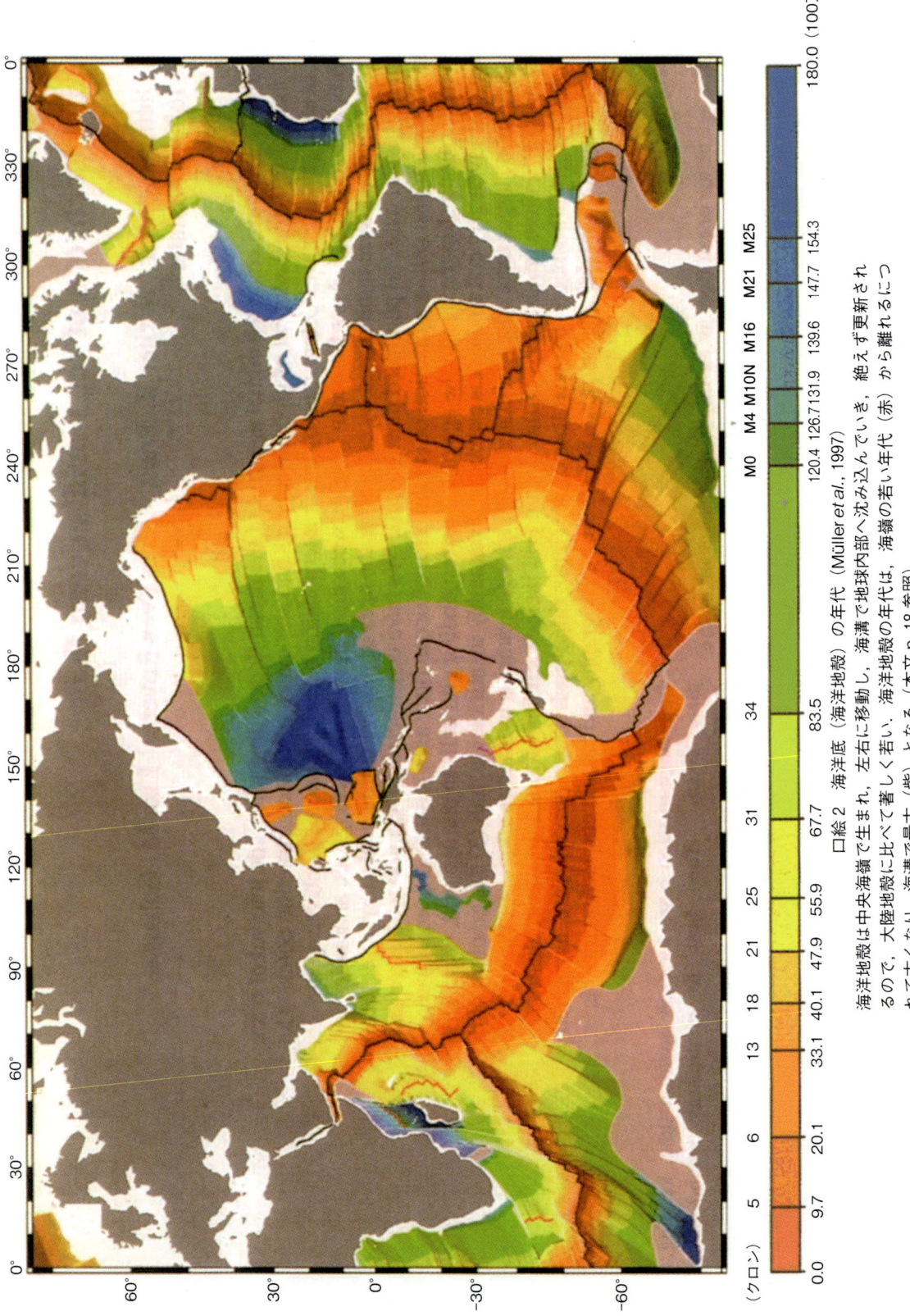

口絵 2 海洋底（海洋地殻）の年代 (Müller et al., 1997)

海洋地殻は中央海嶺で生まれ，左右に移動し，海溝で地球内部へ沈み込んでいき，絶えず更新されるので，大陸地殻に比べて著しく若い．海洋地殻の年代は，海嶺の若い年代（赤）から離れるにつれて古くなり，海溝で最古（紫）となる（本文 p.18 参照）．

口絵3 閉鎖性海域における黒色有機色泥（サプロペル）の層序的産状

左：日本海大和海盆 Hole 797B-2H（5.9〜15.4m），右：東地中海クレタ島南方沖 Hole 969F-1H（0.0〜9.5m）。有機物を多く含む堆積物は黒色を呈し，有機物の少ない石灰質〜珪藻質堆積物は白色となる．地中海サプロペルの褐色は酸化作用による（本文 p. 84 参照）．

口絵4 東地中海のラミナ状珪藻質サプロペル（S5，12万5000年前）の構成（Kemp et al., 1999）（a）堆積物コアの写真（スケール＝1 cm），（b）*Rhizosolenia* ラミナ，混合群集ラミナ，*Hemiaulus hauckii* ラミナを示す後方錯乱電子像（スケール＝1 mm），（c）*Hemiaulus hauckii* ラミナの後方錯乱電子像（スケール＝20 μm），（d）*Rhizosolenia* ラミナを構成する保存良好の *Pseudosolenia calcar-avis* の後方錯乱電子像（スケール＝10 μm）（本文 p. 84 参照）.

口絵5 米カリフォルニア州ロンポックの珪藻質堆積物（1989年）
左上：タールが染み出た中‐鮮新世境界のシスクォック層下部の珪藻土，右上：モンテレー層上部の海成珪藻土を採鉱するマンヴィル採鉱場，左下：モンテレー層上部の薄層状になったオパールCTポーセラナイト（本文 p. 87 参照）.

図説
地球の歴史

小泉　格―著

朝倉書店

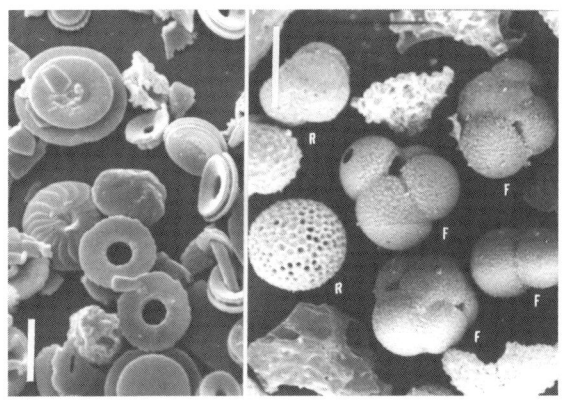

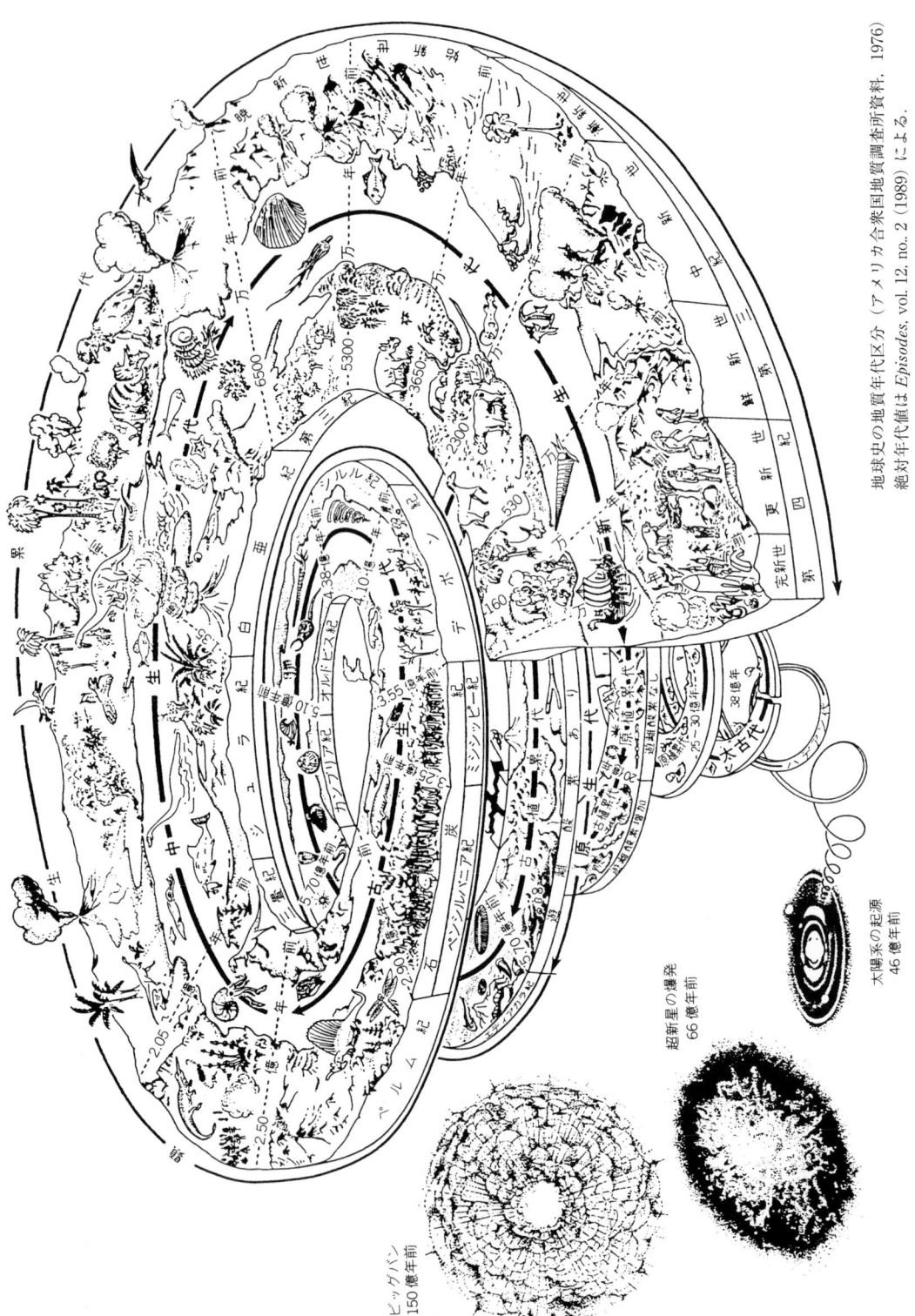

地球史の地質年代区分（アメリカ合衆国地質調査所資料，1976）絶対年代値は Episodes, vol. 12, no. 2 (1989) による．

はじめに

「地球温暖化」が大きな社会問題となっている．その対策として，二酸化炭素の排出削減や電気自動車の普及，原子力発電所の見直しなどがにわかにとりざたされているが，根本的な解決には地球表層における環境変動の理解が必要である．1900年頃から始まった小氷期後の温暖化気候は，20世紀後半に自然環境が寒冷化傾向に転じたのであるが，この時期から物質文明を享受してきた人間活動が放出する二酸化炭素などの温室効果ガスや廃棄物の排出量が地球の自己浄化能力を超えてしまったことが，その根本的な原因である．

非常に不安定な気候状態の中で生じた地球温暖化が自然環境の変動リズムを乱れさせ，気候システムに変調をもたらしつつある．近年に多発している異常気象や気象現象の局所化と変動幅の増大は，このような不調和の現れである．地球環境の危機は，人類が自ら仕掛けたという意味で，人類史上かつてなかったことである．

地球環境の過去から現在への経過を精密に復元し，生成の機構と変動の周期性を明らかにすることによって，近未来の予測と対策を確かなものにすることは，歴史科学の使命となっている．地球環境の問題は専門家のみの問題ではない．運命共同体としての地球上に生息している人類全体の問題であるので，問題の所在を理解し対策に一助することは地球人としての義務である．

地球表層の約70%を占める海洋は，太陽熱を吸収する巨大な熱の貯蔵庫として，大気や雪氷と相互作用をもち，地球規模の熱と塩分の分配を行っている．海洋はまた，大気へ水分を供給する巨大な貯水庫でもある．水は固体-液体-気体の3つの状態をもち，それぞれの状態の間を遷移するときに多量の熱を放出または吸収する．海洋は地球環境にきわめて大きな影響をおよぼしている．

筆者は深海掘削計画（1968～1983年のDeep Sea Drilling Project, DSDP；1985～2003年のOcean Drilling Program, ODP）に1971年から関わってきたが，1980年に太平洋を中心としたDSDPの研究成果をまとめた．その過程で海底堆積物の分布，堆積機構，層序と年代，堆積環境などに関する詳細な情報が海底に記録されていることを実感した．幸運なことに，1990年から10年間「海洋環境の変化と変動に関する講義」（古海洋学）をもつことができ，7回におよんだ掘削乗船の研究成果を中心とした海洋環境の変遷史をまとめることができた．

本書は，その講義録をもとにしたが，観察事実がどのような過程を経て理論化されるに至ったかに意を用いた．新しい専門誌や出版物は最新の成果を紹介することにウェイトがかかる．経過した物理時間の長さのために古いと判断されて言及されることの少ない研究成果の中には，「パラダイムの確立」と呼ばれるその後の研究のひな形となったものや新しい研究の転機となったものなどがある．第1章で深海掘削の初期段階における基本的な

船上研究の段取りを改めて紹介したのは，1960年代からのこのプロジェクトが組織的な観察と入手不可能であった研究素材を系統的に提供し続けたことが動因となって，グリーンランドや南極の氷床コアリングが本格化し，さらに熱帯サンゴ礁の解析も加えて，異なった専門分野を相互に結びつけ，精密な環境変化の復元から地球気候のシミュレーションモデルを作成して，将来の地球環境を予測する新しい学問分野を確立したと考えるからである．

第2〜4章は，白亜紀の非氷河型温暖気候から古第三紀の段階的な前期を経て，新第三紀の氷河型寒冷気候へと変化し第四紀に氷河時代が成立する過程で，この気候変動の原因となった海洋と海洋-大陸の境界の変動を詳述した．第2章の中生代と第3章の新生代は白亜紀末の天体衝突事件で境界される．第4章の第四紀は人類が誕生し現在を含む最新の地質時代であり，近未来の環境を予測することが可能な完新世を含むことから重要であると考え，最新の研究成果にも言及した（地球史の地質年代区分は扉裏参照）．

第5, 6章では海底堆積物の主要構成物である光合成産物としての炭酸カルシウムとオパールの生成と溶解・続成を物質循環の観点から記述した．前者は地球温暖化の元凶とされる二酸化炭素や炭素の循環に関わり，後者はシリカの物質循環システムの中に繰り込まれて地球システムの安定化に貢献している．

第7章で取り扱う南極と北極の極域は，地球放射量が太陽放射量を上回るので，気候の温暖化が最も鋭敏に現れる．また，熱輸送過程に伴う物質循環の収束域である．地球規模の気候や環境変動の影響を受けた諸物質が氷床中に蓄積されており，近年氷床コアの詳細な解析が進展している．いま北極は地球平均の約4倍の速さで温暖化しているので，日本の気候変動に直接影響してくる．

最後の第8章で日本海の環境変遷に言及した．環境変遷に関わる研究活動においては，地域や研究分野ごとの精確な個別情報を地球規模で総合的に統合する量的・質的転換が重要である．環境に変化や変動が生じたとする基本的な根拠は，調整と維持の空間であるはずの環境が許容範囲を超えた変化や変動に対応できなくなって，変化や変動が環境システムの中で解消されずに残存した証拠を見つけ出すことに基づいている．

本書を刊行できたのは朝倉書店編集部のご尽力による．厚く感謝する．最後に研究と教育を支えてくれた家族に感謝する．

2008年「国際惑星地球年」に

小 泉 　 格

目　　次

1. 深　海　掘　削 ─────────────────────────── 1
   1.1　海洋における石油・天然ガス採掘　　1
   1.2　モホール計画　　3
   1.3　深海掘削計画　　9
   1.4　国際深海掘削計画　　11
   1.5　音響学的層序の実体化　　13
   1.6　統合国際深海掘削計画　　14

2. 中　生　代 ─────────────────────────── 17
   2.1　地殻変動と地球環境　　17
   2.2　白亜紀後期の寒冷化事件　　22
   2.3　海洋の無酸素事件と黒色有機泥の生成　　23
   2.4　海洋プランクトンの消長　　26
   2.5　白亜紀末の天体衝突による大量絶滅　　27

3. 新　生　代 ─────────────────────────── 30
   3.1　暁新世と始新世：氷河型地球の始まり　　37
   3.2　漸新世（3800万～2350万年前）　　39
   3.3　新第三紀（2350万～260万年前）　　39

4. 第　四　紀 ─────────────────────────── 43
   4.1　気候が寒冷化した証拠　　43
   4.2　ビラフランカ動物群の消長　　48
   4.3　人類（ホミニド）の出現　　50
   4.4　北半球氷河時代が260万年前に生成した原因　　53
   4.5　更新世中期における事件　　56
   4.6　完新世の気候変動　　61

5. 一次生産による有機物の生成と二酸化炭素 ─────────────── 68
   5.1　有光帯における光合成　　68
   5.2　栄養塩類の供給　　69
   5.3　食物連鎖と物質循環：生物ポンプ　　71
   5.4　炭酸カルシウムの生成と溶解：アルカリポンプ　　72

目　次

　5.5　海水と海底堆積物をつなぐ沈降粒子束　75
　5.6　化石有機物と石油・天然ガス鉱床　76
　5.7　大気-海洋間の二酸化炭素交換と地球温暖化問題　77

6. 珪藻質堆積物の形成と続成作用 ― 80
　6.1　生物源シリカの生産と溶解　81
　6.2　珪藻マット　83
　6.3　珪藻質堆積物の続成作用　84
　6.4　寒冷化気候による珪藻の進化　86
　6.5　珪藻群集の変化と珪藻質堆積物の形成　89
　6.6　珪藻化石の地球科学　90
　6.7　珪藻土の工業的効用　93

7. 南極と北極 ― 95
　7.1　南極大陸　96
　7.2　北極海　101
　7.3　南極と北極の関係　107

8. 日本海 ― 112
　8.1　古地磁気による東アジアのテクトニクス　112
　8.2　日本列島の古地磁気方位の変動　114
　8.3　日本海の深海掘削　115
　8.4　日本海東側陸域の層序　121
　8.5　日本海の歴史　124

引用文献 ― 128
結　　び ― 139
索　　引 ― 141

コラム1　地質年代尺度（geological time scale）　5
コラム2　プレートテクトニクス　18
コラム3　同位体　33
コラム4　ミランコヴィッチサイクル（Milankovitch cycle）　45
コラム5　氷期-間氷期サイクル　57
コラム6　年代測定としての放射性炭素（^{14}C）法　62
コラム7　ボンドサイクルとボンドイベント　64
コラム8　有機物の窒素同位体比（^{15}N/^{14}N）　71
コラム9　熱塩循環（THC）　74
コラム10　数百〜数千年スケールの気候変動　108
コラム11　メタンハイドレート　120

1

深 海 掘 削

　われわれが住んでいる地球はダイナミックに生きている．その代表的な例である地震や火山活動は，弧状列島や造山帯と呼ばれる活動帯に頻発しており，その影響はわれわれの日常生活に直結している．

　20世紀後半に，地球科学者の眼は大陸ほどよくは調べられていない海洋底に向けられた．科学技術の進歩と発展は，実際に海底をみたり触れたりしなくとも，その様子をわれわれに知らせてくれるようになった．海底地形や地磁気，重力や地殻熱流量などの調査を目的とした数々の航海の蓄積によって，われわれは海洋底もまたダイナミックであることを知った．それらの分布状態と過去から現在への変動についての知識を得たほかに，大陸棚や深海底をおおっている堆積物の組成や厚さ，成層状態に関するたくさんの知見をも得た．

　その結果，海洋底から地球の歴史に関する斬新な学説や仮説が1960年代に多数発表された．これらの諸説を確認するためには，大陸縁辺域や深海底の堆積物や火成岩などを採集して実際に調べることが最上であると判断された．これまでに海盆や海嶺，断列帯や深海平原などの調査と研究が系統的に整然と行われてきており，これらの海洋底の深所から長い堆積物コアや火成岩を採取して綿密な研究に提供することにより，われわれは海洋地殻の変動の歴史をこれまで以上に知ることができる．過去2億6000万年間の海洋底の地史を大陸の地史，大陸の移動，および大陸の発達史に関する知識とあわせて考えれば，地球の起源や生成，変動の歴史をいっそう詳しく再編することができる．われわれが住んでいる地球はどのように発達してきたか，われわれは将来に何を予期しうるかなどが明らかになる以外に，海洋資源の由来が解き明かされてその本格的な開発が可能になるのである（表1.1）．

　海洋底の掘削を米国が始めた1960年代初頭には，アポロ計画も同時に進行し月面から月の岩石を400kg地球に持ち帰った．地球外の宇宙空間を探査することは大事であるが，われわれが住んでいる地球そのものを理解すること，特に地球表層の7割を占めている海洋を精密に知ることがもっと重要である．

1.1　海洋における石油・天然ガス採掘

　石油や天然ガスの孔井掘削に用いられる掘削やぐらやプラットフォームなどの装置全体をリグと呼ぶが，海上においてはリグを載せた掘削船が必要となる．大陸棚や浅海などは，水深が浅いことからプラットフォームを海底に固定させた着底式やジャッキアップ式のほかに，アンカーで海底に固定する繋留式などの方法がある（図1.1）．

　海上における石油や天然ガスの採掘では，海底に石油やガスの噴出防止装置（blow-out preventer, BOP）が設置される．BOPと船の間の海水

1. 深 海 掘 削

表 1.1 20世紀後半における海洋地球科学の進展（小泉，1998 を改変）

年	深海掘削の推移	主な地球科学の進展
1957	モホール計画の提案	水深 4000 m の深海底では海洋地殻の厚さは 4 km 程度
1958	モホール計画の発表	中央海嶺と中軸谷の発見
1961	カス I 号がグアダルーペ沖で 5 孔を掘削 モホール計画中断	海洋底拡大説の提唱 地磁気縞模様の発見
1962	深海掘削による地球環境の解明を提案	
1963	UMP（Upper Mantle Project）開始	ホットスポット説の提唱 地磁気異常縞模様のテープレコーダ説の提唱
1964	JOIDES 結成	
1965	カールドリル I 号がブレーク海台で 14 孔を掘削 DSDP 発足	トランスフォーム断層説の提唱
1966	モホール計画中止 スクリップス海洋研究所が DSDP の窓口となる	
1967		プレートテクトニクス説の提唱
1968	グローマーチャレンジャー号が進水	DSDP 第 I 期：大西洋と太平洋の年代と発達史の解明 Leg 3 が大西洋の拡大を実証 地磁気異常縞模様による全海洋底年代の提示
1969		Legs 8 と 9 が太平洋プレートの北上を確認
1970	再貫入装置の導入	DSDP 第 II 期：大陸と海洋盆地の相互作用の理解 Leg 12 が北大西洋氷河時代の開始を 300 万年前とした Leg 13 が 550 万年前の地中海を塩水湖とした
1971		Leg 19 が掘削孔底で地殻熱流量を測定
1972	GDP（Geodynamics Project）開始	DSDP 第 III 期：南北高緯度域での掘削と火成岩地殻の採取
1973		付加体説の提唱 Legs 28 と 29 が南極循環流の成立を編年 Leg 32 が最古（ジュラ紀中期）の岩石を採取
1975	DSDP の国際化（IPOD）	IPOD：海洋地殻の進化，大陸縁辺域の構造と生成，海洋古環境の変遷
1977		Leg 55 がホットスポット説を実証 Leg 57 が海溝陸側でのテクトニクス浸食を確認
1980	HPC の導入	
1983	グローマーチャレンジャー号の老朽化により IPOD-DSDP は Leg 96 で終了	
1985	ODP 発足，ジョイデスレゾリューション号により ODP Leg 101 からスタート	ODP 第 I 期：海洋プレートの構造，氷河時代の環境変動
1986		古生物（珪藻）標準試料センターが科学博物館に設置
1987		Leg 117 がアジアモンスーン気候変動を解明 Leg 118 がハンレイ岩を 500 m 採取
1989		Leg 128 が掘削孔での地震観測に成功 Leg 129 が最古（ジュラ紀中期）の岩石（放散虫岩と枕状溶岩）を採取
1990		Leg 131 が南海トラフで付加体を解明
1991		Leg 139 がファンデフーカ海嶺で熱水硫化物鉱床を採取
1992		Leg 148 が最深掘削記録 2111 m を樹立
1993		ODP 第 II 期：マントルダイナミックスの研究，地球環境変動の編年と要因の解明
1994	ブレーメンにコア保管庫が設置	Leg 156 がバルバドス付加体デコルマの間隙水圧を測定
1995		Leg 164 がメタンハイドレートを回収
1997	ODP データベース管理システムが完成	Leg 171 がブレーク海台で K/T 境界の隕石衝突を確認
1998		ODP 第 III 期：地球環境変遷の高分解能解析，掘削孔内での計器観測，地殻形成モデルの検証
2003	ODP が終了し，IODP が発足	
2005	ライザー掘削船「ちきゅう」が進水	

1.2 モホール計画

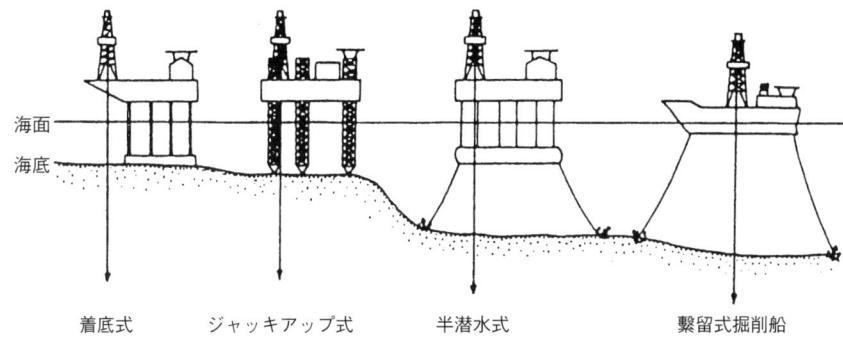

図 1.1 海洋掘削リグの模式図

中には，ドリルパイプが降下し，掘りくずを船上へ回収するとともに刃先（ビット）を冷却するための泥水を循環させる中空のパイプ（ライザー）が設置され，海水から完全に隔離される．海底下は，地層や岩石が崩落しやすい上部では，崩落を防止し泥水が循環する中空のパイプを設置（ケーシング）し，その中を掘削用のビットをつけたドリルパイプが降下する．それ以深では，地層が堅固となるに従って掘削孔の側壁が掘削泥でコーティングされて孔壁が安定する．ドリプパイプには地層の抵抗に逆らってまっすぐ降下させるために重量を増加させたパイプや安定装置，孔井を保持するために径の大きなドリルカラーなどが先端に取りつけられる．

船上でドリルパイプ全体を回転させながらビットに荷重をかけて地層や岩石を掘削する．高圧ポンプにより比重の大きい泥水をドリルパイプ内からビット先端へ噴出させてビットを冷却し，掘削屑とともにドリルパイプの外側を通して船上へ戻して掘削屑を回収する．

石油やガスなどを採取する場合には，油層やガス層の採取箇所に穴を開けたケーシングで固定した後，海底の BOP を生産用の採油制御装置に取り替え，そこから海底に設置したパイプラインで原油やガスを陸上へ輸送する．

図 1.2 深海掘削船カス I 号（総排水量 3000 トン）（奈須，1977）
船首と船尾の両舷に船外モーターが取りつけられている．

1.2 モホール計画

1959 年に，米国は地球の表面をおおっている地殻を掘り抜いて，その下にある地球深部のマントル物質を回収しようと計画した．これがモホール計画（Mohole Project）である．地殻の厚さは陸地では 30〜70 km もあるが，海底では 5〜6 km と非常に薄くなっているのである．

1961 年に，石油孔井を掘削するためのリグを船上に設置した石油 4 社コンチネンタル，ユニオン，シェル，シューペリアの共同船で，その頭文

字を船名としたカスⅠ号は，カリフォルニア半島沖のグアダルーペ島東の水深 3566 m 地点（28°59′N，117°30′W）で 3 週間にわたり試験掘削を 5 孔で行い，海底下 177 m までの堆積物，堆積岩，玄武岩（6.1 m）を掘削し回収したところでビットが磨耗した．海上における一連の掘削作業と，海底堆積物や玄武岩の回収は世界初の快挙であった．カスⅠ号が母港のロサンゼルスへ戻ったとき，ケネディ大統領はこの試験掘削を「歴史的偉業」と讃える賞賛のメッセージを送っている（ブリッグス，1976）．

カスⅠ号は，2 本の主スクリューと船外の前後両舷に計 4 つの船外モーターを取りつけていた（図 1.2）．掘削地点の周囲 8 カ所に設置された，海底の錨から海面までのブイに取りつけられた 12 個の海中と海面のレーダー反射板が船からの発信音を反射させるので，それらの距離をコンピュータで計算しスクリューやモーターと連動させたセルフポジショニングシステムにより，船を固定する工夫がなされた．カスⅠ号の掘削は，ライザーなしのドリルパイプのみの素掘りであり，パイプの中へ海水を高圧ポンプで送水して掘りくずを掘削孔の外の海底へ掘り出す仕組みである（奈須，1977）．

採取された堆積岩は岩相記載が行われた後，石灰質～珪質軟泥に含まれている微化石が調べられて，隣接したカリフォルニアに分布している地層との地質学的な対応関係（対比）が示されるとと

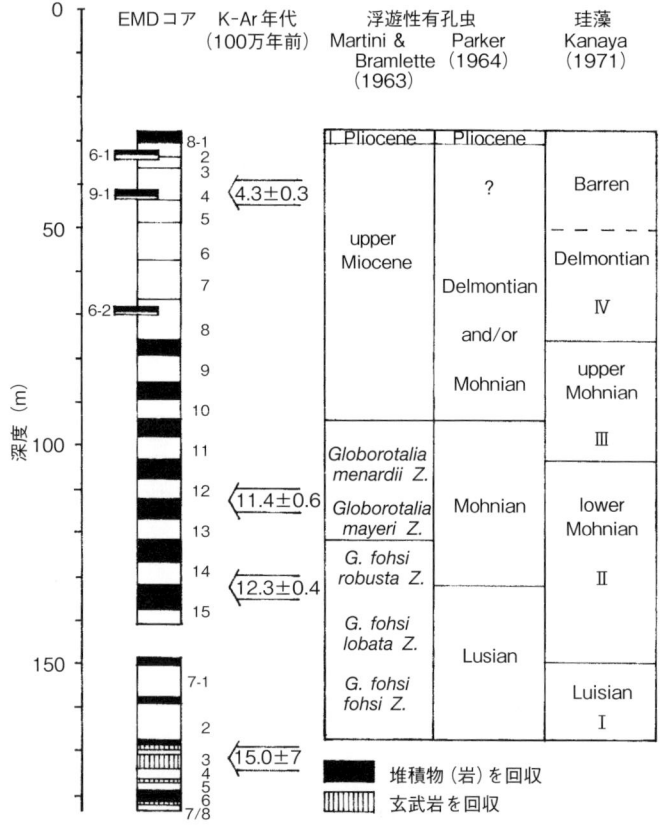

図 1.3　モホール試験掘削コアの微化石層序と放射性年代値（Kanaya, 1971）
K-Ar 年代値は Dymond (1966) と Krueger (1964) による．その後，Schrader (1974) が DSDP Site 173 とラモントドハティ地学研究所の RC コアの珪藻層序を参照しながら再検討を行った．Barron (2003) による赤道太平洋の熱帯域珪藻基準面によれば，ⅠとⅡの境界は *Thalassiosira yabei* の初出により 1350 万年前，ⅡとⅢの境界は *Hemidiscus cuneiformis* の初出により 1150 万年前，ⅢとⅣの境界は *T. yabei* の消滅により 820 万年前である．

●コラム1：地質年代尺度 (geological time scale)

　地球科学は，1960年代以降に急速に進展し，それまでの地域的調査や定常的観測による静的地球様相の探求から変動する地球の全体像を確立して動的地球観を提唱することに至った．

　変動する地球観は，地球のさまざまな特徴は地球創成以降に連続して起こった出来事の産物であって，すでに起こった事件に左右されており，次に起こる出来事に大きな影響をおよぼすという認識を確立させた．この歴史における因果関係の必然性によって，歴史科学としての地史学 (historical geology) の重要性が強調された．

　その学術研究が進展した主な背景として，以下の4点があげられる．

　(1) 1950年代後半に，自然残留磁化の伏角が時代と緯度によって変化するか否かの検討結果が，地球磁場逆転史を主体とする古地磁気学を学問分野として成立させ，詳細な海底地形調査と併合して，ウェーゲナーが1910年頃に提唱した大陸移動説を復活させた．

　(2) 1960年代前半には，海底堆積物の古地磁気層序と海上の地磁気異常縞模様分布との対応によって，海洋底拡大説が登場した．

　(3) 1960年代後半には，海洋底拡大の機構と原動力を説明するために，プレートテクトニクス説が登場した．

　(4) 1970年代には，プレートテクトニクス説の検証と新しい地球観の確立が促進された．

　1968年8月以降に実施された「深海掘削計画」は，①海底の年齢を決定して"海底拡大による大陸移動"説を検証すること，②海底堆積物の地層を完全に採取して古生物学的な地層層序を世界の各地域に確立すること，が至上目標であった．この成果として，1980年代には浮遊性微化石を用いた生層序が確立し，古地磁気層序と放射性同位体による放射性年代値との照合による年代層序が体系化された．

　世界各地に分布する地層の対比と年代決定の精度が向上して，地質現象の前後関係が明らかになり，隕石の衝突や火山の噴火と生物の大量絶滅との関連性などの因果関係が検討されるようになった．その結果，現在ではより細かな精度と信頼度の高い時間尺度の確立が必要とされている．この問題を解決するためには，時間尺度の基本的な概念と手法，適用の限界を理解しておくことが重要である．

1) 地質年代尺度とは何か

　地史学は，地球の歴史における時間の流れは抽

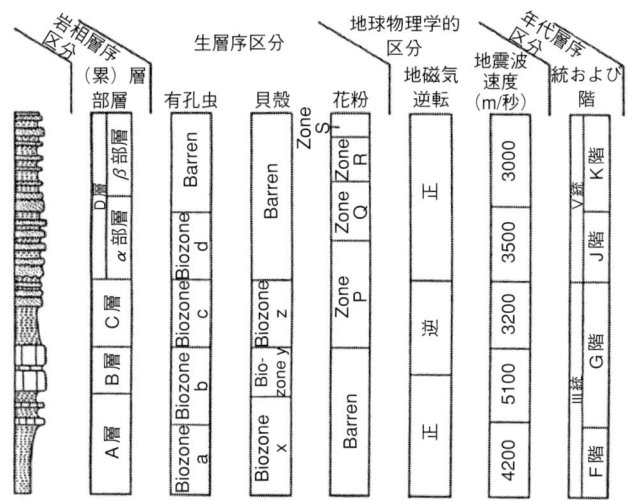

図1　さまざまな層序区分 (Hedberg, 1976を改変)
一連の地層はさまざまな性質によっていくつかの異なった層序単元に区別することができる．

象的な概念でしかないが，現在われわれが手にすることのできる地層や岩石などは，過去のある時期のある場所において形成された後，現在までの時間を経てきた具体的な実存であることを認識することから始まる.

歴史科学においては，時間軸を設定しなければならない．それは，時間経過の追跡とともに隔離した地点間の試料や資料などの情報を比較し照合する対比（correlation）の基礎となる同時面の設定を含む．時間軸が定まれば，歴史的な出来事を時間の順序に従って正確に並べて記述する編年（chronology）の作業を行う．順序とは，事物の相対的な前後関係であって，絶対値としての年数を求めるものではない．すなわち編年とは，時間尺度を得て，それとものの順序とをカップリングさせることである．

地質時代の地球上に起こった自然現象や表層環境を時間の経過に従って配列し復元する地球科学の学問分野は，層序学（stratigraphy）と呼ばれる．堆積物や堆積岩の特徴や性質を記載して地層の区分を行い，それらの時間的・地理的な相互関係を明らかにするとともに，地層中に残された記録を読み取って総合化して，過去の地質現象を復元するのである（図1）．したがって，地質情報の記載や報告には地質情報を含んでいる地質柱状図を随伴する必要がある．

層序区分には，岩相の類似をもとに地層を層序区分する岩相層序（lithostratigraphy），地層中の化石内容をもとに地層を層序区分する生層序（biostratigraphy），ある共通な地質時代の地層をひとまとめにして層序区分する年代層序（chronostratigraphy）などがある．

2) 微化石年代層序（bio-chronostratigraphy）

「深海掘削計画」の進展とともに，微化石を用いた海底堆積物の年代尺度が発展してきた．微化石年代尺度は，他の物理化学的手法による地質年代尺度に比べて設定が容易であったために，さまざまな地域に分布するさまざまな地質時代の地層を対象として多数設定されてきた．

海底堆積物や地表に露出する岩石の75％を占める堆積岩は，供給地の母岩の種類，気候，起伏などを反映した風化浸食作用，運搬の機構を反映した運搬作用，堆積域の環境を反映した堆積作用を経て常温常圧下で形成された結果であり，古生物の遺骸である化石を含んでいる．

微化石年代尺度を設定するために有効な微化石は示準化石と呼ばれ，①その生存時に広範に分布し，②堆積物や堆積岩から多数産出し，③種組成が多様であり，④地質時代を通じて進化が顕著であることなどの条件が課せられているので，表層水塊に対応している浮遊性の動植物プランクトンの遺骸である浮遊性有孔虫，石灰質ナノプランクトン，珪藻，放散虫などの微化石年代層序が研究されてきた．

3) 微化石年代層序の設定

生層序学における基本的な単位は，堆積物や地層に含まれる化石の内容や特徴によって隣接する堆積物や地層から区別される地層の部分である帯（zone）である．現在，用いられている帯には，異なった概念や定義で規定された多くの種類があるが，一般的には，①ある特徴的な化石種群の集合体として区分される堆積物や地層の部分としての群集帯（assemblage zone），②ある特定種の全生存期間とその地理的な生息範囲の限界によって区別される堆積物や地層の部分としての生存期間帯（range zone），③ある特定種のアクメ（繁栄期）によって区別される堆積物や地層の部分としてのアクメ帯（acme zone），④複数の種の進化や絶滅の時間面によって区別される堆積物や地層

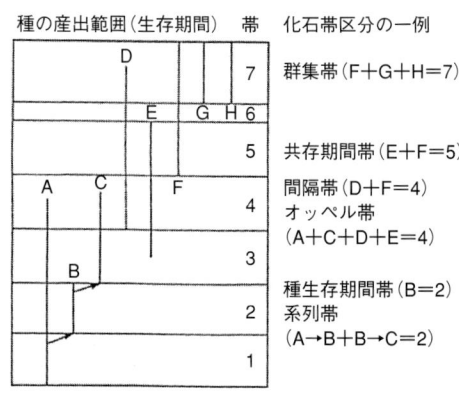

図2 種の生物事件（出現と絶滅）および生存期間に基づく化石帯区分

```
再堆積 (rework)
    絶滅示準面 (last occurrence datum, LOD)
    急減示準面 (rapid decrease datum, RDD)
生
存   アクメ (acme)
期
間   急増示準面 (rapid increase datum, RID)
    出現示準面 (first occurrence datum, FOD)
```

図3 種の産出状態によるさまざまな示準面

の部分としての間隔帯（interval zone）などである．これらのうち，生存期間帯は1種の生存期間に基づく場合（種生存期間帯，taxon range zone）と，複数の種の生存期間とを組み合わせた共存期間帯（concurrent range zone），オッペル帯（Oppel zone），系列帯（lineage zone）の3つの場合がある（図2）．

生存期間帯と間隔帯の2つの帯は，生物の進化に基づく種の出現（first occurrence）と絶滅（last occurrence）の生物事件（biological event）や生存期間（range）によって定義されるので，帯を特徴づける種の地理的分布が広範なほど帯の適用範囲が広まることになる．生物事件の層準を示準面（datum level，datum plane）と呼ぶが，示準面以外に，ある種や属の個体群が大量に出現し始める，あるいは減少し始める層準や，殻の巻き方向が逆転する層準なども帯区分の目安となる（図3）．

新しい種の出現は非可逆的な進化現象であることから，形態変化の類似性や相対頻度の変化に基づいて先祖種と子孫種の関係を把握することと，個体発生は系統発生を繰り返すことから，系統発生史に基づいた進化系列史の編年が生層序学の究極であるといえる．例えば，海生の化石珪藻 *Denticulopsis* 属は *D. praelauta* を先祖種として，中期中新世から後期中新世初めを通じて短期間に急速に種分化（進化）を繰り返して多くの種に分岐した．

4）複合年代尺度

生層序の研究が進展するにつれて，堆積物や地層をよりいっそう細かい単位で認識しようとする試みは，化石種の分類を細密化し，個々の化石種の層序的分布とそれらの組合わせによる独自性の強い個人芸が強調される結果となった．生層序の分解能を高めることに反比例して適用範囲の時間的・地理的限界は極小化することを認識しておく必要がある．

さらに，1つの種類の微化石がもつ化石帯や示準面の地域性と層序的分解能の限界を補うために，微化石年代尺度を構成する主要メンバーである浮遊性有孔虫，石灰質ナノプランクトン，珪藻，放散虫などの示準面を非生物的な古地磁気層序に統合することによって，微化石層序区分の分解能を高めようとする複合年代尺度の作成が試みられた．これらの微化石は生存時に生息する場所や環境が異なっていただけでなく，化石の保存状態も違ってくることによって，微化石の産出状態が種類によって地域的層序的に偏在してくるので，多くの種類の微化石を取り扱うことは生層序の分解能を高めることになった．

5）化石帯区分の地域性

水塊群-気候帯に対応した生物群集に基づく化石帯区分においては，寒冷化気候が強まってくる新第三紀以降の緯度的分化の影響を受けて，低緯度域の化石帯は高緯度域に適用できないことが判明した．このために，高緯度域では寒冷海域に適応した珪藻や放散虫などの化石帯が設定されてきた．

化石帯区分の地域性は，示準面の非等時性の問題である．例えば，北太平洋の中緯度域では珪藻 *Denticulopsis praedimorpha* の消滅とその子孫種である *D. dimorpha* の出現の間に *Thalassiosira* "*yabei*" 帯が間隔帯として設定されているが，高緯度域の北太平洋や南極海では進化系列から予測されるように，この *Denticulopsis* 2種の生存期間が重なり合う共存期間が存在する（図4）．帯区分の地理的適応限界と示準面の等時性について古気候帯や水塊分布などの環境要因を考慮することは重要な課題である．

6）示準面の国際対比と国際的標準化

地域的な化石帯区分を全地球規模で標準化するためには，①ヨーロッパ大陸を模式地とする年代層序区分体系に対比する方法（小泉，1980）と，②生層序帯区分の境界や示準面を放射性年代値や

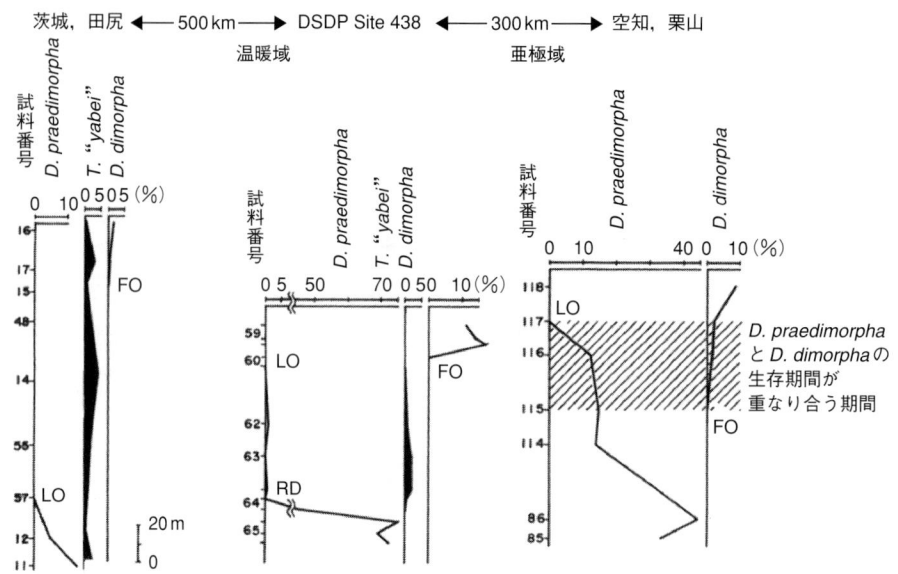

図4 *Denticulopsis praedimorpha, D.dimorpha, Thalassiosira "yabei"* の層序ならびに緯度分布（Koizumi, 1990）
FO：出現，LO：絶滅，RD：急減．

地磁気層序年代値に対比する方法がある．海底堆積物を使った生層序と地磁気層序の対応関係は，新生代においてほぼ完成している（斉藤，1999）．

7) 生層序学の精度と信頼度の向上

連続した堆積物や堆積岩において，古生物事件と呼ばれる先祖型種が進化したことによって生じた子孫型種の出現と先祖型の消滅による系列帯示準面の地理的広がりを環境変化と照合させて，環境変化に影響されず，かつ時間面を斜交しない示準化石種を選別することがまず必要である．

さらに同一セクションにおいて，系列帯の示準面と地磁気層序あるいは放射性年代値などの物理的基準とを直接的に対応させるとともに，示準面が意味する生物-環境事件の関係を解明することが求められる．

もに，放射性年代値が測定された（図1.3；コラム1参照）．

この計画で行われた海洋における掘削計画の技術や実施手順，掘削試料の採取方法や研究項目と手順は，その後の深海掘削計画におけるひな形となり，またこの計画を契機に陸域における地層や微化石層序の研究が加速された．その一例として，ユネスコ（United Nations Educational, Scientific and Cultural Organization, UNESCO）と国際地質科学連合（International Union of Geological Sciences, IUGS）による国際地質対比計画（International Geological Correlation Project, IGCP）では，IGCP 114（1976～1982年）「太平洋地域第三系生層序基準面の検討」（池辺展生）やIGCP 115（1976～1981年）「太平洋地域の珪質堆積物（飯島東）」，その後のIGCP 186（1981～1986年）「太平洋とテーチス海域の珪質堆積物」（J.R. Hein），IGCP 246（1992～1997年）「太平洋地域新第三紀事件の時空間」（土 隆一）などの国際プロジェクトが進展した．

モホール計画は掘削に要する膨大な費用と技術的な問題などで中止することになった．これにかわって，海底下数百m程度の掘削を世界中の多数の地点で行い，試料採取をはじめいろいろな研究観測を実施する目的で米国の5大海洋研究所が米国国立科学財団（National Science Foundation, NSF）の財政的援助を受けて，共同で地下深所から試料を採取する組織JOIDES（Joint

Oceanographic Institutions Deep Earth Sampling）が1964年に立ち上がった．

1.3 深海掘削計画

JOIDES による海洋堆積物コアリング計画（Ocean Sediment Coring Project）の一環としての深海における掘削計画が，深海掘削計画（Deep Sea Drilling Project, DSDP）である．1968〜1983 年の 16 年間に 86 回の掘削航海が北極海を除く世界中の海で実施された．

DSDP はその出発点において2つの具体的な目標を掲げていた．1つは海底の年代を決定することによって，"海底拡大による大陸移動"説を検証することであり，もう1つは堆積物層の完全サンプリングにより，古生物学的な地層層序を世界の各地域で確立することであった．この2つの基本問題の設定により，DSDP は当初から地球物理学と微古生物学が中心となり，関係者の関心の的となった（小泉・上田，1974）．

海底油田における採油技術を駆使した掘削船グローマーチャレンジャー号の特徴は，以下のとおりである．

（1）掘削作業中，船位を掘削孔の上に保持するために，海底に沈めた音響発信器からの発信音を船腹下の4つの受信器で受け，コンピュータとスクリュー（船尾の2個の主スクリューと船首および船尾の両舷を貫通する孔に取りつけた4つの電動スラスター）で自動的に操舵する自動船位保持装置（ダイナミックポジショニングシステム）が数千 m の深海でも水深の3% 以内に船位を保持した（図1.4）．

（2）船体の中央部をまたいだ大きなU字型タンクに 550 トンの水が内蔵されており，ジャイロスコープのコントロールシステムによりローリングやピッチングが押さえられ，5°以内に船体が保持された．

（3）米国海軍が開発した人工衛星航法（サテイ

図1.4 グローマーチャレンジャー号の操舵室にあるダイナミックポジショニングシステム
船首右舷のスラスター以外が作動中である．船長のジョセフ・クラーク氏（故人）は太平洋戦争時に米軍輸送船の船長をしていた．

トナビゲーションシステム）や人工衛星からの気象写真を受信する装置を世界で最初に導入した民間船であった．

（4）再貫入システムは 1970 年に導入された．上部の直径と高さが約 5 m のロート状コーンにケーシングパイプ（推古海山では 34 m）がムーンプールの下で取りつけられた後，ドリルストリングにつるされて海底に設置される．ビットを交換した後，ビット先端に送信および受信用ソナーが装着される．コーンの縁に取りつけた3個の反射板からのエコーをブリッジのソナースコープでみながら操船し，ビットがコーンの直上にきた瞬間にプラットフォーム上のオペレータがドリルストリングを急降下させてコーンの中に落とし込む．DSDP Site 433 の推古海山では，再貫入が三度におよんだ（図1.5）．

（5）堆積物を乱さないで採取する水圧式ピストンコアラー（hydraulic piston corer, HPC）は 1980 年に導入された．HPC では剪断強度が 1200 g/cm^3 までの堆積物を貫入するが，堆積物の固結

図1.5　1970年に開発された「再貫入装置」
天皇海山列の成因と歴史をさぐった国際共同深海掘削計画（IPOD-DSDP）第55次航海（1977年）で使用された．

図1.6　ジョイデスレゾリューション号の音響発信器

図1.7　ジョイデスレゾリューション号上でインナーコアバレルから掘削試料を取り出すところ

度が増大するにつれて回収率が悪くなるために，伸張バネをコアラーに取りつけて堅く締まった堆積物をも採取できるようにした新型のピストンコアラー APC（advanced piston corer）が1981年に考案され，それ以降は常用されている．

太平洋における掘削地点は，JOIDESの太平洋諸問委員会がこれまで蓄積されてきた資料を検討し，さらに掘削実施に先立ってスクリップス海洋研究所のアーゴ号（Argo）による反射波探査とピストンコアリングを主とする綿密な予備調査を行った後に，最終決定が下される．

グローマーチャレンジャー号には総勢70人の掘削技術者，科学者，調査技術熟練者，乗務員が乗船し，約2カ月の航海を一区切りとし節（Leg）としている．いずれの航海（節）も多くの目的をもった複数の掘削地点から構成されており，各地点での掘削目的はその航海を通じての全般的目標に敷衍される．ある目的は単一地点の掘削で解決されるが，他方でいくつかの掘削地点を必要とする目的もある．

掘削地点へは測深儀，反射波探査装置，磁力計などによる測定を実施しながら接近し，人工衛星

航法で予定地点を確認して船位固定用の音響発信器（ソナービーコン）を投下する（図1.6）。自動船位保持装置の始動後，掘削作業が開始される。掘削試料はコアバレルの内部に収められた長さ9.0 mのプラスチックチューブの中に押し込まれ，コアバレルはドリルパイプの中をワイヤーで引き上げられる（図1.7）。

掘削試料が船上に引き上げられると，微古生物学者がただちに先端部のコアキャッチャー試料の年代を判定し，いまどの時代の堆積層を掘削しているかを決め，堆積速度を算定する．これによって掘削作業の予定を調整していくのである．1975年8月以降に国際共同深海掘削計画（International Phase of Ocean Drilling，IPOD-DSDP）となってからは，米国人以外も主席研究者となるようになったので，試料採取に関わる混乱を避けるために連続した試料採取となったが，堆積物の年代決定は相変わらず重要なルーチンワークであった。

船上では，試料の入った径 13 cm のプラスチックチューブが 150 cm に 6 等分され，1 つ 1 つについて X 線透視による内部構造，重量，γ 線放射量，熱伝導度，音波伝播速度などの非破壊測定が行われる．次いで縦に二分され，一方は記録保管用として断面のカラーとモノクロ写真撮影の後，船内の冷蔵庫に収められる．もう一方は作業用として，岩相や堆積状態の記載，凝固度測定などの後，研究者による詳細な研究のための試料採取が行われる。

掘削航海へ参加することによって，研究のための掘削試料と航海で得られた情報をすべて入手することができる以外に，専門分野以外の海洋科学研究者との親交により各国における地球科学に関する最新情報を得ることができる．掘削試料を使った詳細な研究は，航海後に陸上で本格的に行われ，各研究分野からの論文集として *Initial Report of the Deep Sea Drilling Project* が 1968 年（Leg 1）から 1983 年（Leg 96）までの 16 年間に出版されたが，年を追うごとに頁数が増加した．特に，微古生物学者による多量の図版使用と関連学会の承諾を得ない新種記載が問題となった。

1975 年の Leg 44A 以降は，これまで米国のみであった DSDP に日本，フランス，西ドイツ，英国，ソ連が参加した IPOD-DSDP となった．この国際協力事業の背景には，先進国が深海掘削に対する関心を高め積極的な参画を望んだことと，マンスフィールド修正条項による NSF の財政的危機があったようである。

1.4 国際深海掘削計画

1968 年以降 16 年間におよんだ DSDP は，海洋科学と地球科学に新しい時代を構築したビッグプロジェクトとして成功裏に終了した．IPOD-DSDP の加盟国は，米国が提供する新しい掘削船を使って分担金が 50 % 上がっても深海掘削の継続に参加することを表明したので，米国は手狭になり老朽化したグローマーチャレンジャー号にかえて，乗船研究者と技術者の人数，コア貯蔵庫，掘削能力，サンプル採取と掘削コアの計測などを行う実験室，コンピュータ環境，孔内検層，航海能力においてレベルアップした新しい掘削船ジョイデスレゾリューション（SEDCO/BP471）号を 1985 年に投入した．さらに懸案であった掘削孔を地球内部へのトンネルとして活用する孔内計測と検層のプログラムが活用された（平，1992）．加盟国にカナダ/オーストラリアの連合体と欧州科学財団が加わり，実施本部がスクリップス海洋研究所からテキサス A&M 大学へ移った．国際深海掘削計画（Ocean Drilling Program，ODP）は 1985 年の Leg 100 から始まり 2003 年 Leg 210 で終了した。

ODP 第 1 期の 1985～1993 年には，主としてプレート境界におけるマグマ活動とテクトニクスが研究され，プレート構造と地球ダイナミックスが地球深部の物質循環に関連していることが解明さ

れた．第2期の1993〜1998年では，特に北大西洋において第四紀氷河時代の環境変動が高分解能で解析され，極氷床-大気-海洋-生物生産-気候など地球表層を構成するサブシステムの要因と相互作用，変動の実体と周期性が解明された．第3期の1998〜2003年では，現在生存している人類の活動と未来予測へ直結する時間精度で地球環境の変遷を解読した結果，太陽活動と地球表層の大気-地表-氷床-海洋システムの相互関係を解明する必要があること，海底の掘削孔内に計測機器を設置し，地球のさまざまなプロセスを長期間にわたってモニターする必要があること，地殻形成のモデルを検証する必要があることなどの課題が判明した（平・末広，1997）．

ODPの後期には，古海洋学の中心分野が微古生物学から地球化学へ移り，海底堆積物の高分解能解析による物質循環と環境科学が指向されたことで，掘削試料のサンプリングが多数におよび，下船後にサンプリングのためのパーティーがすべての掘削航海で行われた．

ODPでは，航海記録の *Initial Reports* とその後18ヵ月間の陸上における研究結果をまとめた *Scientific Results* の2冊が出版された．1990年からはデータの一部をマイクロフィッシュに，1993年からはCD-ROMとし，*Scientific Results* についても外部のしかるべき学会誌へ積極的に投稿することが奨励された．DSDPの時代には，発表論文のプライオリティのために他の雑誌などに事前に発表することが厳禁されていたが，年ごとにかさばる出版費用の高騰とコンピュータの普及によって，1999年からは *Initial Reports* をすべてCD-ROM化することによって20万〜40万ドルが節約された．その後，すべての出版物はCD-ROMとインターネットで処理されるようになった．

ODPから出版されたすべての情報がデジタル

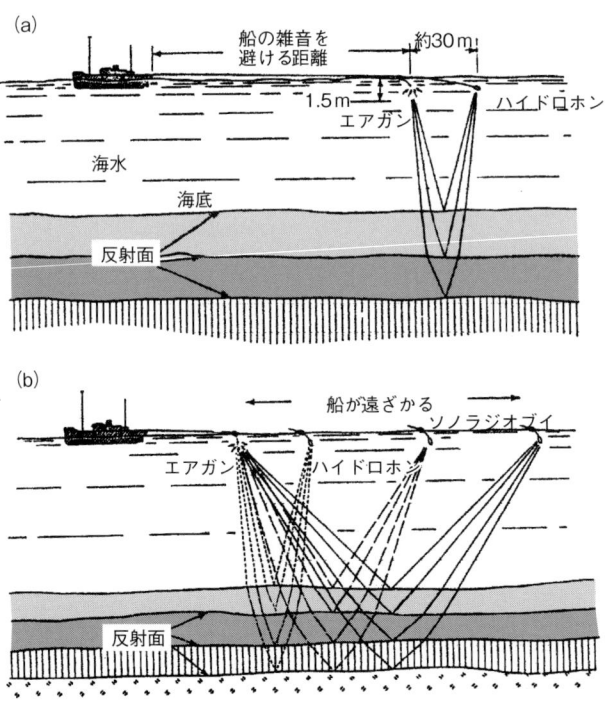

図1.8 反射式連続音波探査法
(a) 通常の反射式連続音波探査法．(b) ソノラジオブイは，ブイの下にハイドロホンを取りつけて受信したP波を電気信号に変換して母船に送信する．反射波の記録は，通常のシングルチャンネルプロファイラーと違って，音波がしだいに遠ざかるために，各反射面に対応して双曲線になる．

化されて，インターネット上（http://www.od-plegacy.org（click on Samples, data & publications.））で利用できるようになった．

1.5 音響学的層序の実体化

DSDPやODPでは，もっぱら反射式連続音波探査法による堆積物の音響学的層序に基づいて掘削計画が立案されてきたが，堆積物の厚さは連続音波探査記録（サイスミックプロファイル）では反射面までの音波の（往復）時間でしかわかっていない（図1.8）．

50～100気圧に圧縮した空気を数Lの容器に入れて海水面直下で海底へ向けて瞬時に噴出させるエアガンは，約4Lの空気が火薬100gのエネルギーに相当する威力である（図1.9）．厚さ数百mの堆積層深部まで音を透過させるには20～150Hzの周波数帯域が必要であるが，海洋地殻の基盤岩を掘削し，岩盤試料を採集することを目的とする掘削航海では，海底表層数十mの堆積物の情報を得るために3.5kHzの低周波を使用する．

受信器はスクリュー音や，船が海水をかき分ける雑音を避けるために，数十個のハイドロホンを太さ6cm，長さ20～30mのビニール管に油漬けにして封入したストリーマーを船尾から150～300m後に曳航する（図1.8）．

最近では多成分反射式探査法によるプロファイルが用いられる．これは，ストリーマーの1区画50mの中に直列につないだ30個のハイドロホンを入れて1単位とし，1チャンネルの受信部とする．24単位あるいは48単位のハイドロホンを少しずらして並べ，それぞれを独立の受信チャンネルとして並列に情報を得る方法を多成分反射法探査（multichannel seismic profiler）と呼ぶ．48チャンネルのストリーマーは最低2400mの長さになる（小林，1977）．

掘削によって，採取された堆積物（岩）の密度や音波速度が測定されるようになって，初めて堆

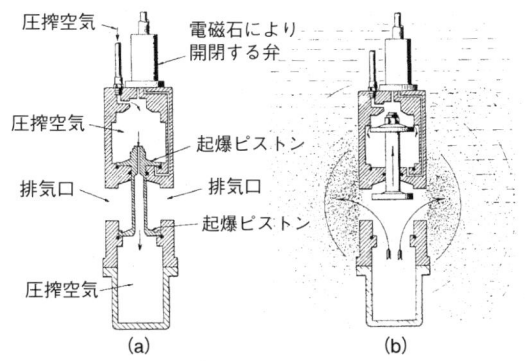

図1.9 Bolt PAR型エアガン（上）とグローマーチャレンジャー号のひれつきエアガン（下）（1982年）
(a) 圧搾空気の注入，(b) 圧搾空気の解放．

積物の実際の厚さが正確に算出されるようになった．また堆積物の層相や時代が判明することにより，音響学的反射面の正体がわかるようになった（図1.10）．サイスミックプロファイルの映像と掘削試料の実物が照合されることによって，海洋底に関するわれわれの世界観が飛躍的に進展すると同時に，新たな情報化の必要性が促進された．

南極ウェッデル海（Leg 113 Site 695），ファンデフスカ海嶺の東側にあるカスカディア海盆（Leg 146），カリフォルニア縁辺域の北部（Leg 167 Site 1019），大西洋のブレークバハマ外縁海嶺（Leg 164）において，BSR（bottom simulating reflector）と呼ばれる地層面を横切り海底に平行な強い反射面は，掘削によって水溶性のガスハイドレートであることがわかった．一方，ベーリング海（Leg 19）や日本海（Leg 127）におけるBSRは，珪藻質堆積物が続成作用によってオ

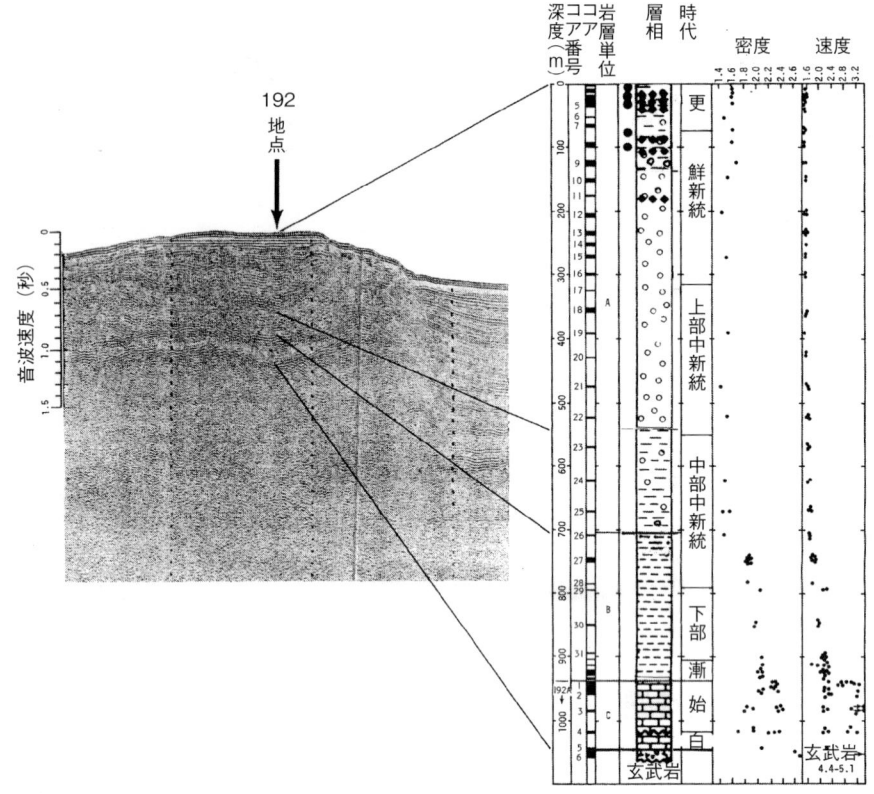

図 1.10 DSDP Site 192（天皇海山列の最北西端に位置する明治ギョー）における掘削結果（Creager et al., 1973）最上部の反射層は漂流岩屑を含む砂礫層，層厚 500 m の珪藻軟泥とそれが続成作用によって珪藻質シルト岩となった境界に反射面が挟在，泥岩と石灰岩の下位に音響的基盤として白亜紀の玄武岩が存在していることが，掘削試料を採集することによって確認された．

パール A（非晶質シリカ）からオパール CT（クリストバル岩-トリディマイト）へ変質した境界面であることが判明した．

1.6 統合国際深海掘削計画

1961 年から始まった半世紀におよぶ "外洋域における深海掘削" によって，海洋と大陸の相互作用を明らかにするために，大陸縁辺域における掘削が必須であることが明確になった．

しかし大陸縁辺域の堆積物は厚く複雑であるために，これまでの掘削技術では深い貫入が困難であった．また，これらの堆積物は液体やガスの炭化水素を含んでいるために，暴噴による環境汚染を防ぐための補助装置が必要とされた．

そこで，2003 年から日本のライザー掘削船「ちきゅう」と米国のライザーレス掘削船「改良型ジョイデスレゾリューション」，欧州諸国の特定任務掘削船の 3 種類の掘削船が主体となった統合国際深海掘削計画（Integrated Ocean Drilling Program, IODP）が進行中である（図 1.11）．

日本列島は，海底の年代が古く多数の巨大海台が存在している西太平洋に位置しており，太平洋プレートやフィリピン海プレートが海溝に沈み込む島弧-海溝系が縁辺域に存在している．地球科学が示すこの地域的特徴に立脚した，日本が主導する科学計画が 2003～2013 年の「IODP 初期科学計画」で合意されている．

すなわち，(1) 大陸縁辺域の堆積物には，陸上植物やプランクトンに由来する炭化水素が多量に含まれている．そのために生命の源となった有機

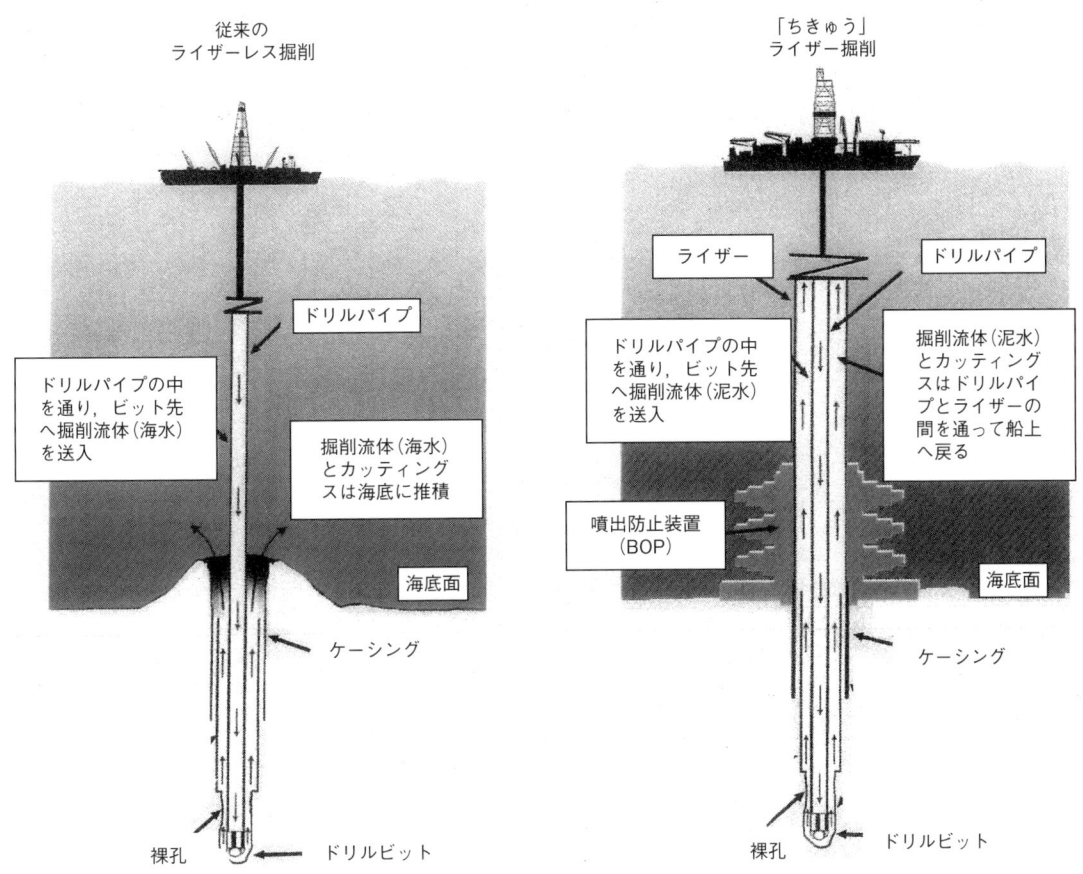

図 1.11 ライザーレス掘削とライザー掘削（海洋研究開発機構による）

ライザー掘削とは，ライザーパイプで掘削船と海底の暴噴装置を連結し，掘削孔内での圧力バランスを保持する掘削泥水を循環させる掘削方式である．ドリルパイプはライザーパイプ内を通り，孔壁を保護しながら海底下を掘削する．ライザーレス掘削では，海水を主な掘削流体として利用する．海水はドリルパイプを通して掘削孔内に送り込まれ，ドリルビットを洗浄・冷却し，掘削孔から掘りくずを取り除きながら掘削を行う．「ちきゅう」はライザー掘削とライザーレス掘削の両方が実施できる．

物の形成や変質作用に関する新しい知見や，新しいエネルギー資源としてのメタンハイドレートの開発が期待される．さらに熱水噴出孔から噴き出す硫化水素，イオウ化合物やメタンなどの低分子炭化水素を摂取する熱水微生物，化学合成細菌の生態系を研究することによって，生命進化の初期過程を解明し，新薬が開発される可能性が高い．また地殻-海底-海水における金属硫化物や重金属，希ガスなどの物質循環を研究することによって新たな金属化合物の鉱床が発見され開発される．

(2) 大陸縁辺域の堆積物は堆積速度が速く，海と陸の両方の情報を含んで地球全体の気候変動を短周期・高振幅のシグナルとして記録しており，また破局的な突発事件を予測することもできる．地球の表層環境を構成している気候システムは，大気-海洋-雪氷-土壌-植生などのサブシステムから構成されている総合的なシステムである．このシステムに時間軸を加えて，それぞれの要素における変化・変動・変遷を縦糸とし，サブシステムの相互関係を横糸として，それらの糸を編むように組織的に系統立てる新しい科学体系が必要とされている．

(3) 日本列島の縁辺域は地震や火山活動の巣である．「ちきゅう」は熊野灘で 2007 年から 3〜4

年かけて，地震が発生するプレート境界帯まで掘削しながらさまざまな計測を行い，岩石類を採取することになっている．フィリピン海プレートが西南日本を乗せたユーラシアプレートの下に沈み込んでいる南海トラフの「沈み込み帯」では，1944 年に M 7.9 の東南海地震，1946 年に M 8.0 の南海地震が津波を伴って起こっており，次の地震は確率 50% で 30 年以内に M 8 クラスの巨大地震が起こるとされている．「海溝型地震発生帯の解明」は IODP の鍵を握っている．掘削孔の底にゆがみや傾斜を測る機器を設置して，海底基盤の押しと引っ張りを測定できれば，破滅的な自然現象である災害を予知する方法を見出せるし，発展させることができる．

（4）われわれが現在知っている 6 つの大陸は 2 億年前に起こったマントルプルームが 1 つの巨大な大陸パンゲアを分裂させてできたものであると考えられている．地球深部の核とマントルの境界からは高温の物質が多量に沸き上がり，沈み込む循環によって，プレート運動が起こっているとする"プルームテクトニクス"説が提唱されているが，実証されていない．沈み込み帯における安山岩質大陸地殻からなる火山弧と背弧海盆の玄武岩質海洋地殻を掘り抜くことがこれらの地殻の成因を解明し，マントルへ到達する第一歩となる．さらに巨大海台を構成する海洋地殻を掘り抜くことがマントルへ到達するさらなる前進となる．

（5）1960 年代初頭に海洋底拡大説やプレートテクトニクス説が提唱され，それらを深海掘削によって確認した頃の状況が半世紀後に再現されている．すなわち，プルームテクトニクスあるいはスーパープルーム仮説は地震波トモグラフィーの解析と海底岩石の分析によって検証されつつある．

IODP は，計画立案・運営−管理・実施−運行・研究−開発−教育−支援・発表−公開からなる総合産業であって，科学研究のみの枠内に留まらない．とくに，マントルへの挑戦には，高温・高圧環境下におけるコアビットやコアキャッチャーの開発，長大なライザー管と掘削管のハンドリングに関わる掘削技術の進展が必要であり，材料工学や工業デザインとの共同作業が 21 世紀の巨大産業になっていくだろう．

地球環境の総合的な理解と地球最後のフロンティアへの挑戦が日本主導のライザー掘削船「ちきゅう」によって始まっている．

2
中 生 代

　過去2億年間の地球に生成した地球科学上の事件に関する新しい知見は，1968年に始まり現在まで継続されているDSDPやODPなどの深海掘削の成果に負うところが多い．地球表層の2/3を占める海洋底を舞台として，マントルから地殻へ，そして海水から大気へと物質が移動して，気候や生物圏の変動を支配してきたことが解明された．また，太陽それ自体の活動や地球軌道要素が変動することによって，地球表層の受け取る太陽放射量が変動するために，地球環境が支配されていることが明らかになった．

　ジュラ紀と白亜紀においては，極域に氷床がなく温暖な無氷河（greenhouse，温室）時代であったが，新生代になってからの地殻変動により極域に氷河が発達した氷河（icehouse，氷室）時代へ移行した（Fisher, 1981）．

　地球環境の復元がかなり確実になされている過去6億年間の地球史では，6億年前，3億～2億5000万年前，1500万年前が氷河時代である．プレート運動によって，分散していた大陸片が1つの超大陸に集結されると，海洋地殻を生産する海嶺の長さが減少して，海洋地殻の生産量と火成活動が減少するので，海水や大気に放出される二酸化炭素量が減少して，気温が低下する．また，大陸の衝突が造山運動を引き起こし，大陸の拡大が海水準を低下させて，陸地の面積が増加するために，アルベド（太陽光反射率）が増加するとともに，風化作用が活発となって二酸化炭素の消費量が増大して，気温の低下が促進される．

　反対に，大陸が分裂して拡散が起こると，海嶺における海洋地殻の生産量と火成活動が増加するとともに，海水と大気に放出される二酸化炭素量が増加して，気温が上昇する．また，新しく形成された海洋地殻は温度が高いために，熱膨張して軽くなる．この底上げのために，海水準が上昇し，海面の占める面積が増加する．その結果，アルベドが減少して熱容量が増加するために，気候は温暖化する（増田，1989；海保，1992；川幡，1998b；西，2000）．

2.1　地殻変動と地球環境

　海は大気とともに，低緯度域から高緯度域へ太陽エネルギーを運ぶ熱機関である．さらに，地球内部に蓄積された熱を表層へ運び上げるホットプルームと下降するコールドプルームがマントル対流を構成しており，このスーパープルームが原因となって起こったプレートテクトニクスが大陸移動をもたらして，大陸配置を変え，大気や海水の循環系を変化させると，地球規模の環境変動や気候変化が生じている（丸山・磯崎，1998）．

　2億年前の大西洋中央部において，超大陸パンゲアは南北に割れ，北半球のローラシア大陸は北米とユーラシアに，南半球のゴンドワナ大陸は南米とアフリカ，インド，オーストラリア，南極に

●コラム2：プレートテクトニクス

地球の外殻を構成している基本的な単元は，地球規模で相互に運動する約20個の厚さ約100 kmのリソスフェアプレートであり，大陸移動や海洋底の生成-拡大-消滅などの運動を統一的に説明する（図1；口絵1，2参照）．

海洋底に関する下記のようなデータが1950年代後半までに蓄積・整備された結果，20世紀後半にわずか5年間という先例のない速さで地球科学に革命をもたらした．

（1）重力測定による海洋底地下構造の探求
（2）地殻熱流量測定による熱流量分布の探求
（3）精密な音響測深儀による深海底の地形調査
（4）屈折法地震探査による海洋地殻と上部マントルの厚さと構造の解明
（5）海洋地殻の年代決定
（6）反射法連続音波探査による海底堆積物の厚さと成層の解明
（7）自然地震データの解析によるリソスフェアプレートの運動と発震機構の解明
（8）海洋底地磁気の測定による海洋地殻帯磁の成因と地磁気逆転史の編年
（9）深海底掘削による海洋地殻の採取と観察
（10）潜水艇による海洋底の直接的観察
（11）長基線干渉法（very long baseline interferometry, VLBI）によるリソスフェアプレート運動の実測

プレートテクトニクスは大陸がプレートに乗って移動すること（大陸移動）を説明し，プレートの運動はプルームテクトニクス（マントル対流）によって説明される（図2）．運動するプレート間の境界は，プレートの収束境界，発散境界，すれ違うトランスフォーム断層の3種類である．

最初の大陸は，地球形成の初期に地球の表面をおおった地殻の中に潜り込んで再溶融してできた花崗岩類が集合して形成された．大陸と海洋底の違いとして以下の4点があげられる．

（1）大陸は地球表層で占める面積が大陸棚を

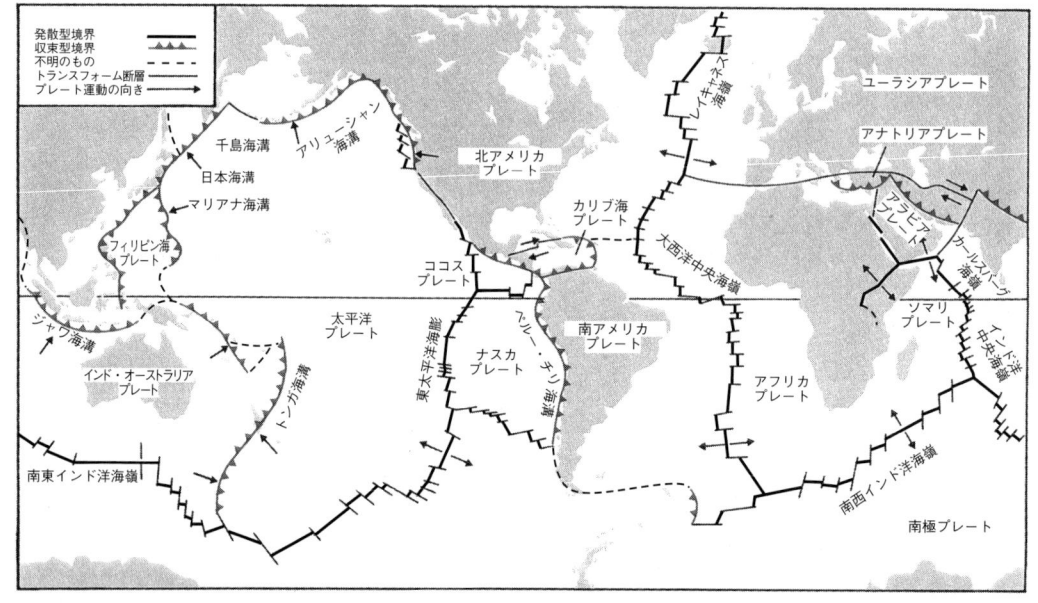

図1 地殻と固いマントル上部からなるリソスフェアプレートの境界と運動の方向
拡大軸から離れた海洋底のリソスフェアプレートは約100 kmの厚さがあり，上部に5〜7 kmの地殻がある．リソスフェアプレートは相互に相対運動をしている．発散型境界（海嶺や海膨）ではプレートが相互に離れる．収束型境界（海溝）ではプレートが相互に近づいて衝突し，一方が他方の下に潜り込む．トランスフォーム断層ではプレートが相互にすれ違う．

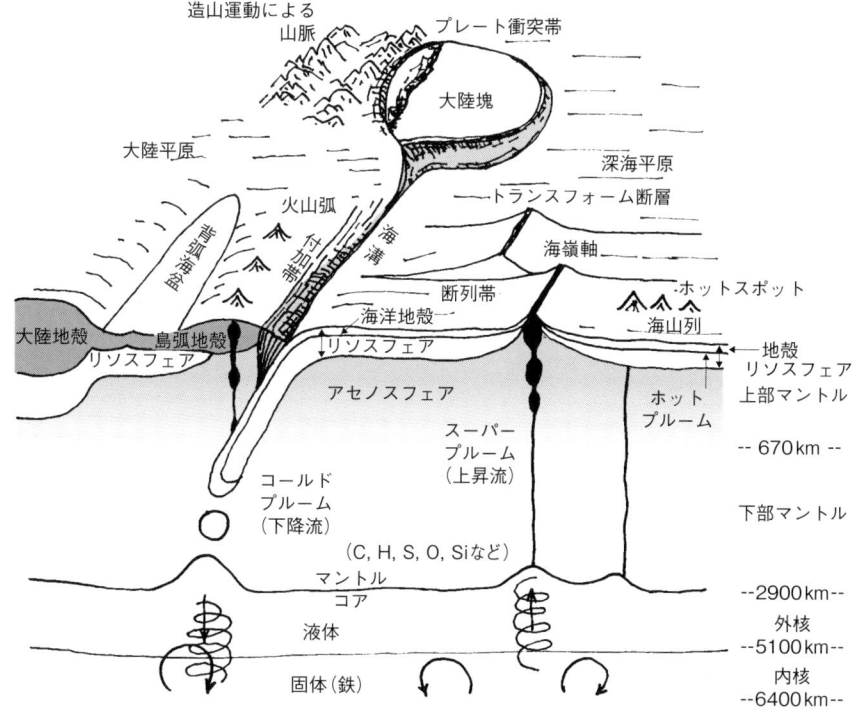

図2 プレートテクトニクスの概念と地球の構造（平，2001 を改変）
外核上部で加熱された下部マントルは上昇して海嶺でプレートを，ホットスポットで火山をつくる．海溝でプレートがマントルへ潜り込む．海洋リソスフェアは密度約 $3.0\,g/cm^3$ の玄武岩質岩石で，大陸リソスフェアは密度約 $2.7\,g/cm^3$ の花崗岩質岩石からできている．地球をおおう地殻と固いマントル上部からなるリソスフェアのプレート運動と地球深部のマントル対流とのつながりが地球内部から地表へ伝わる地震波の速度の違いに基づく地震波トモグラフィーによって解明された．

加えて約 40%，平均標高が 685 m であるのに対し，海洋底の平均深度は 3800 m であるので，まさに「水惑星アクアプラネット」である．

（2）大陸地殻は密度約 $2.7\,g/cm^3$ の花崗岩質岩石からつくられているが，海洋地殻は密度約 $3.0\,g/cm^3$ の玄武岩質岩石からつくられているので，地球というよりは岩球である．

（3）大陸地殻は平均 30 km（20〜60 km）の厚さであるが，海洋地殻は 5 km（5〜10 km）であるので，地球の半径 6400 km に対して卵の殻に相当する．

（4）大陸の下のマントルは海洋底のそれよりも冷たい．

プレートテクトニクスは，過去の地球上に起こった地理や生物地理区，気候など，一見無関係にみえる変化の出来事を相互に関連づけ，統一的に復元し説明して，専門分野ごとに独立していた地球科学を統一し，システム化させた．プレートテクトニクスの好例は，「パンゲアの分裂史」(Dietz and Holden, 1970) である（図3）．

（a）古生代中頃の 4 億 5000 万年前頃から始まった大陸の集合は，古生代ペルム紀末 2 億 5000 万年前に，現在の大陸のすべてが超大陸パンゲアとして1つにまとまり，中央部に大きな湾テーチス海が発達していた．パンゲアの周囲を1つの原始太平洋パンサラッサ海が取り囲んでいた．

高温で乾燥した閉鎖性のテーチス海と北米南東部に位置するアパラチア山脈の風下側やアフリカ，アラビアなどの乾燥地帯には，蒸発残留岩が厚く堆積し，現在の海洋の塩分 10% を含有した（増田，1996）．

次の中生代を通じて，単一の超大陸は分裂し始め，単一の海に新しい海路が誕生して単調な海流系が複雑な海流系に変化する時代である．海は大気とともに，低緯度域から高緯度域へ太陽エネルギーを運ぶ熱機関であるために，大陸移動によっ

2. 中 生 代

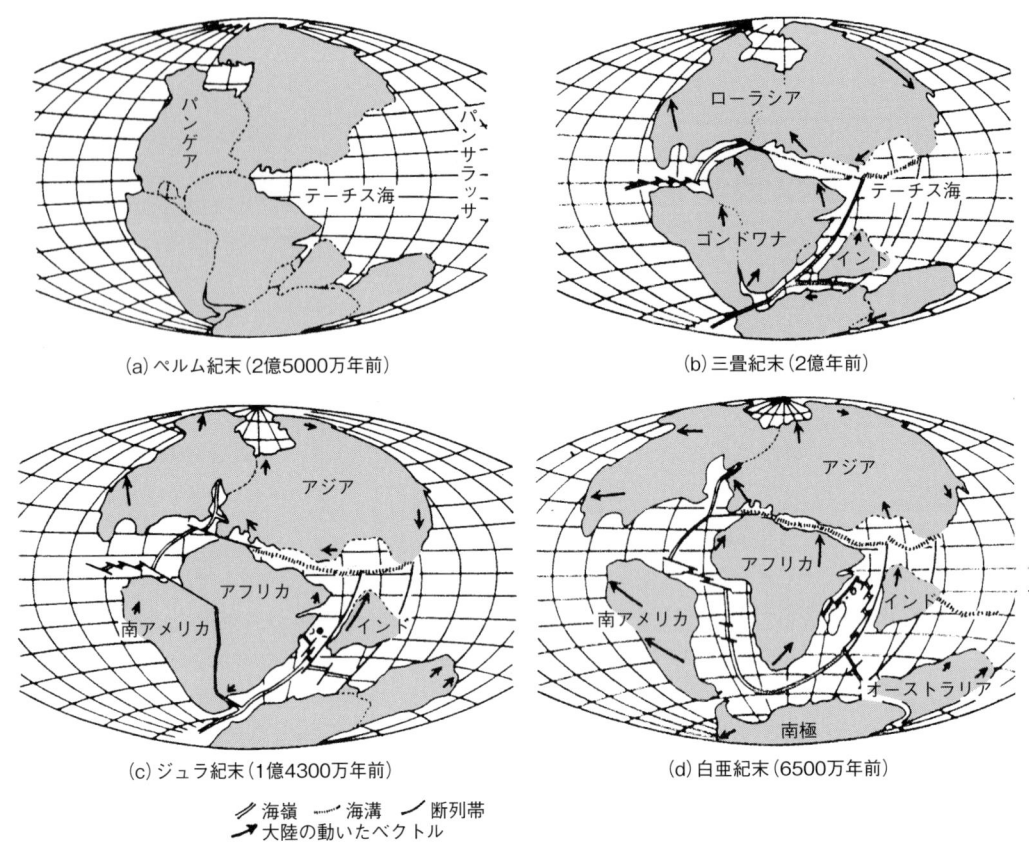

(a) ペルム紀末(2億5000万年前)　(b) 三畳紀末(2億年前)

(c) ジュラ紀末(1億4300万年前)　(d) 白亜紀末(6500万年前)

海嶺　　海溝　　断列帯
大陸の動いたベクトル

図3　パンゲアの分裂史（Dietz and Holden, 1970）

て大気や海水の循環系が変化すると，地球規模の気候変化が起こる．

(b) 中生代三畳紀末の2億年前には，大西洋の中央部が生まれ，北のローラシアと南のゴンドワナに分かれ始めた．ゴンドワナにY字形の割れ目ができて，インドが分裂し始めた．南半球と北半球に単一の循環流が存在していた．

中央部の海域周辺では降雨量が増加し，温暖で湿潤な気候に変化した．ユーラシア大陸は，低緯度の植物区が緯度で10°以上も北上して温暖化した．

(c) 中生代ジュラ紀後半の1億4300万年前には，北大西洋が開き始め，蒸発残留岩やサンゴ礁が中緯度域まで形成された．南大西洋は遅れて開き始めた．ローラシアとゴンドワナが南北へ分離するにつれて，赤道域にテーチス海路が発達し，赤道循環流が形成されたので，太陽放射の大部分が熱保有量の高い海洋に蓄積された．

赤道を中心として南北45°まで乾燥地帯が広がり，60°までは乾季と雨季があり，その北方の極地域まで石炭が産出することから，当時は温暖で湿潤であったと考えられる．極海域の海流は弱く，流氷堆積物が発見されていることから，極と赤道との間に温度勾配が存在したことがわかる．また，アンモナイトやベレムナイト化石の分布が赤道域のテーチス区と高緯度域の寒冷区に2大別されることから，気候区分も熱帯と温帯との温暖気候となっていた．

(d) 白亜紀末の6500万年前になると，南大西洋は誕生したが，北大西洋はまだできていない．アフリカとインドが北上し，テーチス海の東側が閉じつつある．南極大陸から南アメリカとオーストラリアが離れつつある．赤道循環流の閉鎖と南極循環流の成立が進行しつつあり，寒冷化気候に

> 中生代は全般的に温暖気候であったことが化石や堆積物から知られているが，白亜紀前期の1億3000万〜1億年前はやや寒冷な時期であった．南オーストラリアの高緯度域には季節的な流氷堆積物が発見されており，南緯75°以南の年平均気温は約−6℃で，寒い冬であったらしい（Frakes and Francis, 1988；Rich et al., 1988）．アラスカやシベリアからもこの時代の流氷堆積物がみつかっている．白亜紀中〜後期の1億〜7500万年前は，過去6億年間を通じて最も温暖な時期であったことを化石や堆積物が語っている．特に，気温の緯度変化や夏と冬の温度差（年較差）が現在より少なかったことが特徴的である．
>
> この温暖化気候の直接的な原因は，大気中の二酸化炭素量が現在の5倍以上に増加したことである．

向かいつつあった．

分裂し始めて，赤道を挟んだ両大陸の間に，テーチス海が生まれ，新しい海路と海流系が発達した（コラム2参照）．その結果として起こったのは，以下のとおりである．①1億年前に赤道を地球規模で取り巻く赤道循環流が成立した，②赤道と極の間を流れる大規模な経度流が太平洋の東縁，北米大陸の西岸沖に存在した，③南極大陸とアフリカ大陸の間の海峡を経て，インド洋とつながった南大西洋が発達しつつあった，④オーストラリア大陸が南極大陸から離れつつあった，⑤8000万年前に東テーチス旋流が北上するインド亜大陸によって中断されつつあった．

パンゲア大陸の分散は，白亜紀中期の1億2000万〜1億年前に極大に達した（図2.1）．分裂の原動力は，コアとマントルの境界における熱異常によるスーパープルームである．熱異常のために，この時期の地磁気は無反転となり，高緯度域の表層水温は上昇した（Larson, 1991b）．中央海嶺が熱膨張したために，海底が底上げ状態になって，海盆の容積が減少した．海水準が250m上昇して，現在の大陸の20%が海に没した．「白亜紀の大海進」と呼ばれる．大規模な海水準の上昇によって，大陸内部へ海が浸入して，テーチス海域の亜熱帯−中緯度域では，浅海域が現在の4倍に拡大した．海水温が上昇して，海水中に溶け込む二酸化炭素の量が減少しただけでなく，海洋に貯蔵されていた二酸化炭素が大気中へ放出された．その結果，二酸化炭素量は現在の5倍に増加して，気候の温暖化が著しく促進され，顕生代後期で最も温暖な気候の時代となった（Larson, 1991a）．平均気温で現在より約6℃高く，極域に永久氷がなく，両極近くまで森林と植生があった（Frakes et al., 1992）．

海洋の表層水温は，低緯度と高緯度の水温較差が現在は26℃あるが，高緯度域の気温が上昇していたために14℃しかなく，8900万〜8400万年前では0〜4℃であった（Huber et al., 1995）．

過去1億年の気候変動は，白亜紀中期の温暖期とその後の寒冷化気候に相当する（図2.2）．白亜紀中期は，高海水準期で浅い大陸棚域が広がり，温暖な気候のもとに，蒸発と降水が増加した．1億〜9000万年前に，海洋地殻の生産量は極大となり，中央海嶺と海台からマントル起源のガスが放出されるとともに，それに伴う熱水活動と沈み込み帯における堆積物の変質作用により大気中の二酸化炭素が増加し，温室効果によって気温が上昇した．海洋地殻生産量の増加は，海水準の上昇をもたらし，アルベドを低下させて，気温をさらに上昇させる．大気と海洋の循環は遅くなり，海洋の中層水と深層水の溶存酸素が減少したので，海洋微化石の溶解が減少して堆積間隙は減少した（海保，1995）．生物生産が高まるとともに，湿潤気候下の大陸地域では植物が繁茂していたので，陸源性有機物が海域へ運搬される量が増加し，もともと少なかった深層水の溶存酸素が海水中を降下する有機物の酸化分解に消費されて，還元的な海底環境となったために，有機炭素に富んだ堆積物が堆積した．

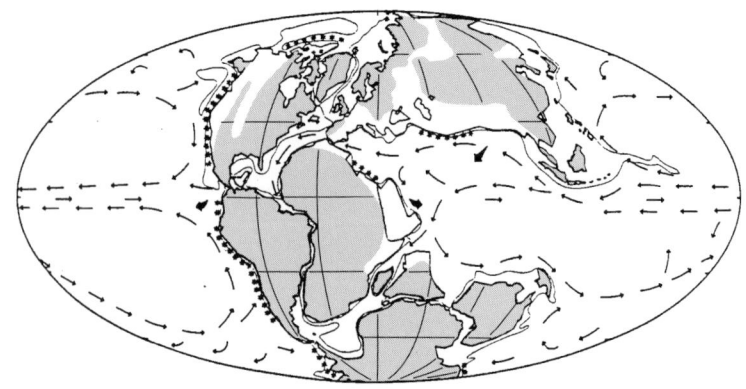

ジュラ紀中期(約1億7500万年前)

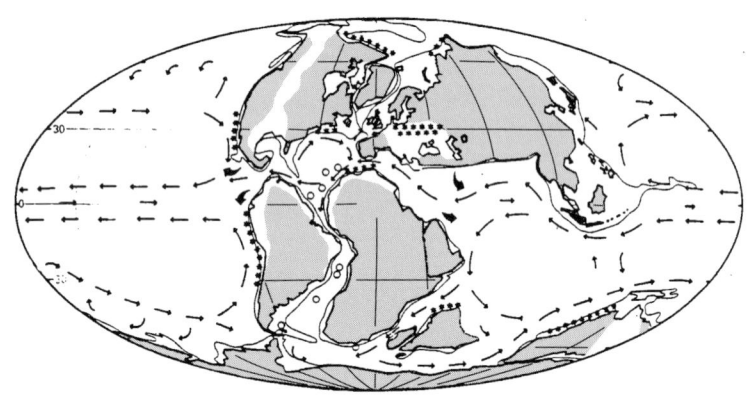

白亜紀中期(約1億年前)

図2.1 ジュラ紀と白亜紀の海流循環系 (Haq, 1984)
灰色部分：陸地，大陸周縁の線：水深1000 mの等深線，太矢印：温暖高塩分深層水 (warm saline deep water, WSDW)，矢印：表層水循環，星印：湧昇域，白丸：黒色頁岩が採取された深海域．

その後，新生代の6000万〜5500万年前と3000万〜1600万年前には，縁海（背弧海盆）における地殻変動が起こって，地殻生産量が増加し，深層水と高緯度表層水の温度が上昇した（図2.2）．海洋地殻生産量の極小期には，全く反対の現象が起きた．

2.2 白亜紀後期の寒冷化事件

白亜紀後期を通じて，スーパープルームの活動がしだいに沈静化して地殻生産量が減少すると，顕著であった気候の温暖化がおさまり，9000万年前と7000万年前の寒冷期を挟んだ寒暖を繰り返しながら，全体として寒冷化気候となっていった（図2.2）．

100 mにおよぶ急速な海水準の低下が9000万年前に記録されているが，同時期に浮遊性および底生有孔虫殻の$\delta^{18}O$は最も重くなり，水温は低下した (Jenkyns et al., 1994)．この時期の地球上には大きな氷床がなかったと推定されているので，$\delta^{18}O$の変動は気候の寒暖を直接反映していると考えられる．9000万年前の寒冷化は，浮遊性有孔虫の地理的分布にも影響をおよぼし，9000万年前の北半球における熱帯および亜熱帯種の地理的分布が46°Nから40°Nまで南下し，8500万年前には20°Nまでさらに南下した．しかし，その後これらの種は再び40°Nまで北上した（西，

その前の温暖期から平均気温が100万年間に0.2℃低下したことが知られている（Lasaga et al., 1985）．

2.3 海洋の無酸素事件と黒色有機泥の生成

深海掘削によって採取された1億1500万〜1億750万年前，9500万年前，8500万年前の海底堆積物は，炭化水素の多い有機物に富んだ厚い黒色頁岩（サプロペル）で特徴づけられる（図2.3）．これらの黒色有機泥が堆積した時期は，海水準が高く，光合成による生合成作用によって^{12}Cが選択的に有機物として固定されたために，堆積物の$δ^{13}C$値が高く，貧〜無酸素状態の還元的海底環境の時代であったので，多量の有機物が酸化分解されずに残って堆積したと解釈され，海洋無酸素事件（Oceanic Anoxic Events, OAEs）と呼ばれている（図2.2；Schlanger and Jenkyns, 1976）．

誕生しつつあった大西洋では，海水循環が著しく制限されて垂直循環がほとんどなく，溶存酸素に乏しい底層水が高い生物生産によってもたらされた多量の有機物を嫌気性の海底に堆積させたと考えられた（図2.3）．多くの海成白亜系は石灰岩と黒色頁岩の互層から構成されているので，海洋環境が同時間面において面的に異なっていた（図2.4）か，あるいは周期的に変動していた可能性がある．例えば，テーチス海の塩分と水温は，地球軌道の変動に影響されて季節的に変動した．季節変化の弱い時期に，湧昇流は消滅して貧酸素の黒色頁岩が形成され，軌道変動に反応した低〜中緯度域は海進最盛時に周期性が最強となったとする説がある（Herbert and Fischer, 1986；Claps and Masetti, 1994；Erba and Premoli-Silva, 1994）．

汎世界的なOAEsは，OAE 1a（1億2000万〜1億1900万年前），OAE 1b（1億1200万〜1億1000万年前），OAE 1d（1億〜9800万年前）

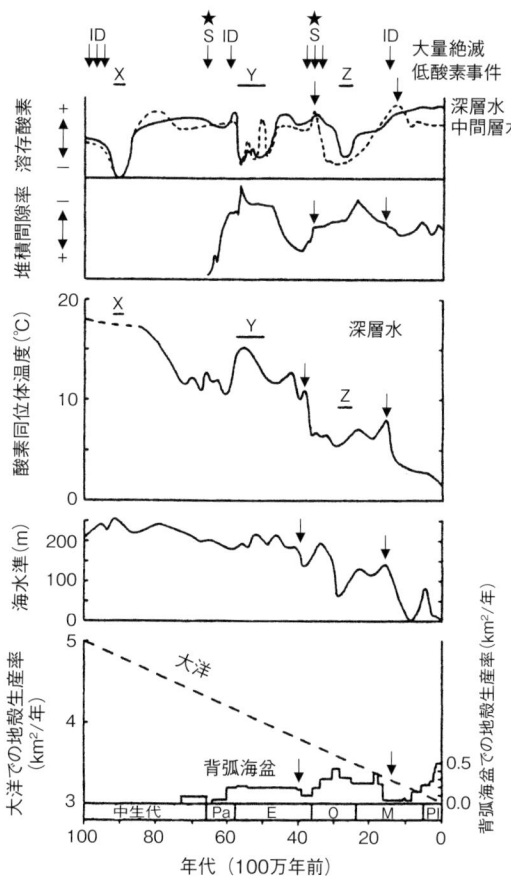

図2.2 1億年スケールの環境変動と大量絶滅（海保，1992）
S：表層水での絶滅事件，ID：中〜深層水での絶滅事件，★：小天体衝突，X〜Z：溶存酸素極小事件，Pa：暁新世，E：始新世，O：漸新世，M：中新世，Pl：鮮新世〜更新世．

2000）．

1億2000万年前から始まったソテツやイチョウなどの裸子植物，シダやトクサなどシダ植物から，イネ，ユリ，ランなどの単子葉植物とスズカケ，カシ，ヤナギ，カバノキなどの双子葉植物からなる被子植物への変化は，9500万年前に顕著となった．裸子植物より被子植物の方が，厳しい気候下でも受精を効率よく行え生きられる．

7000万年前には，急速な海水準の低下と同時に，浮遊性と底生有孔虫殻の$δ^{18}O$は水温の著しい低下を示しており，中規模の氷床が存在していたと推定されている（MacLeod and Huber, 1996；Miller et al., 1999）．事実，7500万〜7000万年前の北米では極域の気温が2〜8℃であり，

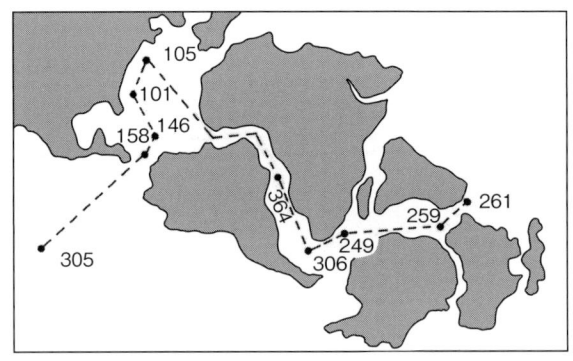

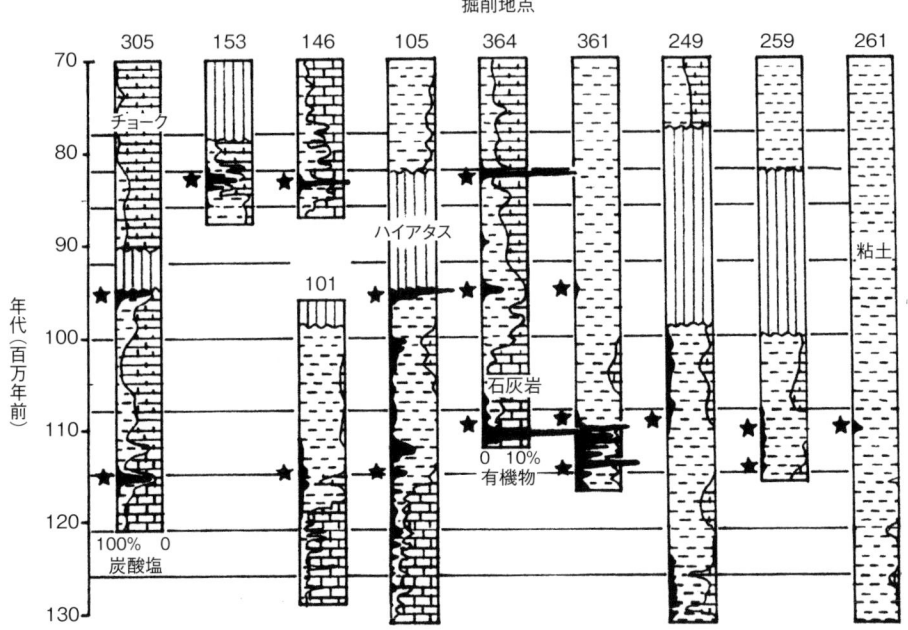

図2.3 深海掘削によって採取された白亜紀の海底堆積物における有機物の多い黒色泥(サプロペル)(上)中生代前期(1億1500万~1億800万年前)の古地理図に黒色有機泥が産出した掘削地点を記入.黒色有機泥は大西洋とインド洋で多産するが,外洋では少ない.(下)星印はサプロペルが極端に多い層準を示す.炭酸カルシウムの比較的多い堆積物と互層している.

とOAE 2(9400万~9350万年前)の4回である(図2.2).OAE 2は9400万~9350万年前の短期間に生成された.これらの無酸素事件では,炭素同位体($\delta^{13}C$)の正のスパイク(2~4%)が認められ,OAEの存在を確認する手段となっている(西,2000).

貧(無)酸素水塊が発達した原因として,次の2説があげられる.

(1) 海水温が上昇し,水平かつ垂直的な温度勾配が低くなったために,海水循環が停滞した.赤道域に位置した浅海のテーチス海では,蒸発がさかんに行われ,高温で高塩分の重い海水(warm saline deep water, WSDW)がつくられ,海底へ沈み込んでいって深層水となった(図2.1).海洋は表層水と深層水の2層構造となったために,海水の混合と反転がほとんど起こらず,水塊の成層状態が発達したので,海底は無酸素状態となったとする説(Brass *et al.*, 1982)がある.

(2) 海洋水の成層状態が発達し,もともと溶存酸素が少なかった環境下で,多量に生産された有

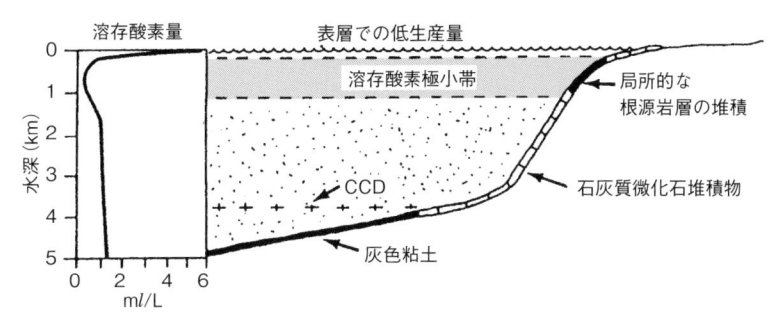

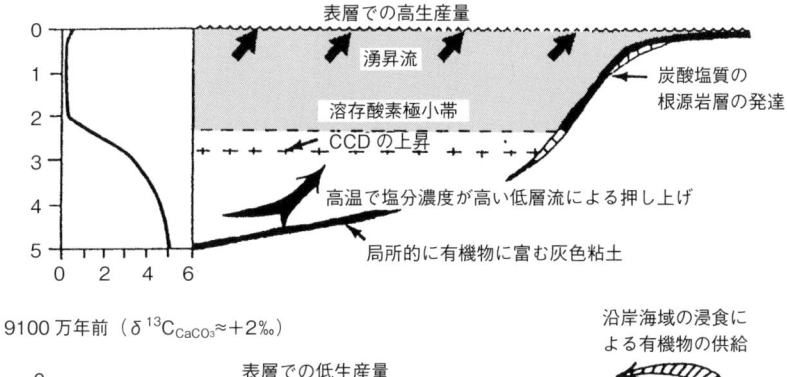

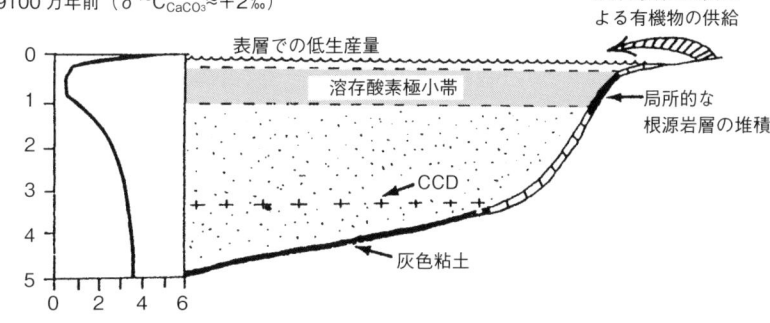

図 2.4 白亜紀中期における堆積環境の変化（Arthur *et al.*, 1987；渡部・山本, 1995）
セノマニアン/チューロニアン境界（9350万年前）で炭酸塩鉱物の中の ^{12}C が多くなることから，表層における生物生産量が増加して生物起源の炭酸塩や有機物が堆積物中に保存されたことがわかる．

機炭素の一部を溶解して少ない溶存酸素を消費してしまったので，深層が無酸素状態になったと考える説では，有機炭素の起源に関して次のような2説がある．①高い海水準（海進）が浅海域に湧昇流をもたらすとともに，地域的に限定された風や海流循環による湧昇流がリン酸塩などの栄養塩を表層へ供給して，生物生産を高めたとする説（Erbacher *et al.*, 1996）と，②海水準が低下（海退）して陸上起源の有機物が砕屑物とともに運搬されたとする説（Premoli-Silva and Sliter, 1999）である．

有機炭素を多量に含んだ白亜紀の黒色頁岩は，石油や天然ガスの根源岩となっており，世界の巨大油田として60%を供給している．黒色有機泥の堆積は，海底の還元的な無酸素環境と密接に関連しているが，黒色有機泥の堆積機構に関しては，(1) 底層水の溶存酸素量が減少して，海底における有機物が分解されなかった（Stein, 1986），(2) 高生産性と有機炭素の速い堆積速度は，大気中の二酸化炭素を枯渇させて寒冷気候をもたら

し，強い緯度的温度勾配と強い風や海洋湧昇流が光合成に必要な栄養塩を海洋生物圏に供給した，とする説がある（Arthur et al., 1988）．ほかにも(3) 海洋表層での基礎生産が高まったので，水中で酸化分解されないで堆積する有機炭素量が増加した（Pedersen and Calvert, 1990），(4) 地球内部から膨大な熱エネルギーが供給されるとともに，噴出する火山ガスから二酸化炭素などの温室効果ガスが大気中へ放出され，生物生産が高まった（Larson, 1991a, b），(5) 海水準上昇による湧昇流がリン酸塩などの栄養塩を表層へ供給して，生物生産を高めた（Erbacher et al., 1996），(6) 海水準低下が陸源の栄養塩を供給した（Premoli-Silva and Sliter, 1999），などの諸説が提唱されていて，結論が出ていない．

貧（無）酸素水塊の成因と同様に，層準や地域などの要因によって黒色有機頁岩の成因が異なっていることが考えられるので，個別的な研究が必要である．

2.4 海洋プランクトンの消長

海洋の物質循環は，海洋表層の植物プランクトンが二酸化炭素を吸収して光合成を行って有機物に変換し，深海へマリンスノーとして輸送することから始まる（第5章参照）．古生代オルドビス紀から中生代ジュラ紀にかけて，珪酸質の骨格をもった放散虫が繁栄した．一方，石灰質の殻をもつ円石藻のナノプランクトンはトリアス期末，浮遊性有孔虫は白亜紀前期の浅海に出現した後，白亜紀の温暖期に浅海から外洋に分布を拡大しながら爆発的に増加し，多様化した（図2.5）．それらの有機物が石油や天然ガスの起源であり，遺骸は海底に石灰質軟泥として多量に堆積した．白亜紀後期になると，増殖速度が速く生産性が高い珪藻が出現し，気候の寒冷化とともに，勢力を拡大して現在のような海洋表層の生物生態系となった．

白亜紀中期9300万年前の中〜深層水において，

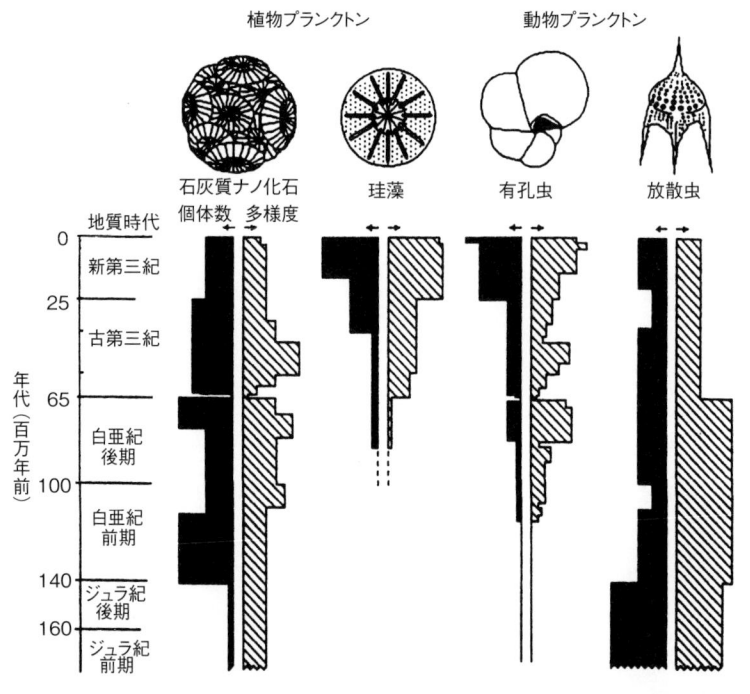

図2.5 中生代ジュラ紀以降の有殻海洋プランクトンの消長（西ら，2002；池谷・北里，2004）
古生代〜中生代前半にシリカの骨格をもつ放散虫が繁栄した後，中生代後半〜新生代前半での石灰質の殻をもつ円石藻と有孔虫を経て，新生代後半にシリカの殻をもつ珪藻が発展した．現在の海洋では，円石藻と珪藻が海洋の一次生産者であり，浮遊性有孔虫が炭酸塩の殻を深海へ沈降させている．

絶滅事件が起こっている（図2.2）．中〜深層水に生息する底生有孔虫の50%の種と100 m以深の浮遊性有孔虫が消滅し，魚類とアンモナイトの科の数が減少したが，四肢動物と表層水に生息する浮遊性有孔虫や石灰質ナノプランクトンには影響が認められない（海保，1995）．この絶滅事件には，OAE 2が関係しており，温暖化により海洋循環が停滞し，100 m以深の海洋水が貧（無）酸素状態になったからであると考えられる．英国ドーバー付近のOAE 2では，底生有孔虫，浮遊性有孔虫，貝形虫，珪質鞭毛虫，石灰質ナノ化石の順に微化石が絶滅しており，無酸素事件による絶滅が底生生物から浮遊性生物へ拡大していったことが示唆された（Jarvis et al., 1988；Hart and Leary, 1991）．なお，$\delta^{13}C$の正へのスパイクは石灰質ナノ化石の絶滅層準の直上である．

底生有孔虫は，すべての無酸素事件に対応して嫌気性の種群が増加し，種の多様度が減少している（西，2000）．

2.5 白亜紀末の天体衝突による大量絶滅

白亜紀と古第三紀の境界（K/T境界）は6500万年前であるが，古第三系最下部の国際対比の模式地であるコペンハーゲン南のダニアンを含めて世界中で不整合となっている．そのうちで，最も地層の欠如が少なく約10万年の欠如と推定されるイタリア中部グビオのK/T境界は粘土層で代表される．この粘土層から，小惑星や隕石の天体衝突説の発端となった，鉄に溶け込みやすい白金族元素のイリジウムIrが上下の地層に比べて約300倍に濃縮されていることが発見された（Alvarez et al., 1980）．イリジウムの濃度から衝突した天体は直径10〜20 km，重さ2500億トンの石質隕石と推定され，数十km/秒の速度で衝突したとすれば直径150〜200 kmのクレータが形成されたことになり，クレータ探しが始まった．

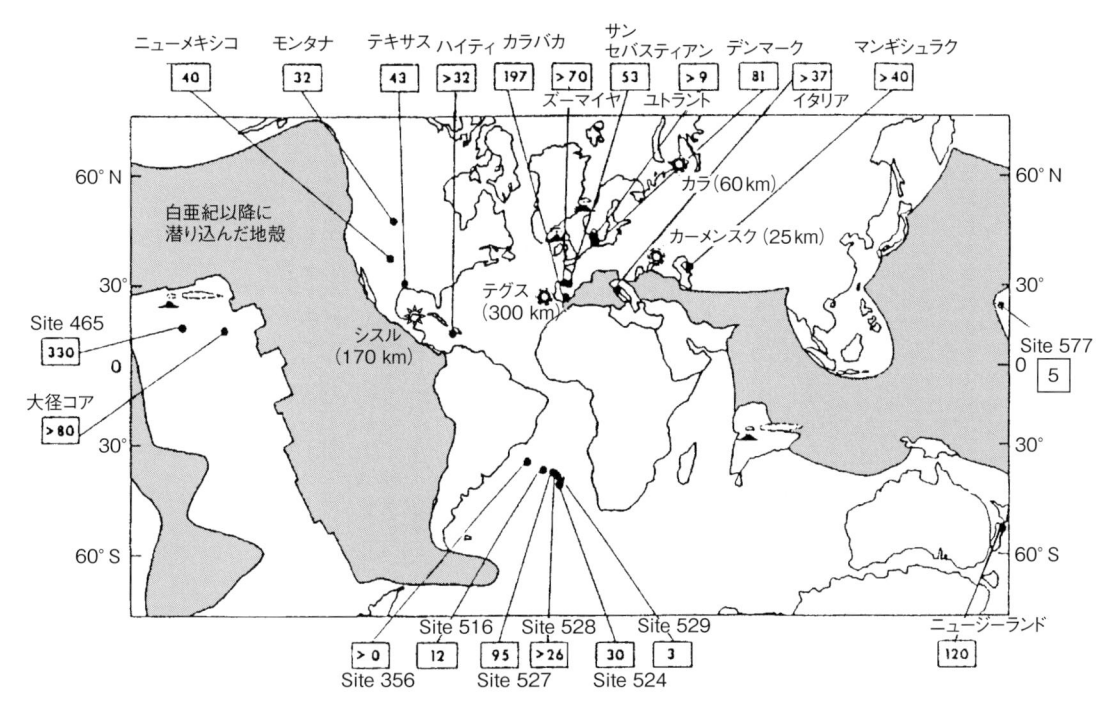

図2.6 白亜紀末（6500万年前）の大陸分布図にプロットしたイリジウム異常の発見地とイリジウム濃集量（10^{-9}g/cm^2）（Alvarez et al., 1992を改変）
当時代の隕石クレータと火成活動の位置を示す．

イリジウムの濃集層が世界中の海成層や陸成層のK/T境界で，他の白金族希元素オスミウムOsや白金Ptなどと一緒に発見された（図2.6）．激しい衝突による衝撃波でできたラメラ状構造をもつショックドクォーツ，衝突時に発生した爆風と熱波による高温で溶解した物質が飛び散った，直径100～1000μmのスフェリュール（球粒）やマイクロテクタイトなども発見された．K/T境界の模式地であるステフンスクリントの"fish clay"やグビオの粘土層，スペインやニュージーランドのK/T境界層からは，天体衝突によって森林火災が起こったことを示すススの化石や燃焼起源の有機物が含まれていた（Wolbach et al., 1985, 1988; Arinobu et al., 1999）．ススの発見は，森林の大火災による酸素欠乏と一酸化炭素の増加，巻き上がったほこりや水蒸気によって太陽光が遮蔽されて起こる光合成の停止と気温低下を証拠づけた．また，大気中の窒素酸化物が衝突時に酸性雨に変化したことも検討された．

北太平洋シャッキーライズにおける深海掘削Leg 86 Site 577の掘削コアでは，K/T境界でイリジウムやマイクロテクタイトが発見され，白亜紀型の石灰質ナノ化石が大量絶滅した後に，古第三紀型の石灰質ナノ化石や浮遊性有孔虫が出現した（Smit and Romein, 1985）．また堆積物中の炭酸塩と底生有孔虫殻の間に炭素・酸素同位体比の

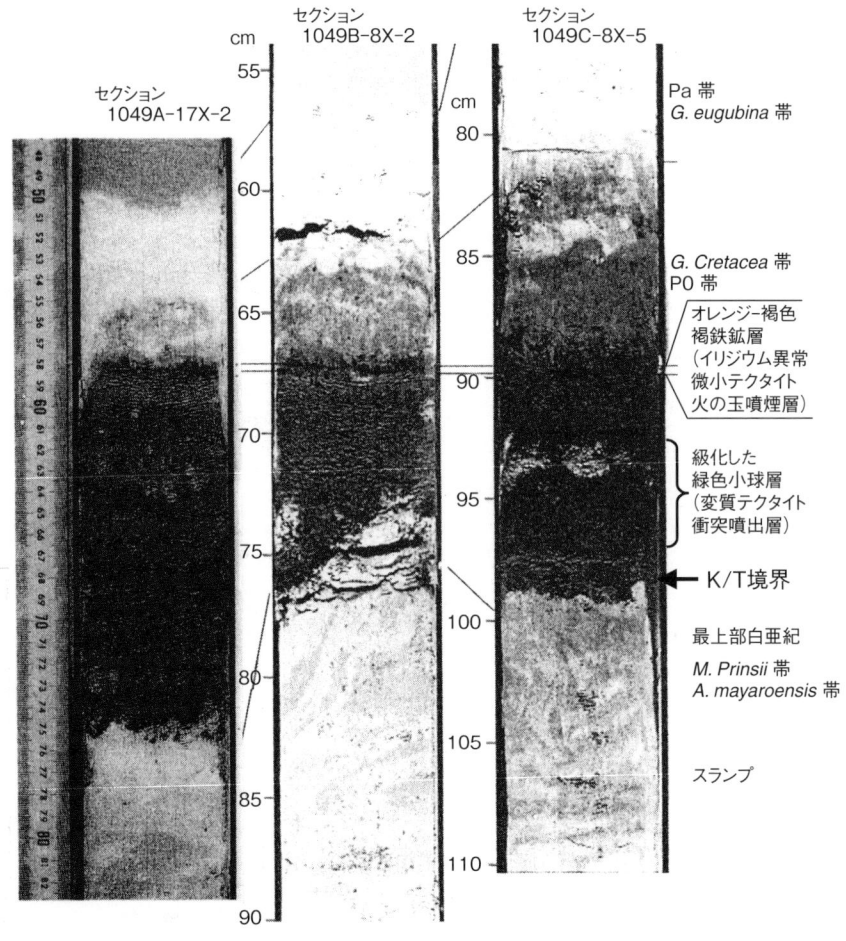

図2.7 大西洋ブレーク海嶺（Leg 171 Site 1049）のK/T境界における事件（Norris et al., 2001）
ユカタン半島で起こった天体衝突によって，ガラスの小球体からなる緑色の衝突噴出層が堆積した後に，降下した石英粒子からなる火の玉噴煙層が発見された．

差や$CaCO_3$とバリウムの減少が認められ,海洋の一次生産が激減したと推定された(Zachos et al., 1989).太平洋の深海掘削コアのK/T境界からは隕石のかけら(2.5 mm)が発見され,衝突した天体は小惑星であると推定された(Kyte, 1998).

メキシコのユカタン半島北端において,K/T境界に位置づけられた直径200 kmのクレータとその埋積物や,キューバやタヒチ島に露出する白亜系-古第三系の中に厚い津波堆積物が発見され,小天体がユカタン半島の浅海域に衝突したことが確実となった(Hildebrand et al., 1991;Bralower et al., 1998).メキシコ湾を挟んでユカタン半島の対岸に位置するフロリダ半島沖のブレーク海嶺外縁における深海掘削 Leg 171 Site 1049 の掘削コアでは,約20 cmの厚さのK/T境界層がイリジウムや緑色のテクタイト,小球などを含んでおり,ユカタン半島北端における小天体の衝突が海底堆積物から証拠づけられた(図2.7).天体衝突が大量の塵と水蒸気を成層圏に巻き上げ,光合成の中止,酸性雨,森林火災,気温変化など地球規模の環境破壊を引き起こして,恐竜やアンモナイト類などが全滅し,海洋プランクトンの浮遊性有孔虫や石灰質ナノプランクトン,浅海域に住む動物の大部分は絶滅した(Alvarez, 1986).

しかし,ネズミやモグラなど小型の哺乳類やトカゲやヘビなどの爬虫類,ワニやカメなどの淡水生脊椎動物などはK/T境界を生き延びた.K/T境界直前の植物群は,温暖湿潤な気候下に生育した多様な被子植物,シダ植物や裸子植物からなるが,天体衝突後の米国ノースダコタでは温暖系の常緑広葉樹を中心に大型植物の約70%,花粉・胞子の約30%が絶滅した(Wolfe and Upchurch, 1987).北半球の高緯度域ではK/T境界を挟んで大きな植物群の変化は知られていない.

K/T境界における生物の大量絶滅の原因として提唱された天体衝突説(Alvarez et al., 1980)は,四半世紀を経て衝突と化石の両面から確実となった(図2.8).米航空宇宙局 NASA は,直径数十m以上の天体は1000年に1回くらいの割合で地球に衝突していると証言している.

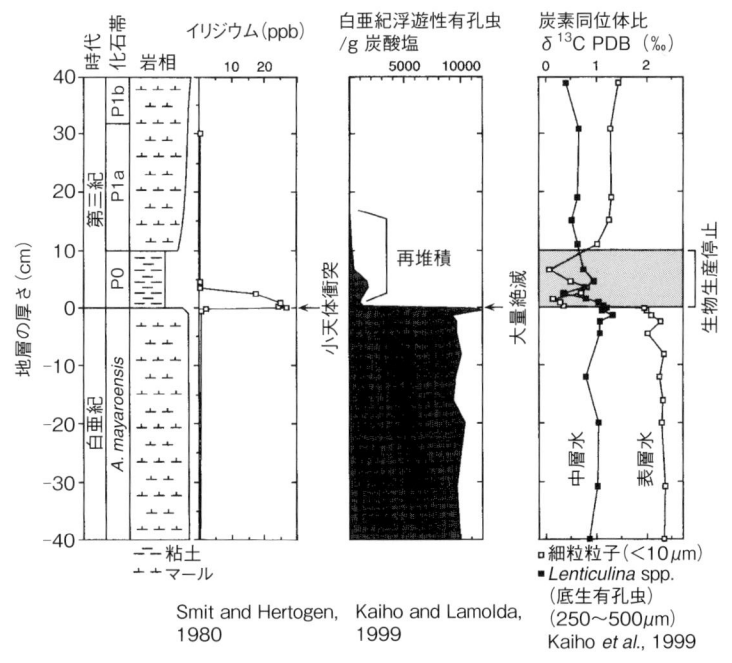

図2.8 6500万年前のK/T境界における天体衝突と大量絶滅の同時性(平野・海保,2004)

3
新　生　代

　新生代を通じて起こったプレートテクトニクスによって大陸の配置が再編成されて，①赤道循環流の崩壊，②南極循環流の発達，③インド-ヒマラヤ山系の進化が順次起こったために，地球は白亜紀における非氷河型の温暖気候から古第三紀の段階的な漸移期を経て，新第三紀における経度的な温度躍層（サーモクライン）での寒冷水循環による氷河型の寒冷気候へと変化し，第四紀に氷河時代が成立した．

　寒冷化気候の証拠は，有孔虫殻による酸素同位体比（図3.1）と炭素同位体比（図3.2）の記録として残されている（コラム3参照）．

　赤道循環流の崩壊は以下のように進んだ．

（1）始新世前期（5300万～5000万年前）に，インド亜大陸がユーラシア大陸に衝突して，テーチス海が閉鎖し，温暖高塩分深層水の形成が停止した．漸新世中期（3000万年前）以降に，地中海-ヒマラヤ域では海洋域が褶曲帯となり，ヒマラヤ山脈となった．

（2）始新世後期（4200万年前）に，オーストラリアが南極大陸から分離して北上したために，インドシナ海路が閉鎖された．

（3）鮮新世（300万年前）に，北米大陸と南米大陸が衝突したために，中米海路が閉鎖した（図

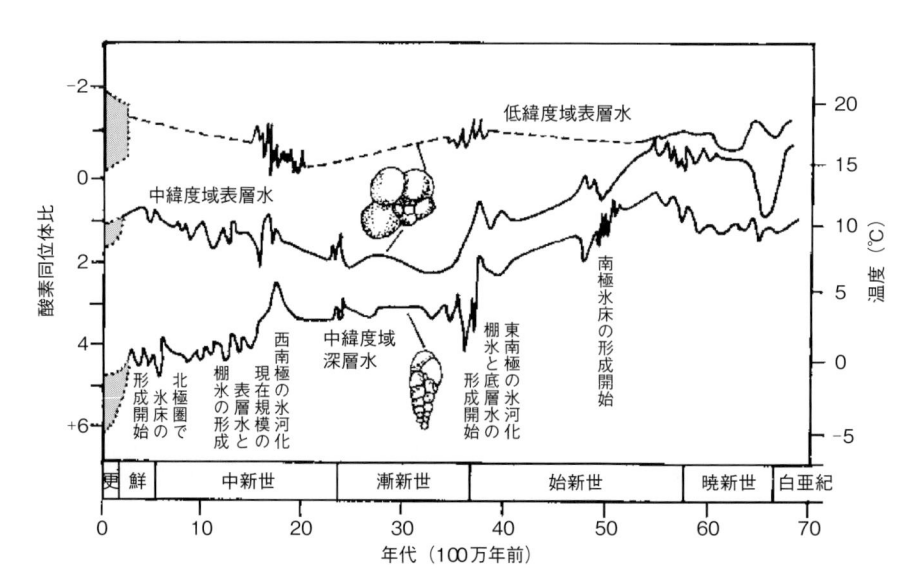

図3.1　浮遊性と底生有孔虫の殻の酸素同位体比（Van Andel, 1994）
白亜紀から現在へ寒冷化したことを示す．灰色部分は260万年前からの急激で激しい低温化を示している．鮮：鮮新世，更：更新世．

3. 新生代

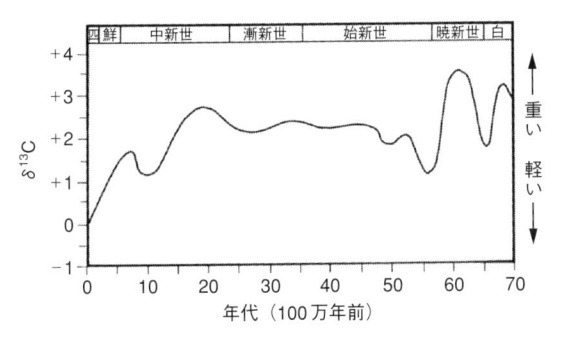

図3.2 新生代における外洋性炭酸塩の炭素同位体比の変動 (Van Andel, 1994)

新生代初期までの堆積物中には白亜紀の高い生物生産によって海水中から摂取された軽い ^{12}C が有機物として埋積されていたので，この時代の微化石の $\delta^{13}C$ は重いが，始新世には埋没していた多量の炭素が露出し酸化されて，発生した二酸化炭素が海水に吸収されたために，海水の $\delta^{13}C$ は軽くなった．したがって，石灰質軟泥の $\delta^{13}C$ は軽い値となった．始新世から中新世中期まで $\delta^{13}C$ はほとんど変化しない．結果として，新生代後期の大気と海水は酸素を1/4失い，かわりに二酸化炭素を得た．

3.3)．

南極循環流の発達は以下のように進んだ．

(1) 始新世後期（4000万年前）に，南タスマン海台が沈下して，オーストラリア-南極海路が開通した．東南極氷床が誕生し，季節的海氷が形成された．

(2) 漸新世中期（3000万年前）に，南米大陸-南極大陸間にドレーク海路が開通した．南極循環流が完成して，南極大陸が熱的に孤立した．

(3) 中新世中期（1400万年前）に，アイスランド-フェロー海嶺が沈下し，北大西洋深層水が東南極氷床を拡大し，西南極氷床が成立したために，南極表層水が寒冷化して，南極底層水が形成された（図3.4）．

インド-ヒマラヤ山系の進化は以下のように進

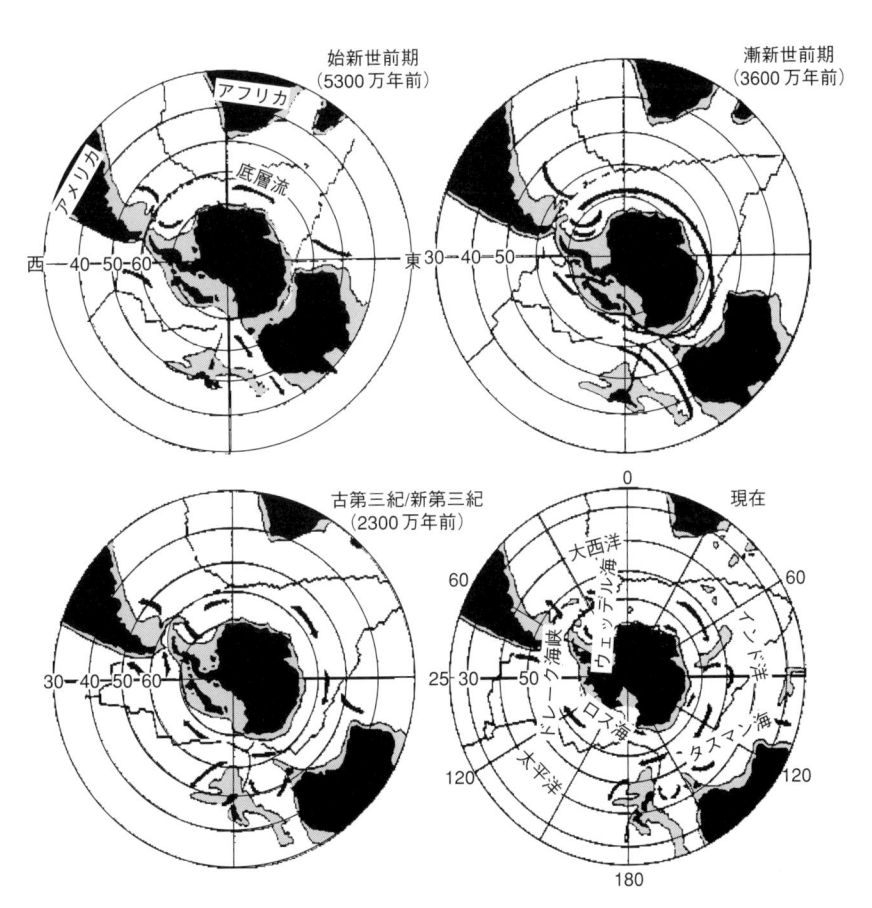

図3.4 南極循環流の発達 (Kennett, 1980)

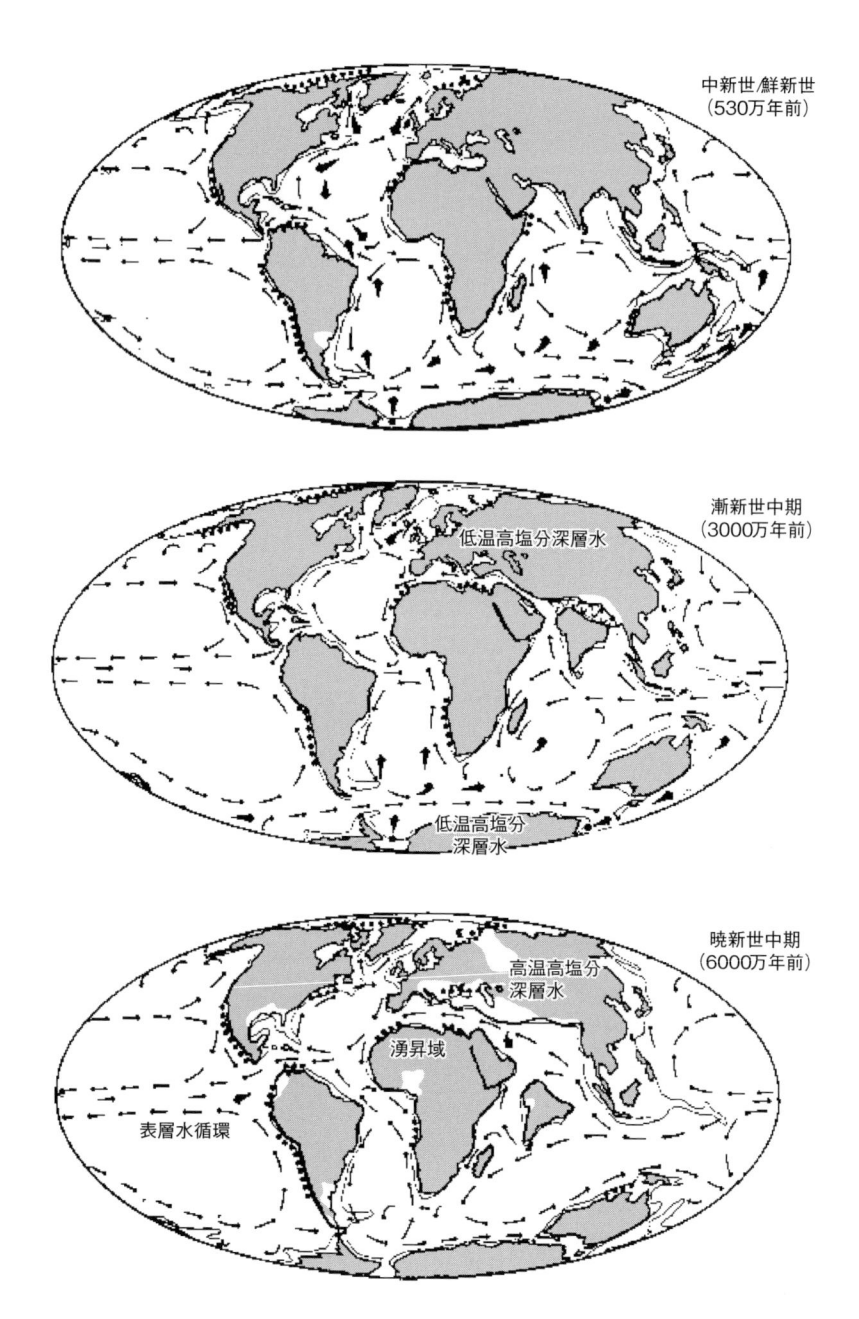

図 3.3　赤道循環流の崩壊（Haq, 1984）

●コラム3：同位体

　原子番号は同じであるが，質量数が異なる原子を互いに同位体という．元素の種類を特定する原子番号は陽子数で決まり，質量数は原子核を構成する陽子の数と中性子の数の和であるから，同位体は中性子の数が異なる原子であるともいえる．同位体は元素記号の左肩に質量数を小さく記して表す．

　同位体には，安定な同位体と不安定な放射性同位体とがある．同位体は化学的性質に差異はないが，質量数が異なるために同位体や同位体分子間で密度，融点，沸点，拡散定数，蒸気圧などの物理的諸性質に差異がある．安定同位体は化学種間で顕著な分別効果を示すので，その温度依存性を地質温度計として利用する．放射性同位体は一定の半減期で壊変するので，岩石の絶対年代を測定することに利用される．

　同一元素に含まれる同位体の割合は，元素が宇宙でつくられたときに決まるので，地球上のいたるところでほとんど一定であるため，天然に存在する各元素の同位体の組成比を％で表す．

　地球の生物圏は，光合成をする植物から始まり，植食性動物-肉食性動物-分解者で構成される循環系をなしている．光合成によって酸素が生成されることに伴って，炭素を大気から生物圏を介して岩石圏へ移動させ，生命の維持に都合のよいように大気中の二酸化炭素量を調整してきた（図1）．

1) 地質温度計としての酸素同位体比（$^{18}O/^{16}O$）法

　(1) 酸素同位体の存在比は，
　　$^{16}O : ^{17}O : ^{18}O = 99.758 : 0.00373 : 0.2039$

　(2) 海水中に生息する有孔虫類や浅海生貝類はその炭酸カルシウム（$CaCO_3$）殻を海水（H_2O）と同位体的に平衡状態の下に形成したと考えられる．

　(3) 海水の $H_2^{18}O$ は $H_2^{16}O$ より重いために，蒸発しにくく海水中にとどまり，蒸発水が降水となって形成する陸水や雪氷は軽い $H_2^{16}O$ からなる同位体効果が全体の 2/3 を占める．また ^{18}O は低温なほど H_2O よりも CO_3^{2-} に凝集する同位体効

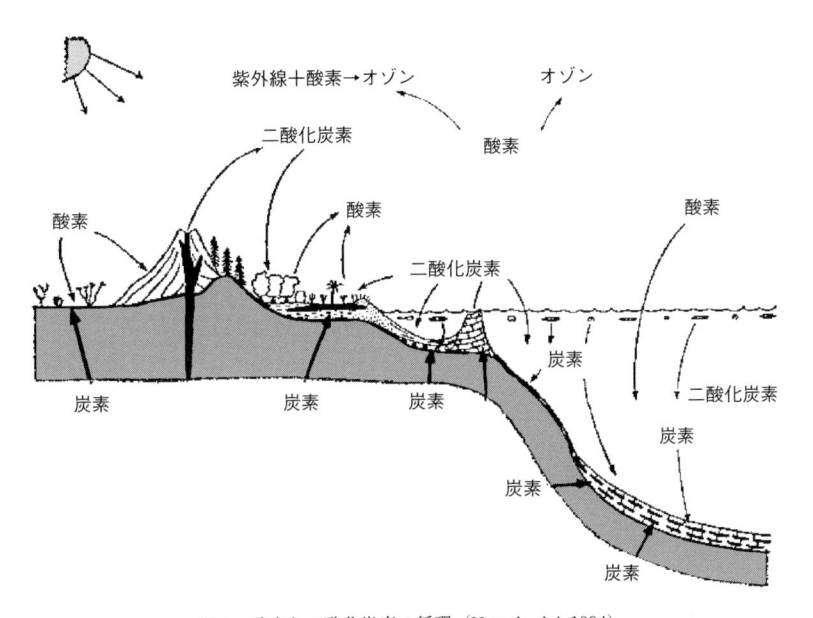

図1　酸素と二酸化炭素の循環（Van Andel, 1994）
植物は二酸化炭素と水を光合成によって有機物と酸素に変える．多量の有機物は堆積物中に埋没する．酸素は大気や海水に含まれ，動物の呼吸に使われるほかに，風化作用に使われる．成層圏ではオゾンとなる．二酸化炭素はサンゴや石灰質プランクトンなどによって固定されて石灰岩となる．

(4) 自然界に存在する同位体比は同位体を含む物質の状態（気体，液体，固体などの相や化合物）によってわずかに異なるために，標準物質の同位体比に対する試料の同位体比の偏差（$\delta^{18}O$）を千分率（‰）で表す．標準物質として，PDB（Pee Dee belemnite shell，南カロライナ州 Pee Dee 層産のベレムナイト化石）を用いる．

$$\delta^{18}O(‰) = [(^{18}O/^{16}O)_{sample} \cdot (^{18}O/^{16}O)_{PDB}{}^{-1} - 1] \times 1000$$

水温変化がほとんどない深海底に生息する底生有孔虫の殻の $\delta^{18}O$ は海水の同位体効果を表し，$\delta^{18}O$ が大きな時期は氷床が発達し海面が低下した氷期に相当し，小さな時期は間氷期である．一方，水温変化が大きい海洋表層に生息している浮遊性有孔虫の殻の $\delta^{18}O$ は，大陸氷床量の変化と水温変化の相乗効果によって，氷期に大きく，間氷期に小さくなる．

海底コア中の有孔虫殻の酸素同位体比曲線は，間氷期に奇数番号を，氷期に偶数番号をつけて気候変化に基づく酸素同位体比のステージ区分が行われ，MIS（marine isotope stage）や OI（oxygen isotope stage）と呼ばれる（Emiliani, 1955；Imbrie et al., 1984；Martinson et al., 1987）．ステージ 3 はステージ 5 以降の長い最終氷期における亜間氷期を含む気候変動の激しい時期とされている．最終間氷期に相当するステージ 5 は 5 期に細分され，新しい時代から 5a, 5b, …, 5e とされている（Shackleton, 1977）．各ステージ境界は，氷期から間氷期へあるいは間氷期から氷期へ，酸素同位体比が急激に変化する中間点に設定されている．各ステージ中で特徴的な酸素同位体比ピークに番号がつけられ，小数点以下 1 桁の数字が奇数の場合は温暖ピークを，偶数の場合は寒冷ピークを表す．

海底堆積物中の底生有孔虫殻による酸素同位体比の変動がいくつかの周期をもつ地球軌道要素の変動と合致することから，SPECMAP（Mapping Spectral Variability in Global Climate Project）が年代尺度として使用されている（Imbrie et al., 1984）．

2）水素同位体比（D/H）法

(1) 水素同位体比の存在比は，
$$^{1}H : {}^{2}H\ (={}^{2}D) = 99.99 : 0.01$$

(2) 重水素を含む水分子（$HD^{16}O$）はふつうの水分子（$H_2{}^{16}O$）より蒸発しにくい．

(3) あるサンプルの標準物質からの重水素の偏差（δD）を測定し，千分率（‰）で表す．

(4) 標準物質として，標準平均海水（standard mean ocean water, SMOW）を用いる．

$$\delta D(‰) = [(HD^{16}O/H_2{}^{16}O)_{sample} \cdot (HD^{16}O/H_2{}^{16}O)_{SMOW}{}^{-1} - 1] \times 1000$$

(5) 天然水の δD と $\delta^{18}O$ の間には，$\delta D =$

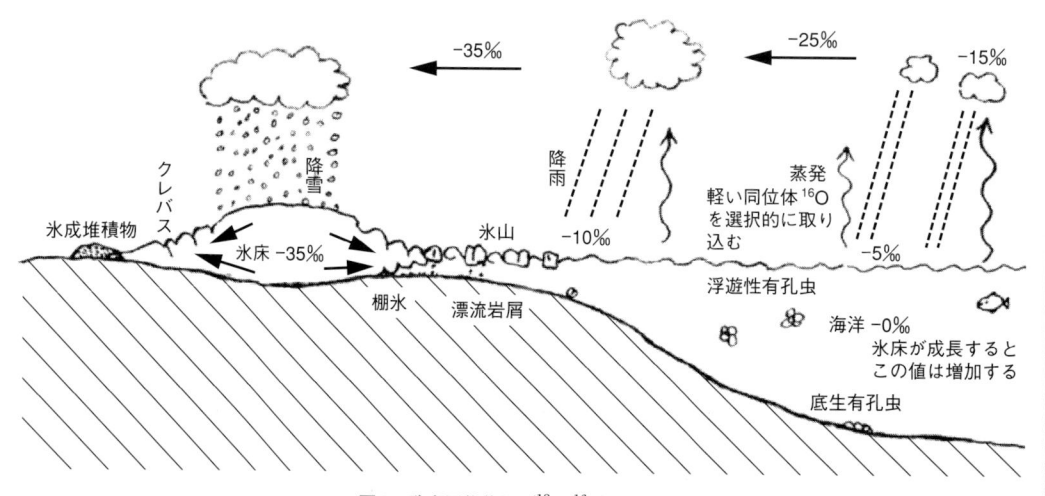

図 2　酸素同位体比（$^{18}O/^{16}O$）の変動

$8\delta^{18}O+10$(‰) という比例関係がある．

3) 有機物の起源と二酸化炭素や酸素に関連した炭素同位体比（$^{13}C/^{12}C$）法
　(1) 炭素同位体比の存在比は，
　　$^{12}C : ^{13}C : ^{14}C = 98.892 : 1.108 : 1\times 10^{-11}$
　(2) 同位体の平衡状態は成立している．
　(3) 海水の$\delta^{13}C$は，海洋表層での生物生産が活発になると，海水から軽い^{12}Cが生物体の有機物に選択的に取り込まれるために，表層水の$\delta^{13}C$は大きくなる．有機物は海水中を沈降しながら溶存酸素によって酸化分解され，^{12}Cを海水へ放出するために溶存酸素極小層で海水の$\delta^{13}C$は最小となる（図3）．
　(4) 標準物質はPDBを使用する．
　　$\delta^{13}C$(‰) $= [(^{13}C/^{12}C)_{sample}\cdot(^{13}C/^{12}C)_{PDB}{}^{-1}$
　　　$-1]\times 1000$

現在の海水の$\delta^{13}C$は，深層水が北大西洋から太平洋へ流れていく間に，海洋表層で生産された有機物が沈降して酸化分解され，^{12}Cに富んだ炭素が深層水に加えられるために，深層水の$\delta^{13}C$は深層水が古くなるにつれて小さくなる．

最終氷期最寒期における海水の$\delta^{13}C$は，氷期に陸上植物や腐植土が酸化分解されて発生したCO_2が海水に吸収されたために，現在よりも約0.35‰小さい（Duplessy et al., 1988）．また最終氷期最寒期に北大西洋深層水の形成は現在より弱く（Curry and Lohmann, 1982），沈み込みの深度も浅かった（Oppo and Horowitz, 2000）．

海底堆積物中の有機物の$\delta^{13}C$は，以下のような特徴をもつ．
　(1) 有機物の種類によって，海起源有機物の$\delta^{13}C$は極域を除くと$-19\sim -22$‰，陸起源有機物の$\delta^{13}C$はC_3植物で$-25\sim -27$‰，C_4植物で$-12\sim -14$‰である．
　(2) 大気の高いCO_2濃度や低温の影響を受けて海洋表層中の溶存CO_2濃度が高いほど，植物プランクトンは^{12}Cを優先的に細胞内に取り込むために，その有機物の$\delta^{13}C$は小さい．
　(3) 生物種による相違，有機物の分解と続成変質，気候変化に伴う大気CO_2濃度や海水中の全炭酸の$\delta^{13}C$の変化，河川水の流入の影響などによって変動する．

サンゴ骨格の$\delta^{13}C$には，海水の無機炭素HCO_3^-の$\delta^{13}C$，日射量，呼吸，成長速度，産卵などの要因が関与している（町田ら，2003）．サンゴ体内の共生藻類は日射量が多いほど活発な光合成を行い，^{12}Cを藻類の有機物として固定する

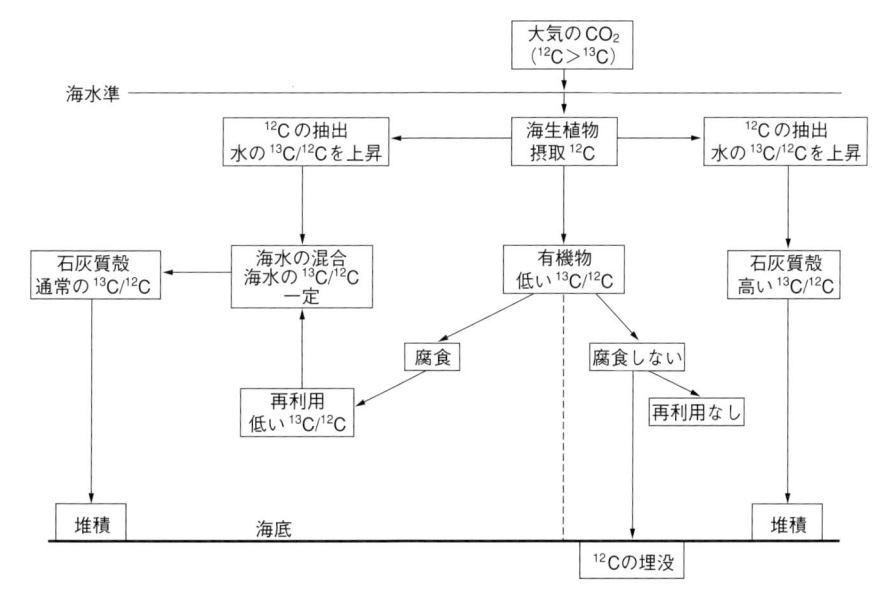

図3 炭素同位体システム（Van Andel, 1994）
二酸化炭素は海洋-大気サイクルにおける有機物の起源や二酸化炭素と酸素に関する情報を提供する．

> ためにサンゴ骨格の形成に使われる炭酸イオン中に ^{13}C が多くなってサンゴ骨格の $\delta^{13}C$ は大きくなる（Fairbanks and Dodge, 1979）．サンゴ自体や共生藻類の呼吸作用によって ^{12}C が排出されると，サンゴ骨格の $\delta^{13}C$ は小さくなる（Erez, 1978）．

んだ．

（1）始新世後期（4000万年前）に，インド亜大陸がユーラシア大陸に衝突した．

（2）漸新世中期（3000万年前）に，ヒマラヤ山脈が隆起した．

（3）中新世中期（1400万年前）に，ヒマラヤ-チベットの上昇が加速化され，風化作用が促進した．

（4）中新世後期（800万年前）に，アジアモンスーンが形成された（図3.5）．

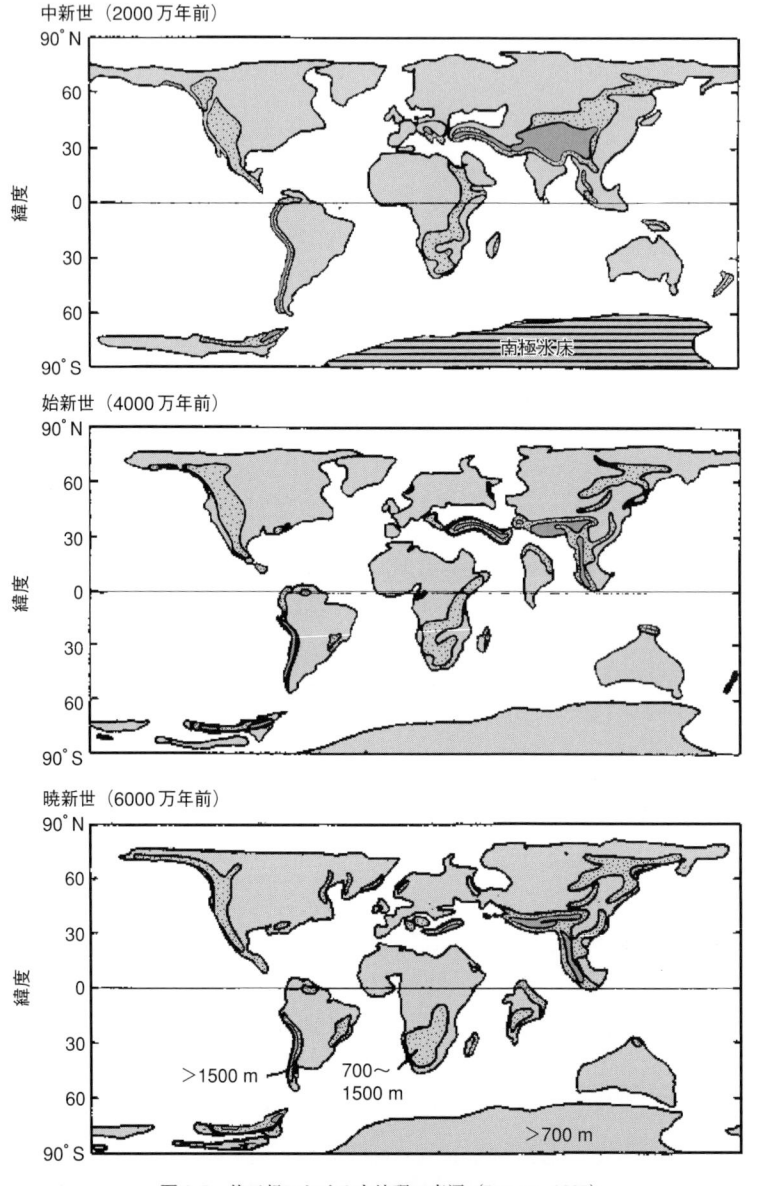

図3.5　第三紀における古地理の変遷（Barron, 1985）

3.1 暁新世と始新世：氷河型地球の始まり

白亜紀後期に，大西洋とインド洋は拡大し，太平洋が縮小したために北極海は孤立した．その結果，海洋間の底層水が部分的に孤立し，炭酸カルシウム（$CaCO_3$）が海洋表層から供給される割合と海底で溶解する割合とが等しくなる炭酸塩補償深度（calcium carbonate compensation depth, CCD）が大西洋とインド洋で深くなって石灰質堆積物が堆積しやすくなったが，太平洋ではCCDが浅くなったために，石灰質分が溶解して珪質堆積物が堆積しやすくなった（第6章参照）．

白亜紀末期（6500万年前）に，海水準は低下し，広大な大陸域が海面上に露出して，季節性の大陸気候が優勢となった．平均気温は0.2℃/100万年の割合で低下したが，気候は全球的にまだ温暖であり，温暖期と寒冷期が繰り返していた．

暁新世/始新世境界付近（5660万～5440万年前）で，酸素と炭素の同位体比が短期間にマイナスにシフトして，二酸化炭素量が現在の2～6倍に増加し，テーチス海に温暖高塩分深層水が形成されて，温暖気候となった（図3.1, 3.2）．暁新世末期の中緯度域深層水のスパイク的な温暖化は，後期暁新世最温暖化（Late Paleocene Thermal Maximum, LPTM）と呼ばれ，白亜紀後期と暁新世に特徴的な古い型の底生有孔虫の大半が絶滅し，現在型の深海性種群が出現した（野村，2000）．そして，常緑広葉樹林が60°Nまで拡大した．陸域の生物遺骸にも炭素同位体比の急激な低下が認められ，多量の^{12}Cが海洋と大気へ遊離したと考えられる．海洋地殻生産量の増加による二酸化炭素が要因である（Kaiho and Saito, 1994）．始新世初期には，中緯度域表層水にやや長期間の温暖化があり，新生代地球最温暖化（Cenozoic Global Climatic Optimum, CGCO）と呼ばれる．大気と海水中の炭素ガス分圧の急激な増大の要因として，メタンハイドレートの分解によって，多量のメタンガスが放出されるととも

新生代に地球が寒冷化した原因として，次の7つの要因が考えられる．

（1）大陸の衝突によって，海嶺の長さの総和が短くなり，スーパープルームによって海洋や大気へ放出される二酸化炭素量が減少して，温室効果が弱小化した．

（2）海洋地殻の生産量が減少したのに伴い，海水準が低下し，陸地の面積が増加したので，風化作用による二酸化炭素の消費量が増加し，温室効果が弱小化した．

（3）インド亜大陸がアジア大陸へ約4000万年前に衝突したために，広大な面積を有するチベット高原とヒマラヤ山脈が上昇して，風化作用が顕著になった．

（4）ゴンドワナ大陸の分裂と拡散によって，南極循環流が約3000万年前に成立したために，南極大陸が熱的に孤立し，氷冠が増大してアルベドが増加した．また，塩分の濃いグリーンランド水塊が中層水となって南極付近で湧昇し，表層水と混合することで，霧が発生して南極大陸に多量の降雪をもたらした．

（5）約300万年前にパナマ陸橋が成立して，温暖で湿潤なメキシコ湾流が北大西洋に北上したために，冬季の降雪量が増加した．一方，東赤道太平洋域では冷たい深層水が湧昇した．

（6）ヒマラヤ山脈とロッキー山脈の上昇に伴う大気循環の流路変更と風速強化が北半球高緯度域に氷床の形成をもたらした．

（7）極域が寒冷化するにつれて，高緯度域と低緯度域の間の温度勾配が増大して，全球的な大気と海洋の循環が強化されて，栄養塩類を含む陸源物質が大気輸送によって海洋へ供給されるとともに，湧昇流が深層中の栄養塩類を表層へ運び上げて，生物生産が増加した．植物プランクトンが硫酸化合物を大気へ放出して，雲を形成したのでアルベドが増加して，全球的な寒冷化が加速された．

に，温暖化が海底堆積物の地滑りを誘発し，埋没していた多量のメタンが噴出して，気候の温暖化が起こったと考えられている（Dickens et al., 1995；Kaiho et al., 1996）．

始新世中期（5300万～5000万年前）に，アイスランド-フェローズ諸島間の海底高まりとヤンマイエン断裂帯が沈降し，ノルウェー海とロフォーテン-グリーンランド海が形成されて，北大西洋中層および深層水が寒冷化した（図3.6, 3.7）．漸次的な極の寒冷化が緯度の温度勾配を強化し，水塊の分化をもたらした．その結果，熱帯-亜熱帯域に幅広い湧昇流体を形成した．また，温度躍層の断面と深度に地域的な差異を増大させ，太平洋周辺域に沿岸湧昇流域を出現させた（第6章参照）．

始新世末期事件

始新世/漸新世の境界（3800万年前）における全地球的な寒冷化とそれに伴う生物相の変化のことを始新世末期事件（Terminal Eocene Event）という（Wolfe, 1978）．有孔虫殻の$\delta^{18}O$は，低緯度域表層水において50 mの海水準低下に相当する氷河量が増加したことを，また中緯度域表層水は4℃の低温化，中緯度域深層水は1～2℃まで低下したことを示している（図3.1）．これは南極周辺域で海氷が形成されたことを意味する．タスマン海路が開通することによって，南インド洋高緯度域の寒冷な表層水が温暖な東南極のロス海に流入して，ロス海における結氷と海氷を形成したと考えられる．海氷の形成が現在のような垂直循環による南極底層水を形成し，温度成層をもたらした．寒冷化によって，全海洋におけるCCDが低下し，海水準は50 m低下した．

高緯度域における表層水温の低下は，現在と同じような高緯度域における浮遊性微化石に低い多様度（単調）と単純な形態をもたらした．低～中

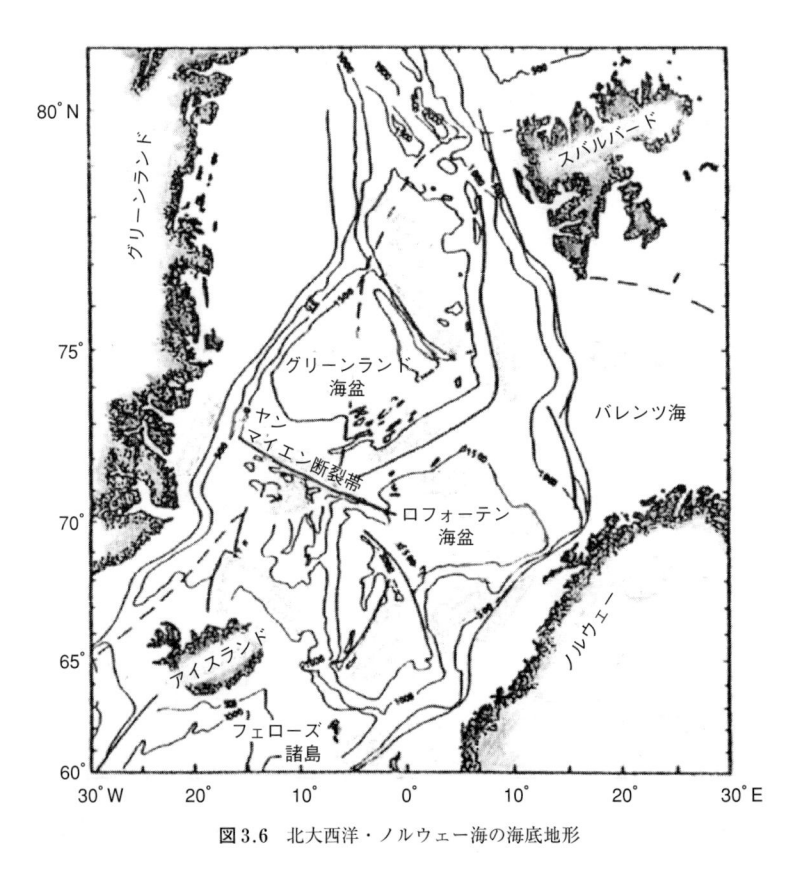

図3.6　北大西洋・ノルウェー海の海底地形

3.3 新第三紀（2350万～260万年前）

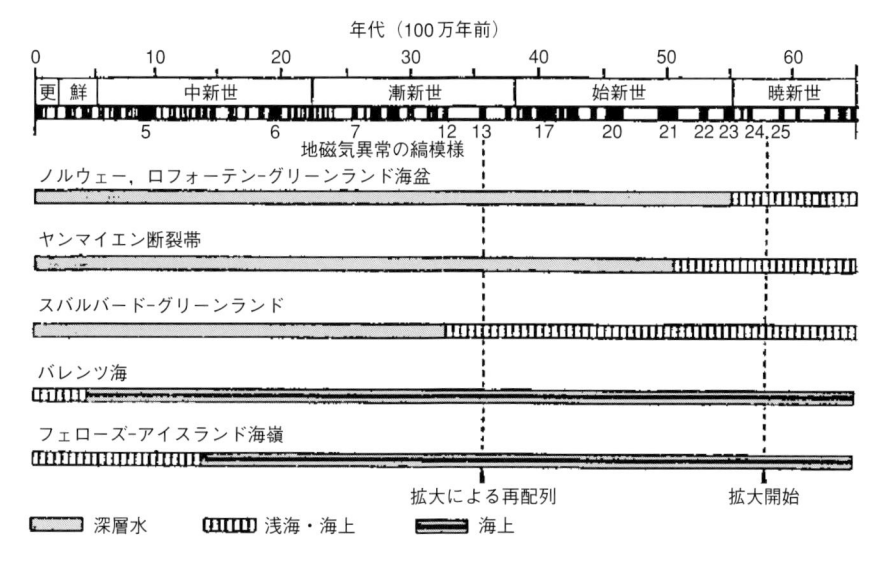

図3.7 北大西洋における海盆形成と深層水の発達（Eldholm and Thiede, 1980）

緯度域における浮遊性微化石は，段階的に多様度を減少させ，絶滅した．北半球の中～高緯度域における常緑広葉樹林は，多様度の低い温暖広葉樹林にかわった．

寒冷な底層水の浸食作用が増大したか，あるいは低い生物生産と弱い循環流による堆積物の無堆積，あるいは溶解による古第三紀の堆積間隙（ハイアタス）は，①海水準上昇あるいは海底オンラップによる深海盆における堆積涵養，②新しい海盆分化による流路の変更，③寒冷化がもたらす海水準低下による底層水形成の増加などのいずれかによる．

3.2 漸新世（3800万～2350万年前）

漸新世前期（3500万年前）に，テーチス海東部域はほとんど閉鎖し，赤道循環流は終結した．漸新世前期に形成された北大西洋深層水（North Atlantic deep water, NADW）が北大西洋へ流入し始めたために，北大西洋におけるシリカ濃度が減少して，大西洋から太平洋への「シリカ交代」が起こり，北太平洋深～中層水におけるシリカ濃度が増加した（第6章参照）．

漸新世中期（3000万年前）に，オーストラリアが南極大陸から分離し北上したために，南極循環流が成立し，南極大陸が熱的に孤立して，東南極氷床が拡大した．その結果，赤道-極の温度勾配が増加し，南極大陸と南米間にドレーク海峡が成立した．ロス海域の3100万～2900万年前に漂流岩屑が認められることから，西南極氷床が海水準に達したと考えられる．

漸新世末（2460万年前）までに，ロス海周辺の陸域に多様度の低い寒冷温暖な南極ブナ（*Nothofagus*）が生育していた．

3.3 新第三紀（2350万～260万年前）

南極大陸の熱的孤立は，氷河化作用を増大させ，中新世中期（1400万年前）に南極氷床の発達と海氷の拡大をもたらし，鮮新世後期に北半球における氷河化作用を開始させた．

(1) 漸新世/中新世境界付近（2500万～2400万年前）までにドレーク海峡（南極半島-南米大陸とウェッデル海）における深層流が完成し，温暖な大西洋深層水と寒冷な太平洋深層水が混合した．

(2) 中新世前～中期（1800万年前）にアフリ

カ大陸とヨーロッパ大陸が衝突し，2大陸間で陸上動物が移住した．蒸発残留海盆（古地中海）が形成され，北大西洋へ温暖な高塩分水が供給された．

(3) 中新世中期（1400万年前）までにグリーンランド-アイスランド-フェローズ海嶺が沈下し，寒冷な北極水が大西洋や南方海の海水と混合して，南極氷床を拡大させた．

(4) 中新世後期（600万～500万年前）に南極大陸における氷河化作用が促進され，氷床が拡大した．海水準が低下し地中海が孤立して鹹湖となったので，全地球的に海洋水の塩分が低下した．

(5) 鮮新世後期（320万～250万年前）に，中米海路が閉鎖し，北半球における氷河化作用が強化された．

a. 中新世

〈中新世前期〉

(1) 1900万年前に，寒冷化が進んで，南東南極沖に漂流岩屑が堆積し，南極大陸周辺の堆積物が石灰質から珪質へ変化した．

(2) 1700万～1600万年前の赤道域において，石灰質堆積物の分布範囲が縮小化していることから，CCD が浅くなって炭酸カルシウムが溶解したために，二酸化炭素が増加して温暖化が起こったと考えられる．温暖化は遅い深層水循環を生み，溶存酸素を減少させたので，深海性底生有孔虫が貧弱となった．

(3) 1750万～1350万年前のインド洋で，有孔虫殻の $\delta^{13}C$ が増加することから，生物生産が増加して二酸化炭素が減少したために，寒冷化が起こり，正のフィードバック効果によってさらに生物生産が増加した（図3.2）．南極大陸周辺からの溶存酸素が豊富な冷水塊の供給は，現在型の殻が厚く大きな底生有孔虫の種群をもたらした（海保，2000）．$\delta^{13}C$ ピークの200万年後に $\delta^{18}O$ が増加して，カリフォルニアのモンテレー頁岩を含む北太平洋周縁域において多量の有機物が堆積した（第6章参照）．

〈中新世中期（1500万～1300万年前）〉

(1) フェローズ-アイスランド海嶺が海面下に沈降し，寒冷で密度の大きい深層水の流出が増大するとともに，地中海から溢水する表層水の北上が強化された（図3.7）．

(2) 浅い深度からの寒冷で塩分の低い地域的な海水にかわって，温暖で塩分の濃い北大西洋深層水が南極収斂帯の南に湧昇し，南極循環流の垂直構造を破壊した（図3.8）．

(3) 東南極に永久的な氷床が形成され海水準に達したので，底層水温が5℃から2℃に低下した．

(4) 深海性底生有孔虫群集が寒冷型に変化した．

(5) 低緯度-高緯度域の温度勾配が大きくなったために，海生生物の偏狭性（緯度による帯状分布）が形成された．

(6) 底層水による浸食が促進され，深海ハイアタスが増加した．

(7) 温度勾配が増加したために大気と海水循環

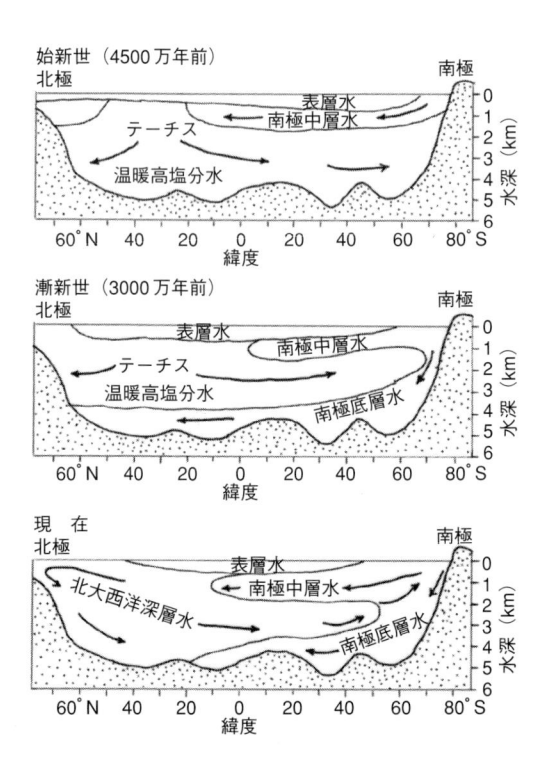

図3.8 大西洋における表層水・中層水・深層水・底層水の発達史（Kennett and Stott, 1990）

が強化され，増加した湧昇流が生物生産を増大させて，珪質堆積物が形成された（第6章参照）．

(8) CCDが浅化して，赤道域における炭酸カルシウム堆積物の堆積域が縮小した．

(9) 東アフリカで乾燥気候が発達し，熱帯性樹林が草原自生地に変化したので，草食哺乳動物が発達して，二足動物のヒトニザルの先祖である霊長類 *Ramapithecus* が誕生した．

〈中新世後期〉

(1) 900万年前に，亜南極域や中〜高緯度域が寒冷となって，南極氷床が拡大と縮小を繰り返した．北半球に氷河時代をもたらしたパナマ海路の閉鎖は，900万〜650万年前にその中間水流が制限され（図3.9），北太平洋深層水の栄養塩類が増加したために，北西太平洋と東北日本沖で珪藻殻堆積速度が増加した（図3.10）．

(2) 650万年前に，氷床の影響力が陸地に氷底

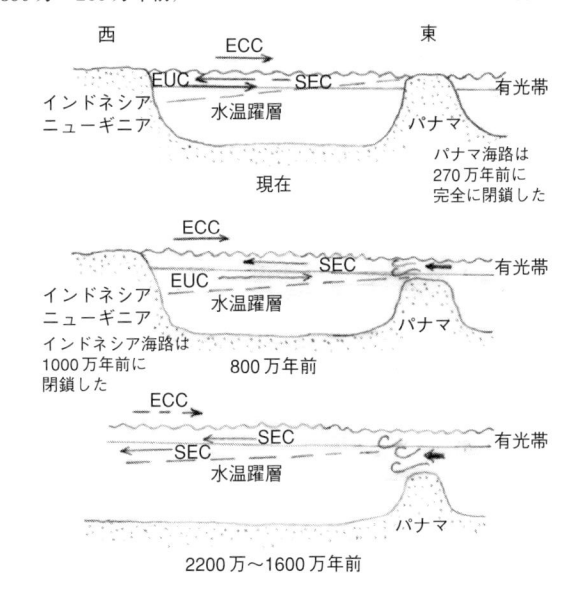

図3.9 赤道太平洋の東西に位置するインドネシア海路とパナマ海路の閉鎖に伴う表層水流の変化（Kennett *et al.*, 1985）
SEC：南赤道流，ECC：赤道反流，EUC：赤道潜流．

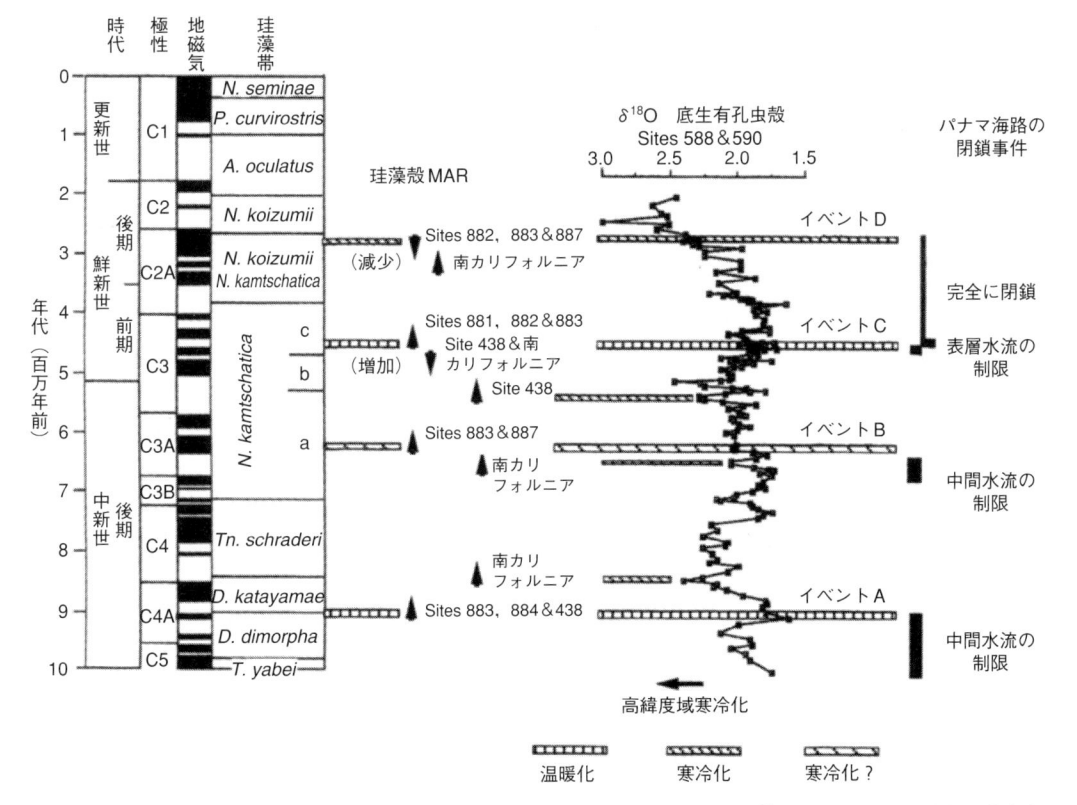

図3.10 新第三紀後期におけるパナマ海路の閉鎖に伴う南西太平洋の底生有孔虫殻 $\delta^{18}O$ と北太平洋の珪藻殻堆積速度（MAR）の対応と変動（Barron, 1998）

していた東南極氷床から海底（ウェッデル海）に設置した西南極氷床に移行した．

（3）中新世末期における高緯度域寒冷化の影響を受けて，南カリフォルニア（650万年前），北太平洋高緯度域（620万年前），東北日本沖（550万年前）で珪藻殻堆積速度が増加し続けた（Barron, 1998）．

b. 中新世末期事件

中新世末期（650万～500万年前）における全地球的な寒冷乾燥化によって，地中海が鹹湖となり，世界中の海水塩分が0.2～0.3%低下したために，海生生物が不毛化した事件のことを中新世末期事件（Terminal Miocene Event）といい，塩分危機（salinity crisis）ともいう（Cita, 1976）．

（1）630万年前に，$\delta^{13}C$が軽い方へ0.8%シフトした．その原因として，海退によって露出した大陸棚から有機炭素が多量に供給されたか，あるいは海洋循環が強化されて海洋が肥沃化したと考えられた（図3.2）．

（2）550万～535万年前，520万年前，480万年前に1万5000年の継続期間で，60mの海水準低下に相当する$\delta^{18}O$の増加が認められる（図3.1）．これは更新世後期における氷河量変化の1/3に相当し，西南極氷床の消長に起因する．

（3）620万～570万年前に南極氷床が拡大して海水準が低下した．その結果，地中海への海水の流入が制限されて，地中海は孤立し，6%の塩分に相当する100万km^3の石膏や岩塩などの蒸発岩が析出した．このときの地質時代名をとってメッシニアン事件（Messinian Event）と呼ぶことがある．地中海における塩分の減少に相当する炭酸塩や硫酸塩の抽出は，深海性炭酸塩の溶解度を上昇させた．塩分の減少は氷結温度を0.1℃高め，海氷を生成しやすくするために，西南極氷床の拡大は全地球的な寒冷化気候をもたらした．造構造運動がジブラルタル海峡を開口させたので，温暖で高塩分の地中海からの溢水が北大西洋の南方へ流れて，西南極氷床の溶解を引き起こした．

c. 鮮新世

〈鮮新世前期〉

鮮新世前期を通じて，$\delta^{18}O$は減少し続け温暖化と海水準の上昇を示唆し，450万～400万年前に，現在の温度と氷河量に相当する温暖期となった．この温暖期にパナマ海峡における表層水流は制限されるが，北西太平洋における栄養塩に富んだ深層水の湧昇が活発になって，北西太平洋の珪藻殻堆積速度を急増させたが，東北日本沖や南カリフォルニアでは減少した．

〈鮮新世後期〉

（1）360万～280万年前に，有孔虫殻の$\delta^{18}O$は高緯度域と低緯度域間の日射量の差異をもたらす地軸の傾きの変動に起因する4万年周期を示しているが，気候変動は氷河量拡大と一致していない．

（2）340万～320万年前に，底生有孔虫殻の$\delta^{18}O$は0.4‰重くなり，一時的な氷河量の拡大と南極底層流域における永久的な寒冷化を示す．

（3）320万～260万年前の氷河の主体は，山岳氷河である．270万年前の高緯度域寒冷化は，北太平洋高緯度域の珪藻殻堆積速度を減少させたが，南カリフォルニアでは増加した．北太平洋における珪藻殻堆積速度は，高緯度域における栄養塩に富んだ深層水の湧昇と連動しており，沿岸域では風送による沿岸湧昇流に依存している．

（4）260万～240万年前に，浮遊性有孔虫殻と底生有孔虫殻の$\delta^{18}O$は，平行して1.0‰重くなる．この値は更新世後期における氷期-間氷期の2/3に相当する．漂流岩屑量が最大となり，北半球において氷河化作用が開始されたことを示す．北半球氷床の形成は，地中海からの溢水量が増大したことと南大西洋における北大西洋深層水が深化したことによって，現在型の深層水が形成されたことに起因する．

（5）260万年前に，北欧や中国では温暖湿潤気候下で形成された古土壌から寒冷乾燥気候下の黄土（レス）へ堆積物が変化した．

4

第 四 紀

　第四紀は，現在を含む最新の地質時代である．地球史に大きな影響を与えている人類が誕生した時代である．現在に至るまでの地球環境の変遷を理解し，未来予測を可能にする高分解能分析に基づく変動解析によって，変遷過程と変動のメカニズムを追究して，地球環境の悪化に対する対策を講じることが第四紀研究の課題である．第四紀に起こったさまざまな地球事件は保存状態が良好であり，時間間隙が短く密集している．相互に関連し合っている多元的な要素を選定し，環境変動の因果関係を学際的なシステム研究によって時空的に解決することが可能である．

　第四紀の特色として，①現生生物の化石を多く含む堆積物が形成された時代であること，②中～高緯度域や山地に氷河が発達した寒冷気候の時代であること，③人類が繁栄した時代であることなどが列挙される．

　第四紀と第三紀の境界は，①気候や生物相が寒冷化した証拠が多いこと，②考古学においてヒトであることの規準とされる"道具をつくる"証拠となる最古の石器が出土したエチオピアのハダール累層が240万～270万年前であること，③年代層序の目安となる生物事件とは無関係に地球規模で生成した物理化学的な$\delta^{18}O$層序や地磁気極性層序逆転との対応関係から，最近のICS（International Commission on Stratigraphy，国際層序委員会）では，260万年前，Cande and Kent（1995）の地磁気極性年代尺度CK95のC2A（ガウス正帯磁期）の上限とする意見が有力である（Berggren，1998；Aubry et al., 2005）．したがって，地質時代区分のエポックでは，温暖で湿潤な中新世後期～鮮新世前期から寒冷で乾燥した更新世へ漸移する時期としての鮮新世後期～末期に位置づけられる．

　鮮新世後期～末期を通じて，南北アメリカ大陸が衝突しメキシコ湾暖流が北大西洋へ北上して水分を供給したことや，ロッキー山脈やチベット大地が隆起して大気の循環系が変化したことで，グリーンランド氷床が拡大し，ウェッデル海やロス海などの海底に基礎をおく西南極氷床が発達した．寒冷で乾燥した気候が動物や植物，人類の進化に大きな影響をおよぼした．

4.1　気候が寒冷化した証拠

a. 水温低下と大陸氷床の形成による酸素・炭素同位体比の増加

　東太平洋赤道域のパナマ沖で赤道深層流が湧昇し南赤道海流となる地点に位置するODP Site 846において，底生有孔虫 *Uvigerina* の酸素同位体比が詳細に測定された（Shackleton et al., 1995）．その結果，300万年前のステージG22から250万年前のステージ100への移行期に南極やグリーンランドに氷床が存在し，深層水の温度が現在と同じ値になる"氷河型気候"へ一直線に移

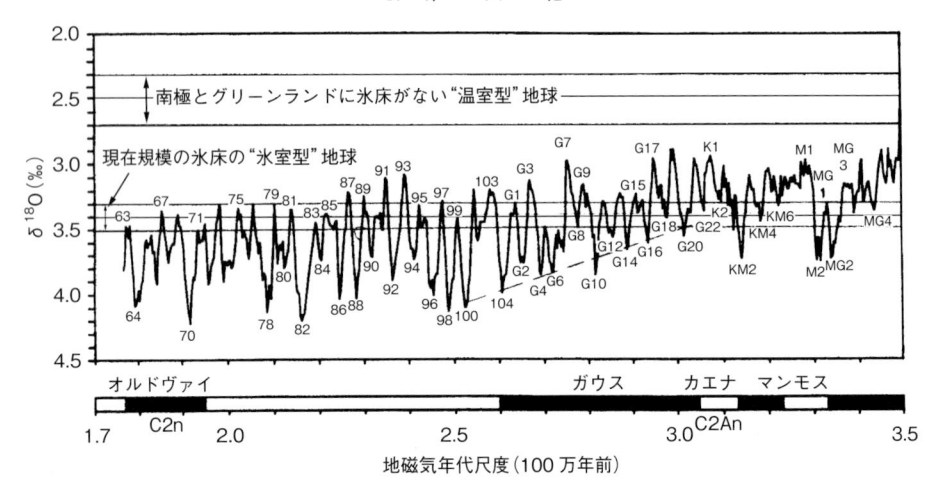

図 4.1 パナマ沖 ODP Site 846 における底生有孔虫殻の酸素同位体比の記録（Shackleton et al., 1995）
南極およびグリーンランドに氷床がない場合と現在規模の氷床がある場合とを比較した．番号は酸素同位体比のステージを示す．

行したことが判明した（図 4.1）．290 万〜190 万年間の間氷期は現在値に近似である．

北半球氷河時代の 300 万〜80 万年間を通じて，地球軌道要素のうち自転軸の傾きである 4 万 1000 年周期のみが優勢であり，高緯度域の気候と氷河量が変動する夏季日射量のフィードバック効果をもたらす歳差周期の 2 万 3000 年は弱体である（コラム 4 参照；Imbrie et al., 1992）．それにもかかわらず，300 万年前に北半球で氷河時代が始まった原因として，4 万 1000 年周期の地軸傾動がもたらす高緯度域と低緯度域間の日射量の違いによる勾配が子午線上の熱や湿気，潜在的なエネルギーなどに影響を与えて極域を低温にし多湿化させたと考えられる（Raymo and Nisancioglu, 2003）．北半球氷河時代の開始時に，極域の寒冷な大気温度がもたらした雪氷はアルベドの低い山林地帯をおおい，拡大した雪氷はアルベドを増加させ地域的な低温化が最終的に大陸氷床の形成をもたらしたのである（Bonan et al., 1992）．

b. **大陸氷床の拡大による氷漂岩屑（ドロップストーン）の出現**

北太平洋高緯度域の東西海域における ODP Site 883 と Site 887 では，堆積物の単位体積当たりの帯磁率と各コアに含まれる漂流岩屑（ドロップストーン）の出現頻度が，ガウス/マツヤマ（C2A/C2）境界の約 260 万年前で急増している（図 4.2；岡田，1997；Rea et al., 1995）．堆積物の帯磁率は，基本的に陸源物質の含有量に依存しており，氷河によって削剥された後に掘削地点へ運搬された漂流岩屑の増加と一致している．260 万年前の北半球において，大陸氷床は 2000 年以

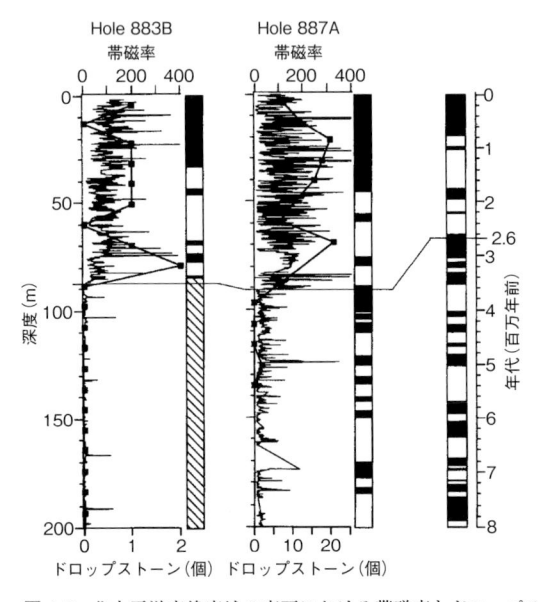

図 4.2 北太平洋高緯度域の東西における帯磁率とドロップストーンの産出頻度（岡田，1997）

●コラム4：ミランコヴィッチサイクル（Milankovitch cycle）

　1941年にセルビアの天文学者ミランコヴィッチ（Milankovitch, M.）は，気候が地球軌道要素の周期的変化から起こる地表上の日射量の変動によって影響されることを示唆した（ミランコヴィッチ，1992）．これは，地球公転軌道の離心率の変化，地球の自転軸の傾きの変化，および地球自転軸の歳差運動による分点の位置の変化である．それらの周期は1万9000～41万年の範囲内にあり，それらの移動する相の重なり合いが氷河時代の氷期（寒冷期）と間氷期（温暖期）を形成するという考えである（図1）．

　地球軌道の離心率は，過去200万年間に0.0005（間氷期）から0.0543（氷期）までの間で変動しているために，9万5000年，12万3000年，41万3000年の周期をもつ平均10万年と41万年の準周期性が生じる．現在の軌道離心率は0.0167で小さくなりつつある．これは，地球軌道がほとんど円であり，季節間の差が小さく，温暖期に向かっていることを示しているが，太陽の遠近による年間の平均日射量はわずか0.3％，気温にして0.2～0.3℃しか変化しない．しかし，氷とアルベドフィードバック，二酸化炭素とエアロゾルの変化，アイソスタテックリバウンドや氷山の崩落（サージ），基盤岩の変形などの効果が加わり，氷期-間氷期の10万年周期が生じると考えられている（図2）．

　地球の公転面に対する自転軸の傾きは，22.05°～24.45°の間を2万9000年と5万4000年の成分をもつ4万1000年の主要な周期性で変化している．現在，自転軸の傾きは23.4°で減少しつつある．これは，日射量は均一に広がり，季節差が小

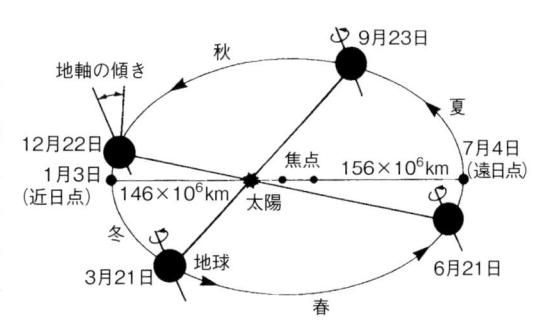

図1 ミランコヴィッチサイクルに関わる地球軌道要素
地球公転軌道の離心率，公転軌道面に対する地軸の傾きの角度，地軸のみそすり運動（歳差運動）．地軸の傾きと歳差の変動は大きな振幅をもたらし，季節要因となる．

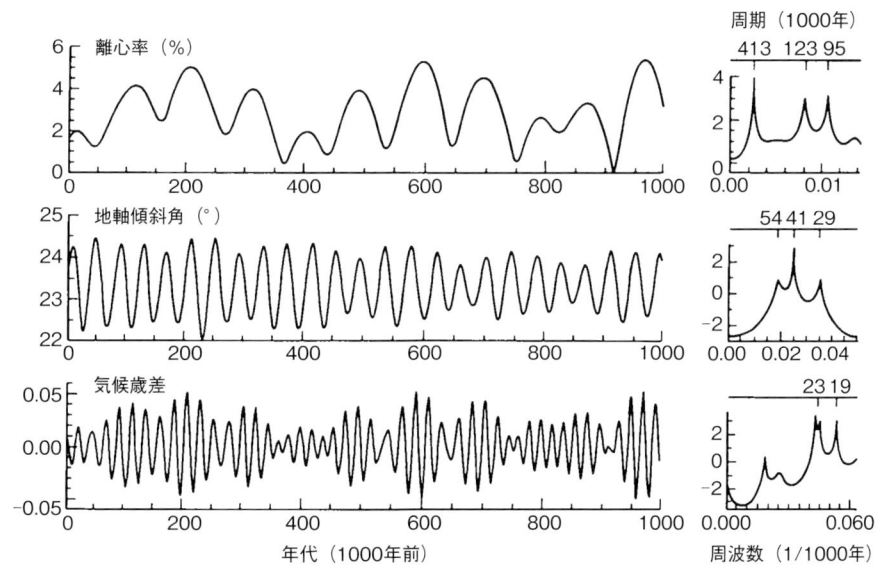

図2 過去100万年間の離心率，地軸傾斜角，気候歳差の変化とそのパワースペクトル密度（対数値）（福山，1992）

さくなることを示している.

自転軸は月や太陽,木星が地球の膨らみにおよぼす引力のために,1万9000年と2万3000年の周期をもつ平均2万1700年の準周期性で"みそすり運動"(歳差運動)をしている.この運動は地球の自転軸の回転方向と逆向きの右回り(時計回り)である.地球はまた,公転軌道上を左回りに近日点では速く,遠日点ではゆっくり回るので,自転軸のみそすり運動とあわさって,気候上重要な春分点は公転軌道上を2万1000年で1周することになる.現在,地球は遠日点に接近するとき北半球で夏が始まるので,地球全体の日射量は冬より7%少ない.すなわち,寒い夏を迎えており,寒冷期になっている.

地軸と歳差の変動は大きな振幅をもたらし,季節要因となる.9000年前に北半球の夏季に太陽へ最接近したので,夏季日射量が7%増加し,冬季日射が7%減少した.

地軸の傾きと歳差の干渉作用として3万年周期,それらが重合して5万7000~6万年周期が生じる.

気候変動に関するミランコヴィッチサイクルを支持する多くの具体的なデータが海底堆積物中の有孔虫殻の酸素同位体比,炭酸塩量,微化石の種組成,氷床コア中のさまざまな指標,地形形成の営力などの分析結果から報告されている(安成・

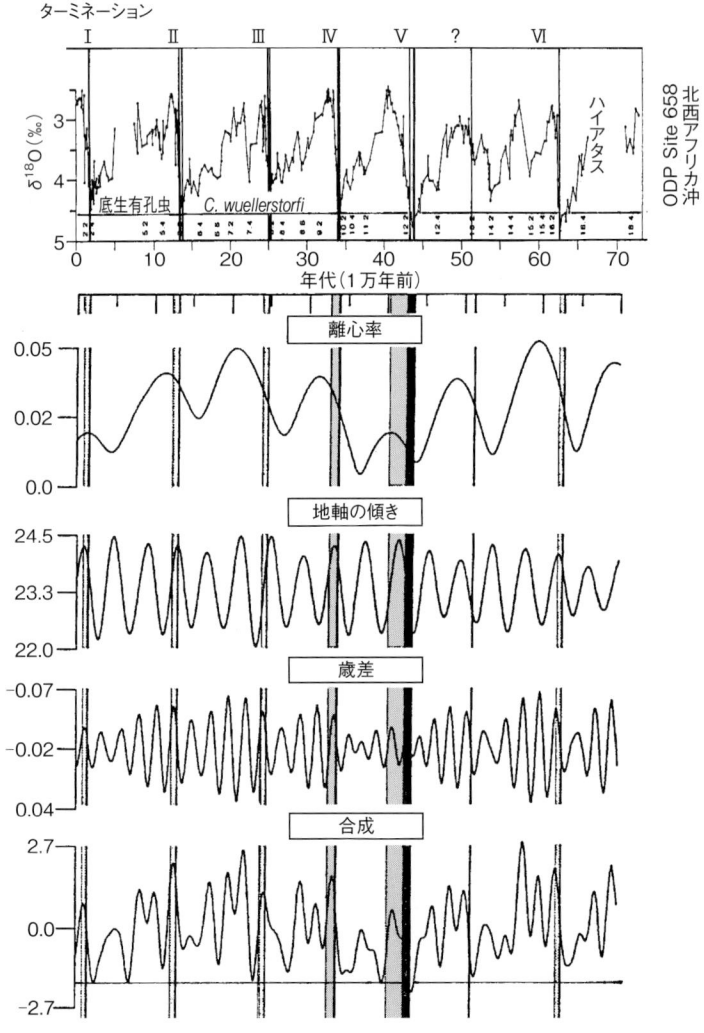

図3 ODP 658地点の底生有孔虫殻の$\delta^{18}O$によるターミネーションの地球軌道要素とのタイミング (Sarnthein and Tiedemann, 1990)

柏谷，1992)．

　なかでも，海底堆積物に含まれる底生有孔虫殻の $\delta^{18}O$ は，全地球の氷河量と連動しており，$\delta^{18}O$ と軌道要素との相関は 0.9 以上で，$\delta^{18}O$ 変動の 85% が軌道要因で説明されることから，地球軌道要素の変化が気候システムにおける主要な要素と反応して増幅されることを示している（図 3）．たとえば，北大西洋では 2 万 3000 年の歳差周期が中～高緯度域における大陸氷床へ湿気のフィードバック効果をもたらし，4 万 1000 年の自転軸傾きの周期は高緯度域の海氷に温度のフィードバック効果を引き起こし，すべての氷河が離心率の周期と一致する 10 万年で変動している（Ruddiman and McIntyre，1984)．

　すなわち，地軸の傾きと歳差は気候システムの実質的なエネルギー収支に関与していないが，大気や海洋循環は氷河量の変動となって現れ，その効果は離心率以上となる．

　日射量の地理的分布は幅広い振幅をもたらし，北半球には大陸塊が多いので，北半球高緯度域の夏の日射量は全日射量より 20% 多く変動する．

内の短時間に急速に拡大し，大規模な氷塊を流出させたことを示している．

　ベーリング海を含めた DSDP Leg 19 の掘削コアを使った氷漂岩屑の出現時期が珪藻層序によって，*Neodenticula kamtschatica-N. koizumii* 帯と *N. koizumii* 帯の境界（260 万年前）であることがそれ以前に指摘されていた（Rea and Schrader，1985)．

c. 寒冷種を主体とした群集組成への変化

　北太平洋中緯度域の DSDP Sites 578～580 において，珪藻温度指数 Td 値がガウス/マツヤマ（C2A/C2）境界の約 260 万年前に急激に減少した後，現在値にまで回復することはなかった（Koizumi, 1986b)．すなわち，北半球における氷河時代は 260 万年前に開始したのである．

　日本海においては，300 万年前から対馬暖流の流入が減少し始めたことによって暗示されるように，日本海が閉鎖的になったために生物生産が低下して珪藻殻の溶解が起こった（図 4.3；Koya，1999MS)．270 万年前に，海水準が低下して沿岸生の珪藻が増加し始めるが，220 万年前からは珪藻それ自体の産出が著しく減少した．270 万年前の海水準低下は，浅い海峡で外洋とつながっている日本海が，極域における氷床形成に伴う汎世界的な海水準低下の影響を受けて増幅した結果であり，また日本列島の収斂圧縮がこの頃から活発となって隆起運動の影響を受けている（Sugimura，1967；杉村，1988)．

d. 大気循環の強化による黄砂の増加

　風成塵（イオリアンダスト）と呼ばれる風で運ばれる細粒物質が地表に堆積したものをレス（黄土）と呼んでいる．レスは第四紀を特徴づける陸成堆積物である．給源地では植生のない寒冷で乾燥した気候が卓越している．レスは，温暖で湿潤な気候と植生の下に土壌化作用を受けて生成した古土壌と互層する．

　中国中央部に広がる黄土高原の洛川（35.8°N，109.2°E）や宝鶏（34.2°N，107.0°E）では，古土壌 S32（260 万～253 万年前）の上下から黄土が堆積し始めており，約 260 万年前以降の黄土-古土壌層序が確立されている（成瀬，2006)．黄土-古土壌層序における粒径や帯磁率の変化が，海底堆積物の酸素同位体比変動や北緯 65°の日射量変動と対応しており，陸域における植生や気候変動，大気循環に関する情報源となっている（図 4.4)．

　日本海隠岐堆の ODP Site 798 では，260 万年前のガウス/マツヤマ境界から石英粒子の沈積量が急増する．その供給源を 260 万年前に湿潤気候から乾燥気候へ変化し，石英粒子の生成と供給が活発になった中国の黄土高原に求めている（Dersch and Stein，1992, 1994)．

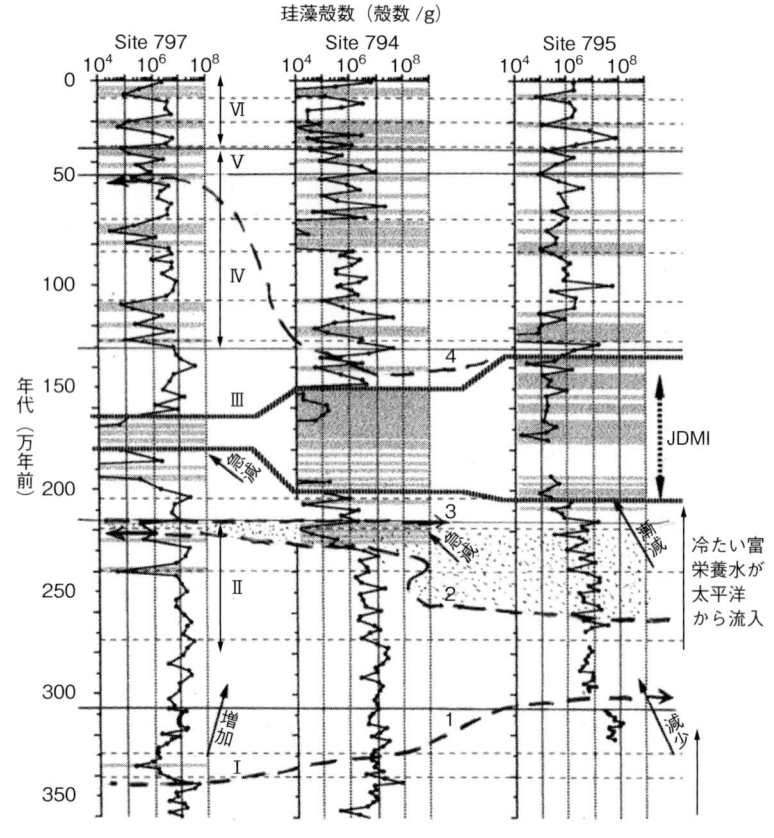

図4.3 日本海における鮮新世以降の海洋環境変動 (Koya, 1999MS)
JDMI (Japan Sea diatom minimum interval)：日本海珪藻極少期間 (200万～130万年前). ステージ区分 I (360万～270万年前)：340万年前に温暖水の流入が中断した後，寒冷化が進んだ．II (270万～200万年前)：寒冷化．III (160万～130万年前)：東シナ海沿岸水の影響．IV (130万～50万年前)：寒冷水の影響．V (50万～30万年前)：高塩分水．VI (30万～0万年前)：対馬暖流の影響．1：温暖化，2：寒冷化と海水準低下，3：沿岸水の浸入，4：沿岸水の弱体化．

アラスカ内陸のフェアバンクス近傍では，約300万年前のガウス正帯磁期中に火山ガラス片を多数含むレスが砂礫層に不整合で重なっている (Westgate *et al.*, 1990). アラスカ山脈の山岳氷河がレスの供給源であり，アラスカ湾の北東海岸をおおった地域的な巨大氷塊が海底堆積物の酸素同位体比記録にマンモス逆帯磁期直前の最初の氷河兆候として現れている (Shackleton and Opdyke, 1977).

4.2 ビラフランカ動物群の消長

イタリア北部に分布する鮮新世後期～更新世前期のビラフランカ層に含まれる化石哺乳類動物群は，ビラフランカ動物群と呼ばれている．新第三紀の種類を含むが，大部分は現生種に属する種と新しい型のウマ (*Equus*) やゾウ (*Mammuthus*)，ウシ (*Leptobos*) などの化石からなる．しかし，第四紀型の種類も絶滅種が大部分で，現生種はヨーロッパビーバーなどごくわずかである．ヨーロッパでは，ビラフランカ動物群に新しい型が初めて出現することから鮮新世後期に位置する地磁気層序のガウス/マツヤマ境界を第

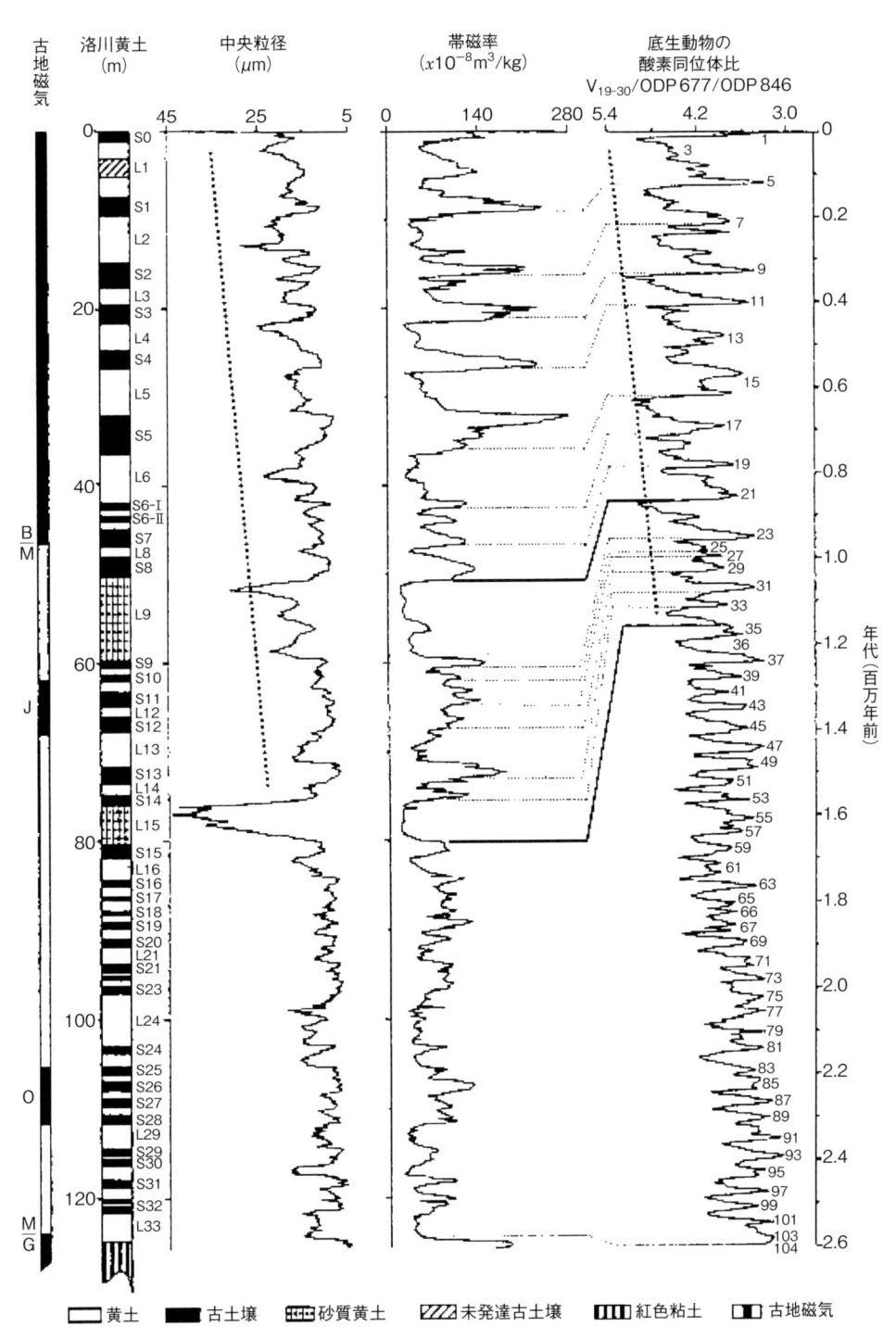

図 4.4 洛川黄土-古土壌断面における中央粒径値および帯磁率と太平洋海底コアの酸素同位体比との関係（Sun and Liu, 2000；成瀬, 2006）
B：ブリュンヌ，M：マツヤマ，J：ハラミヨ，O：オルドヴァイ，G：ガウス．

50　　　　　　　　　　　　　　　　　　　　　4．第　四　紀

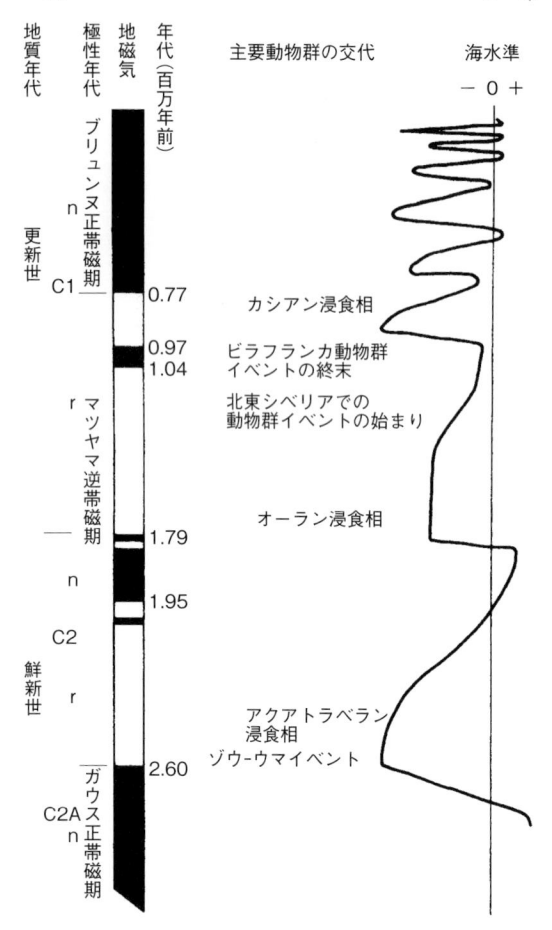

地質年代	極性年代	地磁気	年代(百万年前)	主要動物群の交代	海水準
更新世	ブリュンヌ正帯磁期				－0＋
	C1	n	0.77	カシアン浸食相	
			0.97	ビラフランカ動物群イベントの終末	
	マツヤマ逆帯磁期	r	1.04	北東シベリアでの動物群イベントの始まり	
			1.79	オーラン浸食相	
	C2	n	1.95		
鮮新世		r		アクアトラベラン浸食相 ゾウ-ウマイベント	
	ガウス正帯磁期		2.60		
	C2An	n			

図4.5　海水準変動と主要動物群の新旧交代の対応（Azzaroli, 1995）

四紀の始まりとしてきた（Azzaroli, 1995）.

　西南極氷床は鮮新世前期に形成され，更新世の間氷期より温暖な時期に少なくとも1回は崩壊した．一方，グリーンランド氷床は鮮新世後期の初めに形成された．これら2つの氷床が崩壊すると汎世界的に海水準を13m上昇させ，いずれか1つの崩壊では6mの海水準上昇が予測される．鮮新世〜更新世を通じて，2回の主要な海水準低下がヨーロッパの地層に記録されている（図4.5）．第四紀の始まりとされる260万年前のアクアトラベラン（Acquatraversan）浸食相は，メキシコ湾でも知られておりネブラスカ氷期に対比されている．もう1つは，97万年前のカシアン（Cassian）浸食相である．これらの間の180万年前にオーラン（Aullan）浸食相があり，北米のカンサス氷期に対比される．地中海で"北方からの訪問者の到着"と呼ばれ，この層準が第四紀の始まりとされたが，植生や動物群への影響は顕著でない．

　260万年前の西ヨーロッパでは，畝状歯型（zygodont）マストドン類やバク類などの温暖な森林-草原動物群の要素が絶滅して，寒冷気候に適応したゾウ類や1本指のウマ類が出現したために，ゾウ-ウマ（Elephant-*Equus*）イベント（Lindsay *et al.*, 1980）が起こったとされている．このイベントは，ヒマラヤの南側前縁に沿って堆積した陸成層に含まれるインドのシワリク動物群に対比される．

4.3　人類（ホミニド）の出現

　"直立二足歩行する"人類は，鮮新世から更新世までの間を通じて，猿人から原人，旧人，新人へと進化してきた．最古の人類の先祖は，現在のところ，エチオピアのアラミスから発見された440万年前のアルティピテクス（地上の猿人）・ラミダス（ルーツ）である（図4.6）．

　エチオピア大地溝帯のアファールから出土したアウストラロピテクス（南の猿人）・アファレンシス（アファール猿人）から最初の猿人の系列が290万年前に派出した．咀嚼器の形態から顎や歯がきゃしゃなアウストラロピテクス（きゃしゃ型）は290万〜250万年前の南アフリカから発見された．一方，顎や歯が大きくて頑丈なパラントロプス（頑丈型）は270万〜120万年前に存在していた．

a.　**ホモ属の出現と最初の石器文化：オルドヴァイ文化**

　われわれホモ属の最初のメンバーは，エチオピアのクービフォラから出土した190万年前のホモ・ルドルフェンシスで，脳容積は600〜800cc

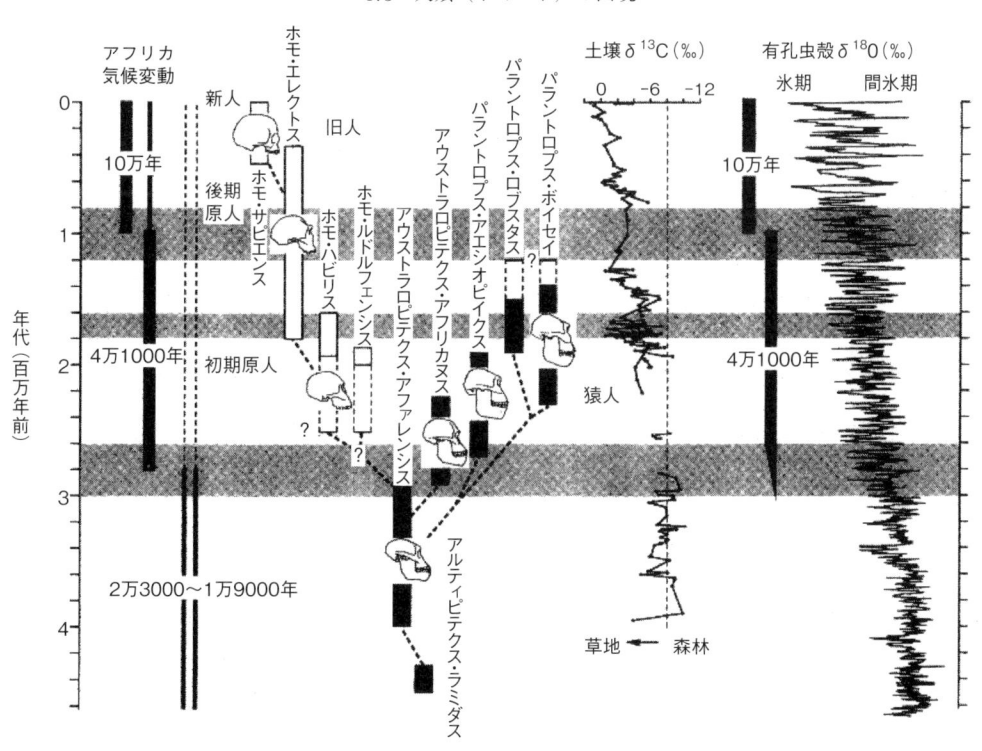

図4.6 人類の進化とアフリカの気候，東アフリカの植生，氷河量との関係 (deMenocal and Bloemendal, 1995; deMenocal, 1995) 環境変動の著しい時代を灰色帯で示す．

と大型であるが，顎と歯は猿人に似ている．年代的に新しいホモ・ハビリス（能力のある）は脳容積が510 ccと小さいが，縮小した顎と歯は後続のホモ・エレクトスに近い．破片化したこれらの頭蓋骨が250万年前から出土することから，その起源は250万年前までさかのぼる可能性がある（図4.6）．

ホモ・ハビリスは環境に適応した4つの有利な特徴：①肉食を取り入れた雑食性の食事をしたために，タンパク質の摂取量が増えて肉体，力，エネルギーなどが増加したこと，②武器や道具としての石器の使用，③容積が大きく，複雑な脳，④移動しないで野営地に居住し，集団生活を営んでいたために情報を共有したことにより生き残ることができたと考えられている（リーキー，1996）．

最古の石器はエチオピアで発見された250万年前のオルドヴァイ型石器である．ハンマーとなる多くは火山岩で核となる石を打ち砕いて長さ3 cm位の剝片石器をつくり出し，残った石核はチ

図4.7 オルドヴァイ型石器とアシュール型石器（リーキー，1996）上2段は140万年前から出土したアシュール石器伝統で，ハンドアックス（両面加工されたしずく型の2つの石器），下2段は250万年前から出土したオルドヴァイ石器伝統で，ハンマーストーン（白い丸石），チョッパーと掻器（下段），小型の剝器（下から2段目）．

ョッパーとなった（図4.7）．剝片石器は獲物の皮を剝ぐ，肉を骨から切り取る，切断するために使われた．しかし，この最古の石器はなりゆきま

かせにつくられた単純なものであった．140万年前のホモ・エレクトスの時代には，利用する原材料に1つの形を意図的に与えた，両面加工されたしずく形のハンドアックス（握槌）がアフリカやフランス北部から出土し，アシュール石器伝統と呼ばれる（図4.7）．

b. アフリカの環境変遷

現在，亜熱帯アフリカの降水量と大気の流れは，西アフリカモンスーンの年間サイクルに従っており，季節変動している．夏季には地表の加熱による上昇流が赤道大西洋から西および中央亜熱帯アフリカへ湿潤な海風を流入させ，ソマリアやアラビアの海岸沿いでは夏季モンスーンによる強い南西風が発達する．冬季に大気循環は反対になり，乾燥して変化しやすい北東貿易風が亜熱帯アフリカやアラビア，南東アジアに吹いている（図4.8）．

降水量と大気の流れの指標となる風成塵は，現在の西アフリカ沖へ夏季にサハラからアフリカ東風ジェットで運ばれ，冬季には乾燥した亜サハラとサヘールの土壌が北東貿易風によって運ばれる．アラビア沖へは夏季に乾燥したメソポタミア，アラビア，北東アフリカの土壌が北西と南西アジアモンスーンによって運ばれる．

深海掘削によって亜熱帯アフリカの東西沖合とアラビア沖合から海底堆積物が採取され，堆積物に含まれる風成塵量が分析された．風成塵量は西アフリカ沖とアラビア沖で280万年前から増加し始め，170万年前と100万年前で著しく変動した（図4.6の灰色帯）．風成塵量の増加は，高緯度域の氷床が拡大した寒冷期に風成塵の供給源が乾燥

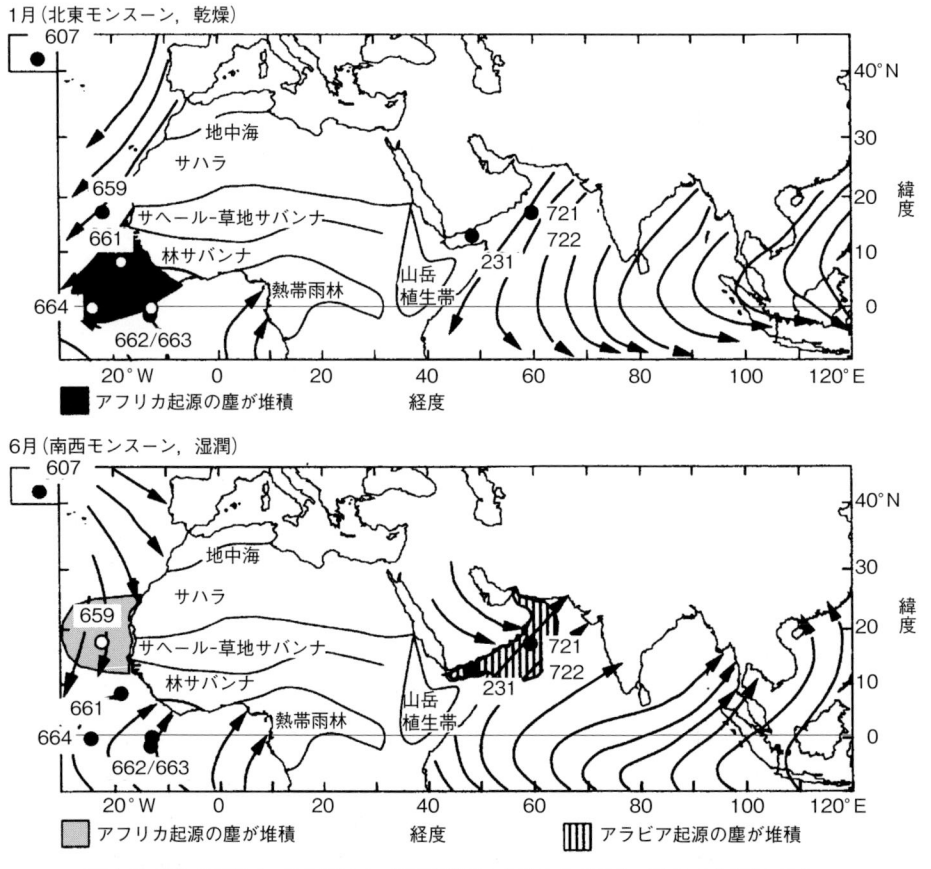

図4.8 西および東アフリカ周辺での深海掘削点と冬季および夏季の風向，風成塵の分布
(deMenocal, 1995; deMenocal and Bloemendal, 1995)
●はODP地点．

気候によって拡大したことと，大気循環が活発になったことに対応している．風成塵量の周期解析は，風成塵量が280万年以前には2万3000～1万9000年周期で変動していたが，300万～270万年前から4万1000年周期が顕著になったことを示した．これらの周期は280万年前の両極における氷床形成の開始と，その後の氷床拡大と縮小のサイクルと同調している．

海底堆積物中の底生有孔虫殻による酸素同位体比の変動は，高緯度域の氷床量が310万～260万年前に拡大し始め，極域の氷漂岩屑が280万年前から増加したことを示している．280万～100万年前には，高緯度域の気候が中程度の氷期と間氷期の間を高緯度域の季節的日射量を調整する地軸傾きの4万1000年周期で振幅した．100万年前には10万年周期が優勢となり，第四紀氷河気候の特徴である氷期-間氷期周期と同調している（図4.6）．

280万年以前のアフリカの気候は，地球軌道要素の歳差日射フォーシングによるモンスーン気候であった．この時期に高緯度域の氷床規模は小さく，氷床容積の変動は少なかった．280万年前に高緯度域の氷床が拡大し始め，それ以降，周期的に寒冷で乾燥した氷河サイクルが保持されるようになり，アフリカの気候は遠く離れた高緯度域気候と連動した．しかし，第四紀前期を通じて歳差フォーシングによるモンスーン気候は維持された．寒冷で氷河性の北大西洋表層海水温が発達するにつれて，アフリカの気候は100万年前以降に高緯度域氷河サイクルの期間と規模の増加に連動して，気温変動の振幅はいっそう大きくなった．

現在の東アフリカにおいて，季節的に乾燥したサバンナ草地や灌木地帯となる地域が中新世後期～鮮新世中期（800万～300万年前）には現在よりかなり温暖湿潤で低地熱帯雨林となっていたことを，植物化石と酸素同位体比が示している．300万年前に東アフリカは，減少した降雨の影響を受けて樹木が生い茂った植生から開けたサバンナ型植生へ移行した．西アフリカ沖ODP 658地点における花粉分析の結果は，320万～260万年前に熱帯雨林の湿潤種から乾燥地帯に生育する裸子植物のマオウ属や *Artemesia* 種に移行し，強化された貿易風によって地中海性気候や乾燥気候に適応した種がこの地点へ運搬されてきたことを示した．アフリカウシとげっ歯類は，270万～250万年前に乾燥に適応した種へ移行し，170万年前には東アフリカのウシ類は乾燥に適応した種がいっそう増加した．

土壌に含まれる炭酸塩片の炭素同位体比（$\delta^{13}C$）の分析結果は，東アフリカにおける280万年前や180万年前の植生が，樹木の若葉，木の果実や実，イチゴ類などからなる森林性のC_3植物から草，塊茎類，豆類などからなるサバンナ草地性のC_4植物へ移行したことを示した（図4.6；Cerling, 1992；Cerling and Hay, 1988）．

4.4 北半球氷河時代が260万年前に生成した原因

構造運動による地球表層の大陸配置と大陸高度が変動することで，海流系や大気循環系が変化して，外力としてのミランコヴィッチフォーシングによる太陽日射量は，著しい影響を受ける．太陽日射量の変動による気候変動を正しく把握するためには，地球表層における地質変動の研究が不可欠である．

a. パナマ海峡の閉鎖

石灰質ナノ化石と浮遊性有孔虫による生層序の研究によって，カリブ海側では820万～170万年前，太平洋側では360万～170万年前の地層が形成されたことが判明したので，パナマ海峡の最終的な閉鎖は360万～350万年前となった（Coates et al., 1992）．パナマ陸橋の両側で堆積環境も著しく異なっており，カリブ海側は200 mより浅い大陸棚群集と200～800 mの上部大陸斜面群集であるのに対し，太平洋側は海溝斜面の環境である．

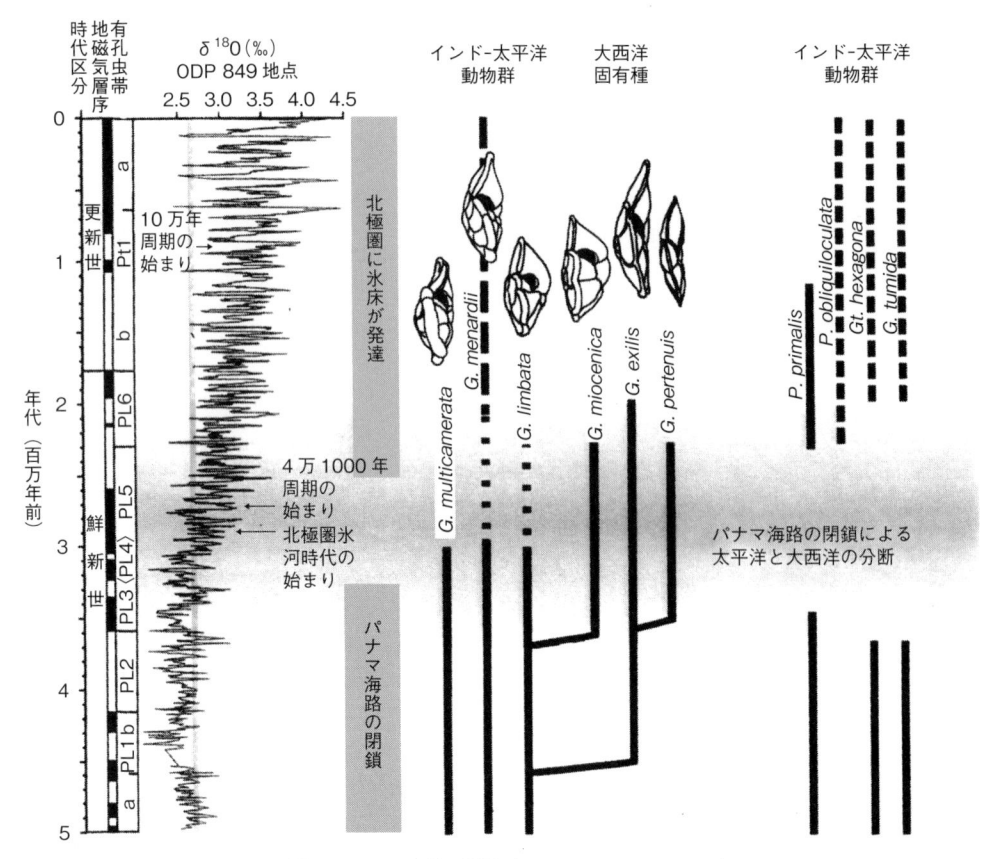

図4.9 パナマ海路の閉鎖 (Pisias and Delaney, 1999)

鮮新世中期（320万〜260万年前）のパナマ海路の閉鎖が太平洋と大西洋を分断し，温暖なメキシコ湾流が北大西洋沿岸を北上し湿気を供給して北極圏氷床の形成を促し，北半球に寒冷化気候をもたらした．太平洋と大西洋の分断により動植物の組成が変化するとともに，系統発達にも影響をおよぼした．

　この閉鎖事件により，赤道循環流は完全に崩壊した．太平洋へ流出しなくなった暖流はカリブ海で塩分が増加した温暖なメキシコ湾流となって，北大西洋へ北上するようになり，北大西洋沿岸の降雪量を増加させるとともに，北大西洋深層水（NADW）の沈み込みを活発にした．一方，東赤道太平洋では寒冷な赤道潜流の湧昇が強化されて寒冷化気候が進んだ．

　パナマ海峡の閉鎖は，太平洋と大西洋を分断し北極圏に氷床を形成して，北半球に氷河時代をもたらしたために，動植物の群集組成が変化するとともに，系統発達に影響をおよぼした（図4.9）．パナマ地峡の形成は，北米大陸の有胎盤類が南米大陸へ，逆に南米大陸の有袋類や貧歯類が北米大陸へ移住することを可能にした．

b．チベット大地とコロラド山脈の上昇

　4000万〜3000万年前に隆起し始めたエベレスト山脈やチベット高原，コロラド山脈は500万〜400万年前に上昇の割合が増加し，上昇に伴う浸食の割合が増加した（図4.10）．300万年前には，山脈や大地の隆起が地域的な気候のみならずジェット気流や周辺海域から北方への底層流を生み出して，寒冷化気候を促進した（Ruddiman and Kutzbach, 1989）．さらに，地域的な隆起に伴った山岳氷河の浸食が世界的な寒冷化気候を招いた（Raymo et al., 1988；Raymo, 1991）．特に結晶岩の化学的風化作用は炭酸カルシウムの埋没を増加させ，大気中の二酸化炭素を減少させ，それによって寒冷化気候が進行した．

$$CaSiO_3 + CO_2 \rightarrow CaCO_3 + SiO_2$$

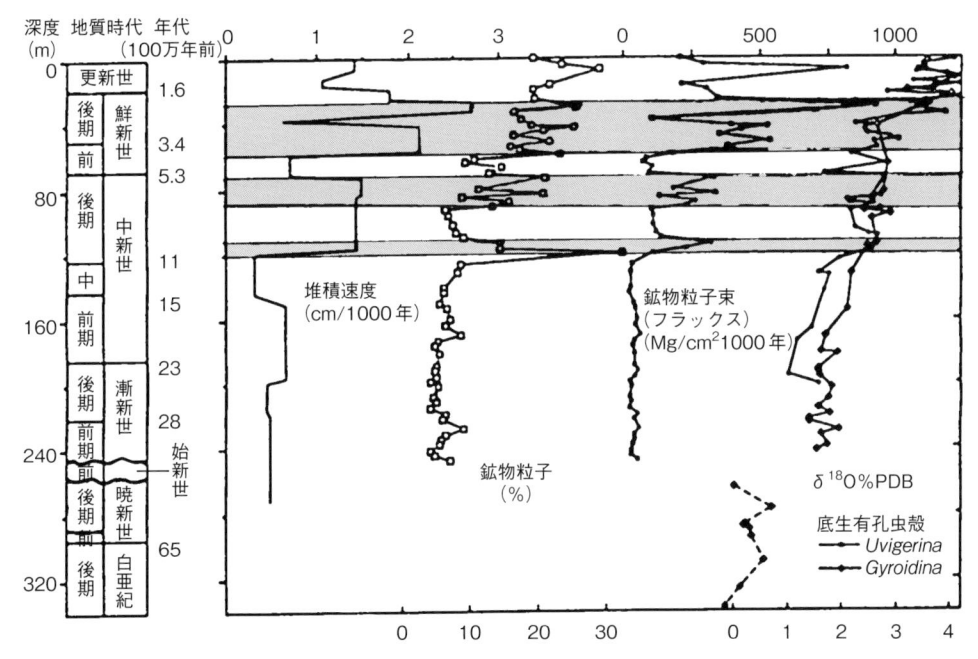

図 4.10 インド洋ベンガル湾の DSDP Site 758 におけるヒマラヤの隆起事件（Hovan and Rea, 1992）

c. 火山噴火

18〜19 世紀の"小氷期"は，太陽活動が衰退した寒冷化気候の時代として知られているが，世界的に火山が噴火し冷たい夏が繰り返された時代でもあった（グリビン，1984；桜井，2003）.

火山の噴火によって成層圏へ噴き上げられた噴煙や水蒸気，亜硫酸ガス，硫化水素などの多量の微粒子（エアロゾル）は，太陽放射を周辺の空間へ散乱反射させるために，地表面の日射量を減少させ，それによって寒冷化気候が起こる．大噴火の 2〜5 年後に，世界の大気気温は通常 3〜5℃ 寒冷化する（Rampino and Self, 1992）．火成活動により炭酸ガスも放出されるが，その量は二酸化炭素の全地球的サイクルでは少量であり，気候への効果はほとんどない．

7 万 5000 年前のトバ，1815 年のタンボラ，1883 年のクラカタウ，1991 年のピナツボ山など第一級の火山噴火は低緯度域で起こったが，それにもかかわらず世界的な寒冷化が生じた．気候モデルは，トバ噴火 2〜3 年後の夏季の気温が 12〜15℃ 寒冷化し，世界を 3℃ 寒冷にしたことを示した（Rampino and Self, 1992）．

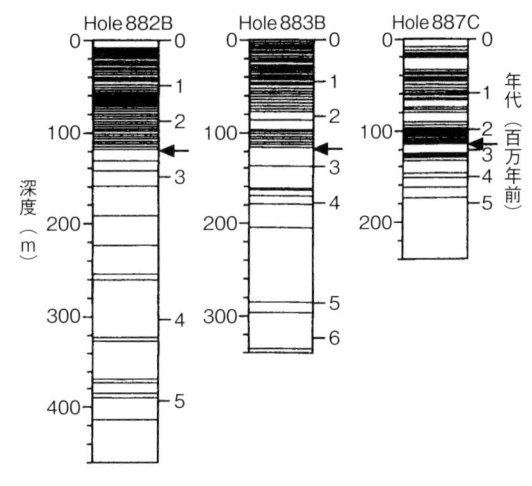

図 4.11 千島-カムチャツカ弧の火山活動（Prueher and Rea, 1998）
北太平洋高緯度域における火山灰層（黒線）は 267 万年前（矢印）から急増する.

周辺陸域から北太平洋へ漂流岩屑をもたらす大規模な北半球氷床の形成が，海底堆積物中の火山灰層が急増する 267 万年前の 2000 年以内に始まっている（図 4.11）．グリーンランド氷床コアでは，火山噴火に起源するコア中の酸性層準と汎世界的寒冷化の時期が一致している（Zielinski et al., 1994）．火山噴火による寒冷化の効果が最低 4 年間継続すると，正のフィードバックが働いて

100年スケールでの寒冷化気候が生じるとされている（Zielinski *et al.,* 1996）．

カムチャッカ半島は北緯50〜60°の高緯度域に位置し，270万年前に巨大噴火を始めた世界最大の鮮新〜更新統火山域である（Cao *et al.,* 1995）．寒冷な夏季の気温低下が夏季の氷雪溶解を減速させ，年間を通じての雪氷保有量とアルベドの増加が太陽放射の地表吸収を減少させるために，気候の寒冷化が促進される（Rampino and Self, 1993）．

4.5 更新世中期における事件

280万年前の北半球高緯度域に生成した北極圏氷床は，100万年前にその規模を拡大させた．全地球的な氷河性海水準変動の指標としての底生有孔虫殻の酸素同位体比は，大陸氷床は数千〜数万年かけてゆっくりと形成されるが，融解するときは数百〜数千年の短時間しかかからないことを示している．ターミネーションと呼ばれるこの急激な融解の時期は，地球軌道要素に基づくミランコヴィッチサイクルにより80万年前以降に10万年ごとに現れる（図4.12；コラム4(p.45)参照）．

温暖湿潤気候から乾燥寒冷気候へ移行する更新世中期に，人類は未曾有の地球環境変動に適応しながらアフリカで進化発展した．ホモ・ハビリスは160万年前までに絶滅し，"頑丈型"のパラントロプスも140万年前までに絶滅した．ホモ・ハビリスと共通の先祖をもつホモ・エレクトスは180万年前に出現し，100万年前までに南アフリカ，ヨーロッパや西アジアまで広範に拡散して占拠した．

a. 10万年周期の氷期-間氷期

更新世中期以降の80万年間における底生有孔虫殻の$\delta^{18}O$記録は，海水温と氷河量の合成物であり，1万9000年，2万3000年，4万1000年の周期を含んでいることから，地球軌道要素が気候システムの駆動力となっていると考えられてきた（Imbrie *et al.,* 1984）．$\delta^{18}O$記録の10万年周期は，$\delta^{18}O$の長期漸増と氷期から間氷期への急激な移行（ターミネーション）によって非対称であるために，海洋-大気システムが非線形の結合をなしていて，大気中の水蒸気輸送と海水中の塩分輸送のバランスが成立してから始まる（コラム5参照）．塩分の変化は海水の密度に影響するので，水蒸気輸送の変化は海洋循環の速度のみならずパターンも変化させる（Broecker and Denton, 1989）．

地軸の傾きと離心率の相互作用が歳差を調整することにより生じる北半球高緯度域における夏季の日射量変動が，第四紀後期の氷床規模と気候サイクルをもたらす駆動力である（図4.12）．したがって，ターミネーションは離心率が大きくなる

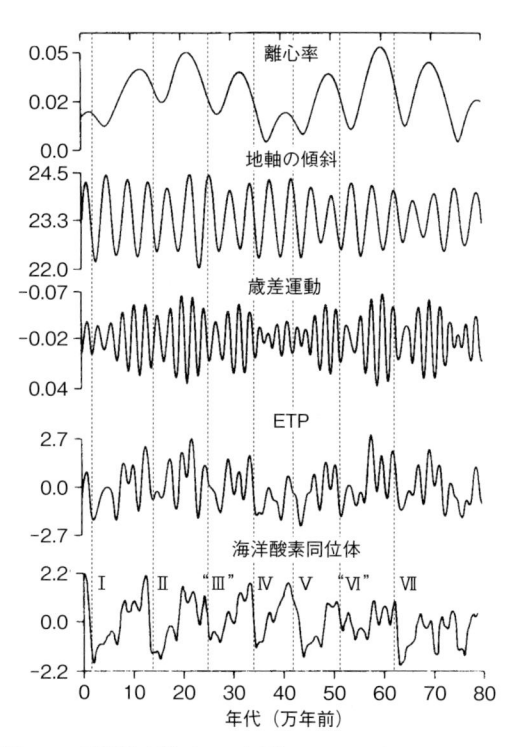

図4.12 更新世中期（80万年前）以降の地球軌道要素の離心率，地軸の傾き，歳差運動の変動とそれらの総合を正規化した変動（ETP），および一般化した海洋酸素同位体比変動曲線（Imbrie *et al.,* 1984）．氷期から間氷期に移行するターミネーション（I〜VII）を点線で記入した．

●コラム5：氷期-間氷期サイクル

　北大西洋高緯度域の気候変動は，ダンスガード-オシュガーサイクル（D-O サイクル；コラム10（p.108）参照）における表層気温の低下（氷期の始まり）→大陸氷床の崩壊→巨大氷山の流出と融解→漂流岩屑（ice rafted debris, IRD）の堆積と淡水の形成→表層水塩分の低下→北大西洋深層水（NADW）沈み込みの停止→熱塩循環（thermohaline circulation, THC）の停止→温暖表層水の流入停止（最寒期）→大陸氷床の崩壊停止→塩分増加→NADW の沈み込み再開→熱塩循環の再開→温暖表層水の流入再開→D-O サイクルにおける表層水温の増加（間氷期の始まり）の繰り返しによって制御されており，気候変動による氷期-間氷期サイクルと海洋循環は密接に結びついている（図1）．

　底生有孔虫殻の Cd/Ca 比は海水中のリン酸濃度と相関していることが知られている（Boyle, 1988a）．北大西洋の海底堆積物に含まれる底生有孔虫殻の Cd/Ca 比を測定すると，氷期の北大西洋におけるその値は，現在のリン酸濃度に比べて，中層では低いが底層では高いことから，氷期にNADWの形成が低下し南極海からリン酸に富む南極底層水（antarctic botom water, AABW）が北大西洋の底層へ進入していたと考えられた（Boyle, 1988b；図2；第3章参照）．

　底生有孔虫殻の δ^{13}C は海水中の有機物が溶存酸素によって分解される量を反映するが，氷期の北大西洋ではNADWの沈み込みが弱かったことを示している（Boyle and Keigwin, 1987；図1）．

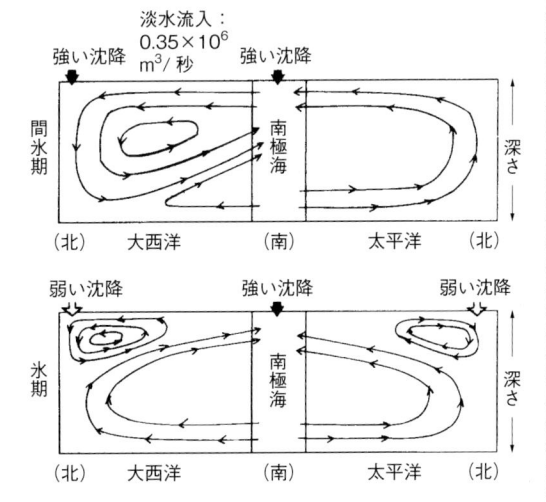

図1 氷期と間氷期における海洋循環の違い（野崎, 1994）

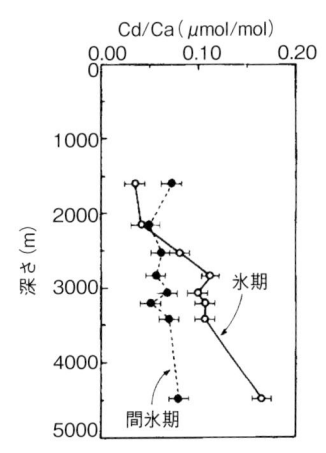

図2 北大西洋における海底堆積物中の底生有孔虫殻の Cd/Ca 比の変動（Boyle, 1988b）

時期に軌道要素の3つ一組（ETP）が優勢な夏季日射量ピークの最初のピークに対応している．

　1万2900～1万1600年前の新ドリアスに類似した1000～2500年の継続期間をもつ著しい"寒の戻り"がすべてのターミネーションを明確なステップに分割している．δ^{18}O の非氷河化ステップ（ターミネーション）が新ドリアス様寒冷化事件でただちに終了すると同時に底生有孔虫殻のδ^{13}C が著しく最小となることから，非氷河化ステップによる氷河融解水が北大西洋北方域へ急速に何度か侵入して北大西洋深層水の形成を短期間停止させたと考えられた（図4.12；Sarnthein and Tiedemann, 1990）．軌道要素が誘因となって生じた日射量変動が，水蒸気輸送をある海洋域から他の海域へ変化させ，さらに塩分の変化が海洋-大気システムの最も弱い大西洋コンベアを不安定にして大気-海洋の循環モード（コンベアベルト）を切り換えるのである（Broecker and De-

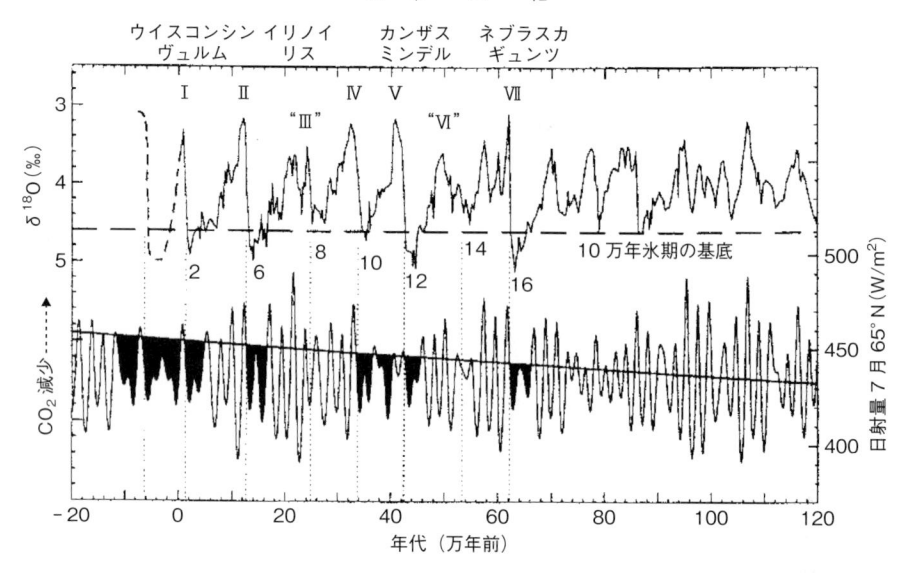

図4.13 太平洋 ODP Site 849 での底生有孔虫殻の $\delta^{18}O$ と過去80万年間の氷河量の変動 (Raymo, 1997)
上段は大陸での氷河期名．Ⅰ～Ⅶ：ターミネーション，2～16：主要な同位体ステージ，奇数は間氷期，偶数は氷期に対応する．日射量曲線の斜線以下の部分が10万年氷期の核となり，黒地は安定していたことを示す．

nton, 1989).

ターミネーションⅠ～ⅣとⅥの継続期間はほぼ一定の5800～1万700年であるが，Ⅴのみは2万9000年と長い．ターミネーションは北半球夏季の日射量増大に関連しているが，同位体ステージ12から11への移行が弱い日射量に対応していることから，最大日射量の振幅へ移行する必要はない（図4.13）．典型的なターミネーションはⅠ，Ⅱ，Ⅳ，Ⅴ，Ⅶであり，非氷河化ステップの直前に氷河が著しく蓄積されている．ステージ16は最初の典型的な $\delta^{18}O$ 記録であり，2，6，10，12も同様である．夏季日射量が異常に長い期間を通じて減少することにより，氷床は形成されるが，唯一の例外は40万～38万5000年間で時間が長いわりには日射量が少なかったために，大きな氷床は発達しなかった（ステージ10）．80万年以前に10万年周期の氷期-間氷期が起こらなかった原因は，寒冷な夏季温度の低下が氷床を形成するには不十分であったためである（Raymo, 1997）．

完新世の温暖期はすでに終了している．ステージ5，7，11の亜ステージの寒冷化をスキップして10万年周期の氷期は成長し続け，軌道要素の日射量変動から予想される寒冷化を超えて，これまで観察されなかったような厳しい氷期が訪れ，6万4000年後に次のターミネーションが起こると予想される（図4.13）．

b．人類の出アフリカと出アジア

手斧で武装した初期原人（ホモ・エレクトス）は，アフリカの乾燥した草原と食糧となる動物群が北と東に移動するにつれて，それらを追いながら180万～160万年前にアフリカを出て，100万年前までに北アフリカ，ヨーロッパ，西アジアまでにおよんで，その地理的範囲を拡大した．100万年前までに中国へ拡散した原人は，中国北部で北京原人（シナントロプス）と呼ばれているが，旧人段階のマパ人，新人の山頂洞人へと進化した．150万年前までに東南アジアにやってきたジャワ原人（ピテカントロプス）は，スンダーランドを居住地として，30万年前に旧人のソロ人，15万年前に新人のワジャック人に進化した（国立科学博物館・読売新聞社，1996）．

現代型の新人は3万年前頃からアジアを出て東北アジアやアメリカ大陸へ拡散していったが，最終氷期の5万5000年前にインドネシア通過流が停止し，ジャワ沿岸流が強化した時期に，東洋区

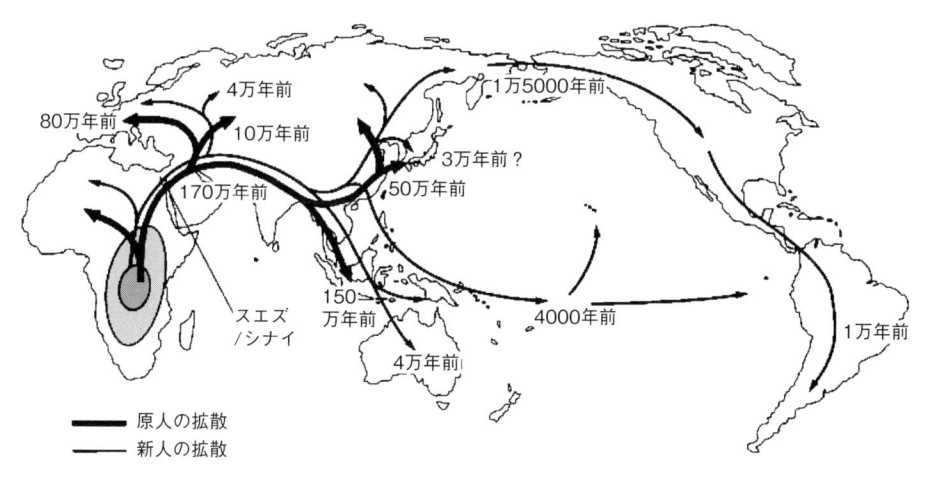

図4.14 原人の拡散と新人の拡散（馬場, 2000）
原人の時代と新人の時代の二度にわたって人類は世界へ拡散した.

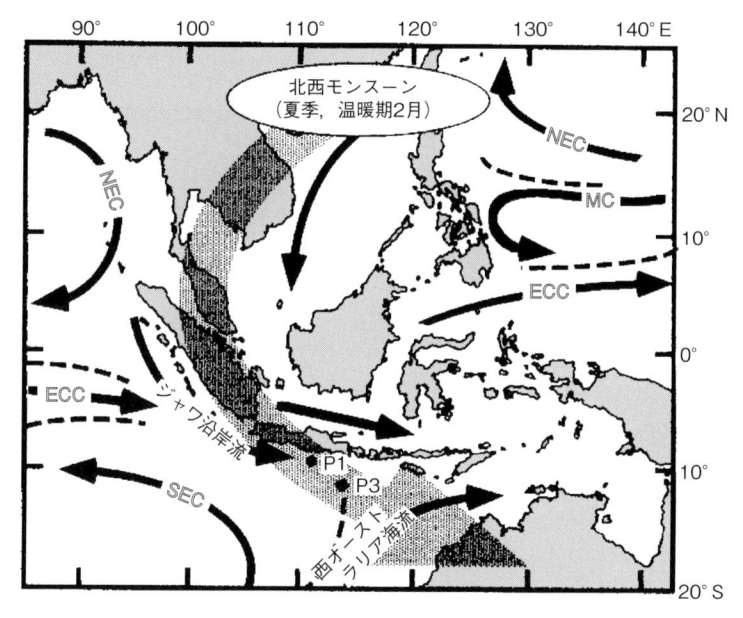

図4.15 夏季北西モンスーン時（2月）におけるジャワ島周辺の海流系とコア位置（Ikeda et al., 1999）
NEC：北赤道海流, ECC：赤道反流, SEC：南赤道海流, MC：ミンダナオ海流, P1：P1コア, P3：P3コア.

とオーストラリア区を隔てる動物地理学上の境界線であるハックスリー（ウォレス）線を越えて，スンダーランドから現在のオーストラリアとタスマニア，ニューギニアとその周辺の島々に広がるサフル大陸に拡散していった（図4.14）．当時は最終氷期の海退期であったために，島々の間の距離は短くなっていたが，スンダ大陸からサフル大陸へ移住するために，最大区間で65〜105 km離れた島々を飛び石伝いに，樹皮ボートあるいは竹の筏を使って，標高の高い火山島を航海の目標にしながら東に進んでいったと考えられる．

ジャワ島南方沖の海底コア（図4.15）で，ジャワ沿岸流，赤道反流，西オーストラリア海流の強さに対応する珪藻化石の比率が調べられ（Ikeda et al., 1999；図4.16上段），①温暖期から寒冷期へ移行する時期に寒冷な西オーストラリア海流が北上し，寒冷期から温暖期へ移行する時期に赤道反流が南下すること，②寒冷化が強化したス

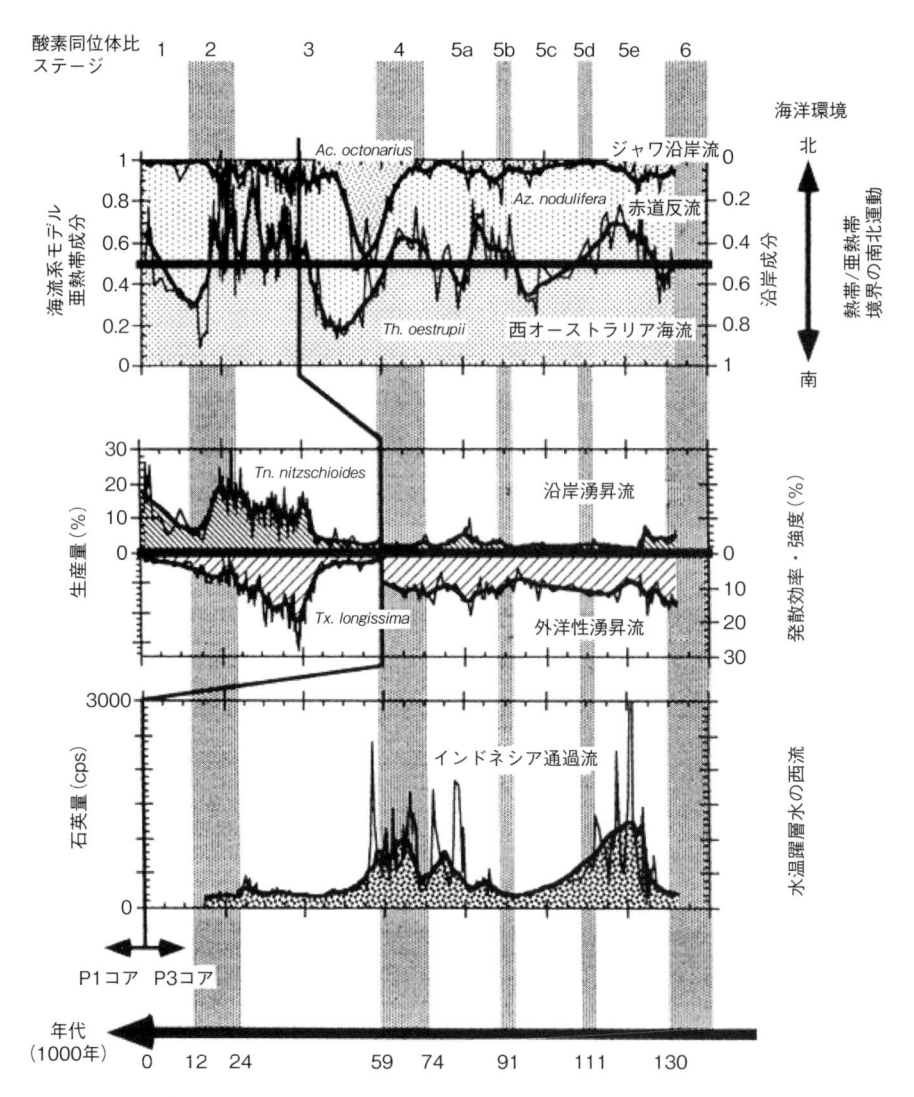

図 4.16 現在型ホモ・サピエンスがウォレス線越えをした根拠としてのインドネシア通過流の復元図（Ikeda et al., 1999）. *Thalassiosira oestrupii* は西オーストラリア海流の指標種であり，*Azpeitia nodulifera* は赤道反流，*Actinoptychus octonarius* はジャワ沿岸流，*Thalassionema nitzschioides* は沿岸湧昇流，*Thalassiothrix longissima* は外洋性湧昇流，石英量はインドネシア通過流の指標である．

テージ3の後半からステージ2にかけて，西オーストラリア海流と赤道反流の入れ替わりが激しくなるのは，北西モンスーンの強化と乾燥化，熱帯収束帯の弱体化と南下によってもたらされたこと，③ステージ3の後半からステージ2にかけて生じた短期間の激しい海流系の変動は，大陸氷床の崩壊によるハインリッヒイベントと関連していることなどが判明した．

図4.16の中段には，南東モンスーンが吹く冬季寒冷期に，西オーストラリア海流がジャワ島沿岸域まで北上し，転向力によって西流するために底層流の湧昇が生じて沿岸湧昇流となることが示されている．一方，北西モンスーン期の夏季温暖期には，東流する赤道反流と西流する南赤道海流との境界域でそれぞれ反時計回りの転向力を受けて表層水が南北方向に発散するために外洋性の湧昇流が生じている．湧昇流はインドネシア通過流が停止ないし弱体化した時期に活発化している．

インドネシア通過流は，太平洋とインド洋の間にあるロンボク海峡の最大水深500 mとチモール海に広がる広大な陸棚の水位差が圧力勾配となって駆動されている（図4.15）．

図4.16下段は，インドネシア通過流がステージ3の後半からステージ2にかけて停止あるいは弱体化したことを示している．

4.6 完新世の気候変動

2万1000〜1万4650年前の晩氷期（Late Glacial）末に，気候が一時的に温暖化したベーリング/アレレード期（1万4650〜1万2900年前）の後に"寒の戻り"の新ドリアス期となった．その後の1万1600年前から現在までの地質時代最後の時代（Epoch）が完新世（Holocene）である．後氷期（Postglacial）とか現世（Recent）とも呼ばれる．主要な氷河とアルプス氷河の前進・後退

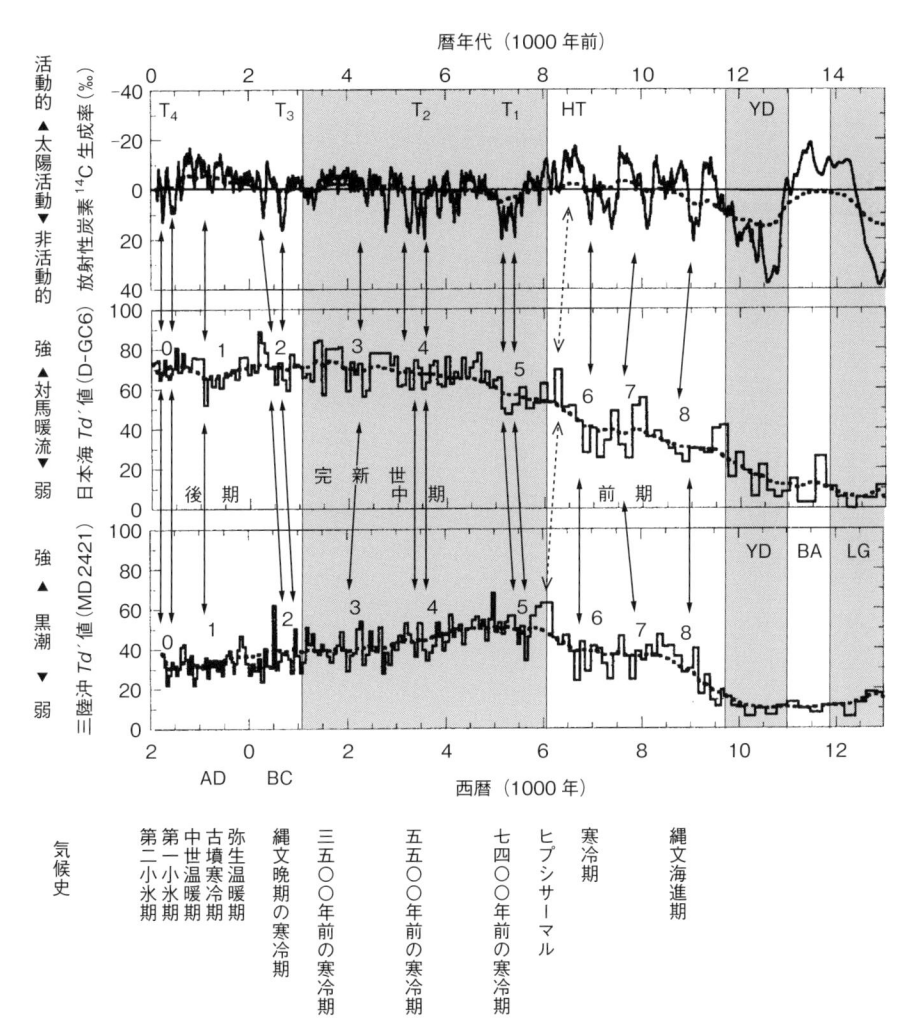

図4.17 放射性炭素生成率による太陽活動（Stuiver and Reimer, 1993）および珪藻温度指数（Td'）による黒潮と対馬暖流の脈動（小泉, 2007）

矢印は対応関係を示す．T_1〜T_4：小氷期に匹敵するような寒冷気候期，0〜8：ボンドイベント，LG：晩氷期，BA：ベーリング/アレレード期，YD：新ドリアス期，HT：ヒプシサーマル期．

●コラム6：年代測定としての放射性炭素（^{14}C）法

放射性炭素（^{14}C）による年代測定法は，生物に取り込まれた^{14}Cの減衰を利用して生物の死後の年数を測定する方法である．

^{14}Cは，地球に降り注ぐ宇宙線を構成している中性子が，大気中の主要な元素である窒素の同位体^{14}Nと衝突反応して生じる．生成された^{14}Cは，酸化されて$^{14}CO_2$となり，安定した炭素からなる$^{12}CO_2$や$^{13}CO_2$とよく混合される．大気中で生成された^{14}Cは，地球のグローバルな炭素循環に従って，大気から光合成により植物へ，食物連鎖によって動物へ，さらに陸上堆積物へ，また海洋水や陸水へ，そして海洋や湖底堆積物へと往来する．

^{14}Cは，半減期5568年（国際的な慣例として^{14}C年代値の算出にはLibbyの半減期5568年を用いる）でβ線を放出して崩壊しもとの^{14}Nにもどる（中村，2001）．したがって，宇宙線の照射量が同じであるならば，^{14}Cの生成と崩壊は平衡状態となり大気中の^{14}C量は一定となる．

$$\begin{cases} {}^{14}C \xrightarrow[5568年]{\beta^-} {}^{14}N \\ {}^{14}N + n \rightarrow {}^{14}C + p \end{cases} \qquad {}^{14}CO_2 \\ 大気 \rightleftarrows 生物$$

（生成量2個/cm^2・秒）

●^{14}C年代と暦年代

^{14}C年代測定法では，試料の現時点での^{14}C濃度のみが測定される．試料が外界から隔離されて炭素交換が行われていない閉鎖系であったと仮定するが，試料が外界から隔離された初期の^{14}C濃度は不明である．娘同位体の^{14}Nは地球環境中に大量に存在するために，^{14}Cの測定から得られる^{14}N濃度から初期濃度を推定することは困難である．したがって，^{14}Cの初期濃度の経年変化は，過去の大気CO_2の^{14}C濃度を樹木年輪，サンゴ年輪，海洋や湖底堆積物中の有機物などから調べるという間接的な方法で測定することが行われている．その結果，過去の大気CO_2の^{14}C濃度は大きく変動してきたことが明らかになっている（Stuiver *et al.*, 1998；図1）．

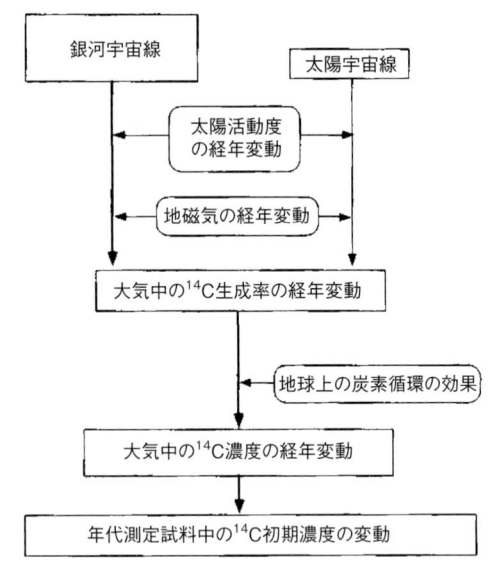

図1 大気中における^{14}C生成と^{14}C濃度の経年変動の要因（中村，2001）

^{14}C年代測定は，^{14}C原子の数が時間とともに減少する物理的プロセスを利用する方法であり，放射崩壊による^{14}C濃度の減少が時間の経過に換算されたもので，本来的に暦年代とは直接関係がない．したがって，^{14}C年代測定によって得られた^{14}C年代から暦年代へ換算（較正）する必要がある．

（1）放射性炭素測定年代値（measured ^{14}C age）は，試料の$^{14}C/^{12}C$比によって現在（1950年AD）から何年前（year before present）かを指示した年代値である．

（2）補正放射性炭素年代値（conventional ^{14}C age）は，大気CO_2から^{14}Cが試料中に固定される量を試料の$^{13}C/^{12}C$から$^{14}C/^{12}C$を推定して補正する同位体分別と，宇宙線の照射量が極と赤道で4倍も異なることや，大気中のCO_2生成量が地域や大気循環，海水循環によっても異なることから地域的蓄積量を考慮して補正した年代値である．

（3）暦年代値（calibrated ^{14}C age）は，過去の宇宙線強度の変動による大気中の^{14}C濃度の変動に対する補正を行って算出した暦年代値のことである．

や湖水準変動に基づく気候変動と樹木年輪中の大気 ^{14}C 濃度による太陽放射量との関連性は明らかであったが，10～100年スケールでの両者の関係は確かでなかった．また太陽活動に伴う放射強度の絶対変化が小さすぎるため，気候に対する太陽放射の影響は不明であった．しかし，今世紀に入ってから，完新世の気候システムが大気中の ^{14}C 記録に基づいた10～100年スケールでの太陽放射量の変動によって影響されていることが，低緯度域から高緯度域までの海や湖沼，氷床，洞窟など多様な場所から採取した連続試料の詳細な年代測定と各種環境指標による高分解能解析により明らかになった（小泉，2007）．

a. 日本近海の海底堆積物における Td' 値

海生珪藻の暖流系種群と寒流系種群の合計に対する暖流系種群の比率（珪藻温度指数，Td' 値）は，暖流の強弱を示す（Koizumi et al., 2004）．太平洋側鹿島沖と日本海隠岐堆から採取したコア堆積物の Td' 値を約100年間隔で分析したところ，暖流の強弱は450～550年と350年周期で太陽活動と対応していることが判明した（図4.17）．黒潮や対馬暖流が勢いよく流れている時期は，赤道帯の温度が高い時期である．

太陽活動の変動史は，木の年輪に含まれる ^{14}C の分析に基づく（Stuiver and Reimer, 1993）．地球上の ^{14}C は，宇宙線由来の中性子が窒素核 ^{14}N に吸収されるときに，陽子が1個放出されて炭素の同位体 ^{14}C に変換されるため，大気中の ^{14}C の存在量は宇宙線の到来強度に依存することになる．太陽活動が活発なときには，宇宙線の一部が太陽風によって偏向し地球に到達する量は減少するため，^{14}C の生成率と存在量は減少する．一方，太陽活動が衰退しているときには，多量の宇宙線が地球に到来し，^{14}C の生成率は逆に増加する（コラム6参照）．

日本近海における過去1万5000年間を通観すると，新ドリアス期の後に本格的な温暖気候が始まるために，寒暖の変動幅は大きくなっている（図4.17）．小氷期は太陽活動が減衰したウォルフ極小期，シュペーラー極小期，マウンダー極小期など3つの極小期から構成されているので，過去の太陽活動史において類似した3つの太陽活動極小期がセットになった時期は，小氷期に匹敵するような寒冷気候になった可能性のあることが指摘され，T_1～T_4 と名づけられた（Stuiver et al., 1991）．7400年前の寒冷期（T_1），5500年前の縄文中期寒冷期（T_2），2750年前の縄文晩期寒冷期（T_3），13～19世紀の小氷期（T_4）などは太陽活動が衰退した時期に対応する．

b. 北大西洋の海底堆積物におけるボンドイベント

北西大西洋のラブラドル海と北海から採取された海底堆積物は氷漂岩屑を含んでいて，これに含まれる赤鉄鉱，アイスランド起源の火山ガラス粒子，砕屑性炭酸塩鉱物などは10～100年スケールの変動を示し，振幅の大きな変動は1500年周期をもち，太陽放射量の変動ときわめて緊密に対応している（図4.18；Bond et al., 2001）．それらの含有量が増加した層準に0から8までの番号をつけてボンドイベントとした（コラム7参照）．ボンドイベントの層準は氷期に相当し，深層水の形成が弱体化した時期である（Bond et al., 1997）．

c. 湖水準と湖底堆積物

ジュラとアルプス： 西ヨーロッパ中緯度域のジュラ-フランスアルプス山地において，湖水準の下降，氷河前進，森林限界線の下降などに現れた寒冷化気候は100年ごとに変動しているが，振幅のより大きな変動には約2300年の周期性が認められる（Magny, 1993）．ジュラ山地で湖水準が低下した時期は紀元前7500年，5200年，3450年，750年，紀元1500年（小氷期）など5層準の主要な寒冷期に対応しており，いずれも太陽活動が不活発な時期である（Magny, 1995）．

西チベット高原： Sumxi-Longmu湖から採

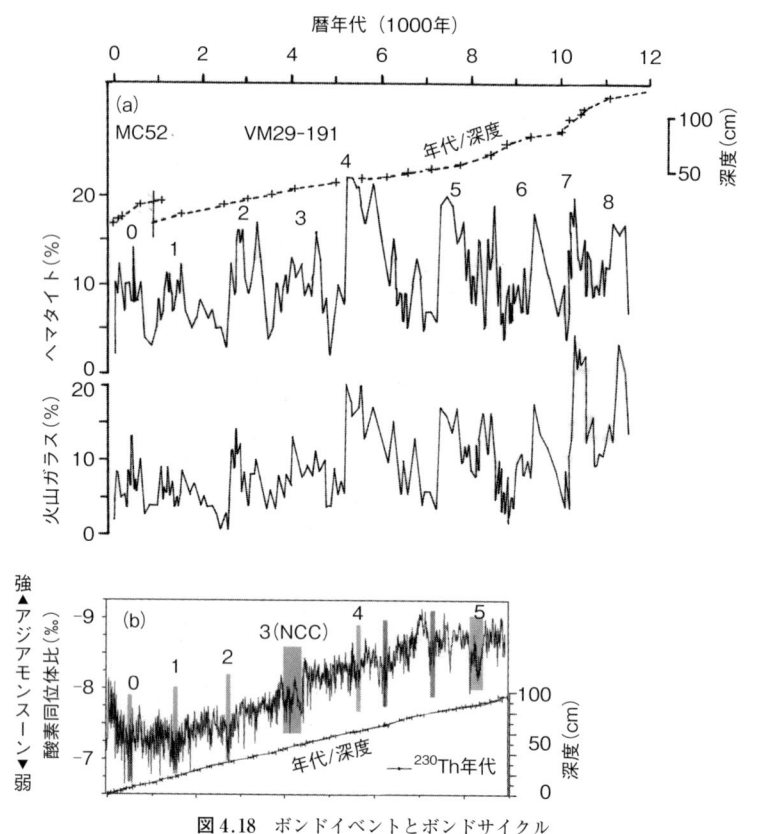

図 4.18　ボンドイベントとボンドサイクル
(a) 北大西洋 VM29-191 と MC52 コアの堆積速度（^{14}C 年代/コア深度），および氷漂岩屑中の赤鉄鉱とアイスランド起源の火山ガラス粒子の含有量（%）が寒冷期に増加し（0～8），1500 年周期を示している（Bond et al., 2001）．(b) 中国 Dongge 石筍の生成速度（^{230}Th 年代/深度）と酸素同位体比（‰）．縦の灰色部分と番号（0～5）はボンドイベントとの対応．NCC は中国の新石器文化の崩壊との対応を示す（Wang et al., 2005）．

●コラム7：ボンドサイクルとボンドイベント

1) ボンドサイクル（Bond cycle）

北大西洋高緯度域の海底堆積物コア中の浮遊性有孔虫寒冷種 *Neogloboquadrina pachyderma* の左巻き個体と *N. pachyderma* の δ^{18}O がグリーンランド GRIP 氷床コアの δ^{18}O の D-O サイクルに頻度とタイミングが対応しているので，北大西洋の表層水温は D-O サイクルと連動している．D-O サイクルがいくつか集まって温度変化の振幅が徐々に弱体化する鋸歯状の変動パターンがボンドサイクルを形成し，各ボンドサイクルはハインリッヒイベントで終了する（Bond et al., 1993）．すなわち，ハインリッヒイベントは寒冷化の極相時に起こり，その直後に D-O サイクルにおける急激な温暖化（ターミネーション）が起こる（多田，1998b；コラム 10（p.108）参照）．

2) ボンドイベント（Bond event）

北大西洋の後氷期堆積物に含まれる IRD 中の赤鉄鉱は 1500 年周期で含有量が変動し，含有量が増加した層準に新しい年代から 0～8 の番号をつけボンドイベントとした（Bond et al., 1997）．ボンドイベントの層準は氷期に相当し，深層水の形成が弱体化した時期である．1500 年周期は日本近海の珪藻温度指数 Td' 値，ヨーロッパアルプスの湖底堆積物の粒径や花粉化石，グリーンランド氷床コア GISP2（Greenland Ice Sheet Project 2）の不純物濃度，中国石筍の δ^{18}O などにも認められるが，950 年，500 年，200 年などの卓越周期がある（小泉，2007）．

取された湖底堆積物中の炭酸塩の酸素同位体比と炭素同位体比，花粉と珪藻化石によると，完新世前～中期は温暖で湿潤であったが，新ドリアス期の1万500年前，8000～7000年前，4300年前には寒冷で乾燥していた（Gasse et al., 1991；Van Campo and Gasse, 1993）．9000年前までは夏季の太陽放射が増加しており，強力なモンスーンがこの地域にも発達していた．これらの気候変動は，熱帯アフリカ北部地域の変動と類似している（Gillespie and Street-Perrott, 1983）．

北東チベット高原：　中国最大の塩湖青海（チンハイ）湖の湖底堆積物は，1万8300～1万6900年前は厳冬で乾燥していたが，晩氷期から完新世にかけての漸移期では寒冷・乾燥と温暖・湿潤の気候が激しく変動したことを示した（Ji et al., 2005）．温暖な湿潤気候が完新世前期を特徴づけるが，8200年前に一時的に寒冷で乾燥となり，6500～3900年前にかけて，気候は温暖・湿潤から寒冷・乾燥へ変動し，2500年前以降は寒冷で乾燥気候となった．

南西アラスカ：　Arolik湖の湖底堆積物では，珪藻殻による生物源シリカ含有量は100年スケールの変動であり，信頼度80～90%の時系列解析は1500年の周期性を示すが，90%以上の信頼度では950年，590年，435年，195年などの周期性となる．

d. グリーンランド氷床コアにおける化学成分

グリーンランド氷床コアのGISP2（Greenland Ice Sheet Project 2）に含まれる海塩起源のNa, Cl, Mg, K, Caと陸源のNa, Mg, K, Caの含有量は，1万2900～1万1600年前の新ドリアス期から現在へ向かって減少している（O'Brien et al., 1995）．完新世を通じて海水準が上昇するにつれて，露出していた大陸棚が沈水するために，陸源性のCaとMgの含有量は減少する．海塩と陸源性塵は，1万1300年前，8800～7800年前，6100～5000年前，3100～2400年前，600～0年前（小氷期）などの時期に増加している．これらの時期がウォルフ-シュペーラー-マウンダーの3つの極小期からなる太陽放射の弱体期（T_1～T_4；Stuiver and Braziunas, 1989）に一致していることから，南北の気温較差が増大して大気循環が2500年周期で活発になったのである．北極振動と呼ばれる北極渦流の拡大か，あるいは子午線方向のフェレル循環が強化されて，北半球中～高緯度域の温度が低下したと考えられている（Mayewski et al., 1994）．

e. 洞窟内の石筍

中国南部のDongge洞窟から採取された石筍の酸素同位体比の記録は，完新世を通じて徐々に減少しており，これはアジアモンスーン弱体化の現れである（図4.18；Wang et al., 2005）．9000年前以降，約1200年間隔で100～500年間継続する8回の弱いモンスーンイベント（8300年前，7200年前，6300年前，5500年前，4400年前，2700年前，1600年前，500年前）が示唆された．これらの変動の一部はボンドイベントの0～5に対応しており，アラビア海の南西モンスーンの弱体化イベント（Gupta et al., 2003）とほぼ一致している．

現在，この地点の気候は，強力なシベリア高気圧が発達して北風が吹く寒冷で乾燥した冬季と，熱帯収束帯が北方へ移動してモンスーンの降雨が最高潮に達する温暖で湿潤な夏季の季節がある．約4000年前に起こった数百年におよぶアジアモンスーンの弱体化は，インド夏季モンスーンによる乾燥化を激化させて，中国中央部付近における新石器文化を崩壊させた（Wu and Liu, 2004）．

f. エンソとテレコネクション

中～東部熱帯太平洋の海水温度が異常に高くなる現象をエルニーニョ（El Niño）と呼び，赤道太平洋を東西に横切るウォーカー循環と呼ばれる循環セルは弱体化ないしは消散し，インドネシア低気圧対流セルは中～東部赤道太平洋へ移動する（図4.19）．そのために温暖な表層海水は赤道太平洋を幅広く横断し，東部赤道太平洋で湧昇流を

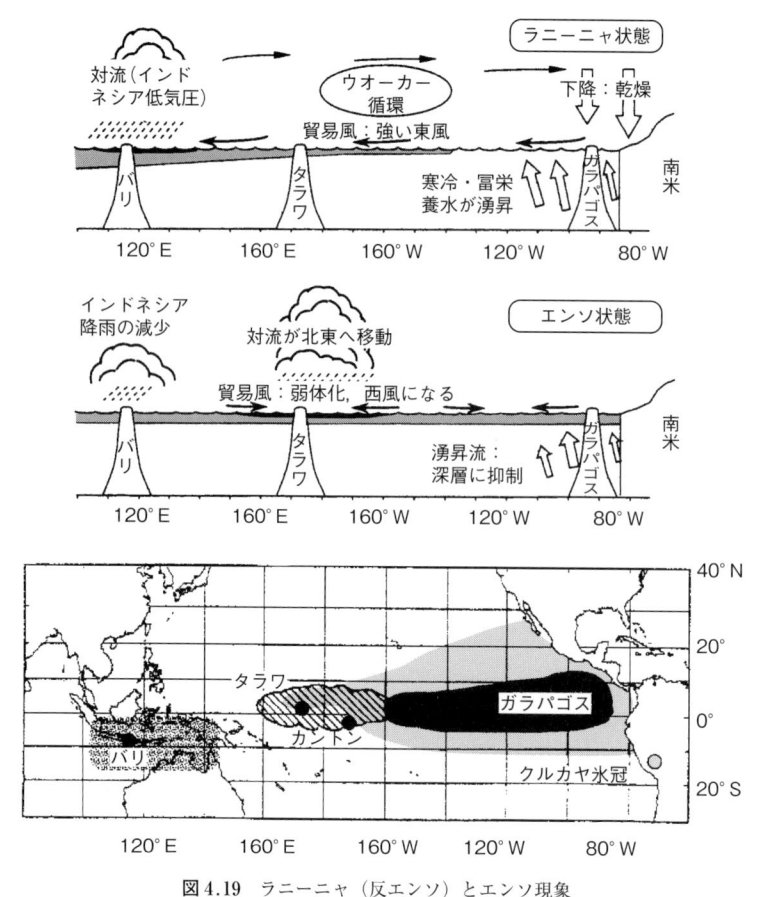

図 4.19 ラニーニャ（反エンソ）とエンソ現象
黒色：表層水が1℃以上温暖になっている，灰色：エンソによる0.5〜1.0℃の温暖水，斑紋：インドネシア低気圧と激しい降雨域でエンソ時に旱魃となる，斜線の雲形：エンソ時に激しい降雨を伴うインドネシア低気圧が移動してくる．

抑圧することになる．

一方，反エルニーニョ（ラニーニャ）時に，ウォーカー循環は優勢となる（図4.19）．この大気パターンと海洋表層との相互作用によって強い東西の海水温勾配が生み出され，26℃以上の温暖水（灰色）がインドネシア低気圧下の西太平洋に29℃以上の温暖水プールとなって蓄積する．フィリピン東海域の海水温度は平年より0.5〜1.0℃高くなって，上昇気流が発生し台風を引き起こす（台風のエネルギー源は海水温が28℃以上の暖水塊である）．上昇気流の北側の下降気流が太平洋高気圧の勢力を強め，日本沿岸の海水温を上昇させる．低気圧からの激しい降雨が表層海水中の重い酸素同位体^{18}Oを著しく低下させ，枯渇させる（黒色）．

熱帯太平洋の東部海域と西部海域の気圧が東西で逆位相となって2〜10年周期で振動をする現象を南方振動（Southern Oscillation）と呼び，海洋と大気が連動している現象を両者の頭文字をとってエンソ（ENSO）と呼ぶ．

熱帯太平洋に起こった気象現象が，遠く離れた中〜高緯度域の大気循環などの気象に影響を与える過程を，大気の遠隔作用（テレコネクション，teleconnection）と呼ぶ．

北太平洋中緯度域の東西海域において，アルケノン表層海水温（SST）は地球軌道要素の歳差に支配されたエンソの遠隔作用の影響を受けて，14万5000〜12万年前と6万〜0万年前の期間で日本の寒冷期がカリフォルニアの温暖期に対応するシーソー様変動を示す（図4.20；Yamamoto *et*

4.6 完新世の気候変動

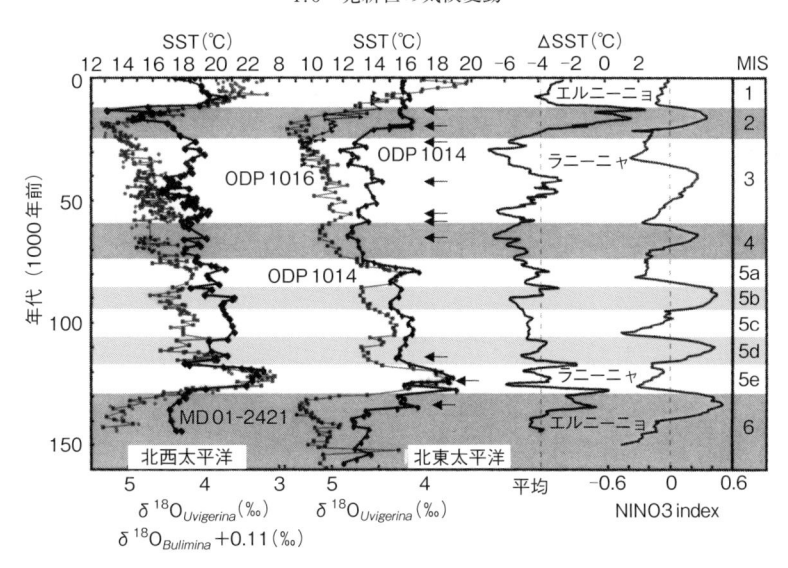

図 4.20 海洋環境（気候）変動のテレコネクション（Yamamoto *et al.*, 2004）
12万～6万年前と6万～0万年前に熱帯域のエンソ様変動が中緯度域に影響をおよぼし，東西域の表層海水温の変動が逆転した．

al., 2004)．

エルニーニョ時に，熱帯対流セルは中～東部赤道太平洋へ移動するために，夏季の北太平洋高気圧は弱くなり，南カリフォルニア反流の強化によりカリフォルニアは温暖となる．なぜなら日本は北太平洋高気圧の弱体とオホーツク高気圧の強化が偏西風ジェットと亜寒帯前線の北上を沈滞させるために寒冷となるからである．ラニーニャ時には，反対に熱帯対流セルは赤道太平洋の西側へ移動し夏季の北太平洋高気圧とカリフォルニア海流を強化するために，カリフォルニアは寒冷となるが，夏季の太平洋-日本テレコネクションに刺激された亜寒帯前線は北上し日本は温暖となる（図4.19）．

アルケノンは東西両海域の夏季に生産されるので，アルケノン SST は SST 変動を反映して両域で反対となる．ΔSST の時系列解析は，優勢な歳差の2万3000年，赤道インド-太平洋の古生産量記録の3万年，地軸の傾きの4万1000年，地球公転軌道の離心率の10万年の周期性を示した（Yamamoto *et al.*, 2004）．

5

一次生産による有機物の生成と二酸化炭素

海洋表層の有光帯は生物が繁殖する生産の場である．食物連鎖の始まりとなる珪藻や円石藻などの植物プランクトンは，太陽光のエネルギーを利用して海水中の二酸化炭素と水から炭化水素（有機物）を合成している．生成された炭化水素の約半分は自分自身に必要なエネルギーとなるが，残りの半分は他の生体分子に変換されるか，組織中の貯蔵物質となっている．

植物プランクトンの生育と増殖には太陽光とともに，窒素やリンなどの一次生産の制限要因となっている無機元素が必要である．これらの必須栄養素は，安定した硝酸塩やリン酸塩の栄養塩類として，有光帯内の動植物プランクトンや原生動物の糞粒が分解されて再生されるか，有光帯以深で分解され無機化された栄養塩類が湧昇流によって下層から有光帯へ補給される．

有光帯内で生産された有機物は，植物プランクトンの細胞や細胞外に分泌された溶存態有機物として食物連鎖の循環系に組み込まれる．動植物プランクトンの遺骸や原生動物の糞粒，一部動植物プランクトンの殻を形成した炭酸カルシウムなどは粒子状物質となって深層へ沈降する．その間も，有機物は無機炭素に分解され続ける．

光合成と呼吸作用とがほぼ均衡していることから，生物の還元型有機化合物と大気中の二酸化炭素の間は炭素循環に関して閉鎖系となっている．表層海水中で生産された有機物の約1%は，海底堆積物中に貯蔵され熱や圧力による長い年月をかけた熟成過程を経て石油や天然ガスとなる．われわれは現在，これらの有機物を地下資源として利活用していることから，過去の太陽エネルギーの蓄えを消費しているといえる．この還元型炭素化合物の埋蔵過程で生成した酸素こそが，緑色植物の進化がもたらした約6億年前の光合成開始による大気中への酸素放出を，21%にまで大気中に蓄積させた源である．

5.1 有光帯における光合成

植物プランクトンは海水中の二酸化炭素と水を使い，生化学反応に必要な炭素 1 mol 当たり約 460 kJ のエネルギー源に太陽光を利用して炭化水素を合成している．

$$CO_2 + H_2O \underset{\text{酸化分解}}{\overset{\text{光合成}}{\rightleftarrows}} CH_2O \text{（炭化水素）} + O_2$$

光合成によってつくり出された生成物は，炭素1原子当たり水素2原子と酸素1原子を含むことから炭化水素と呼ばれる．化学エネルギーに変換された炭素原子を含む有機物である．化学式は$(CH_2O)_n$, n は一定の整数で，デンプンなどは非常に大きな値となる．逆の反応である酸化分解によって，太陽から得たエネルギーが放出されるので，燃焼や呼吸作用などに使われる．

葉緑体のクロロフィル分子は太陽エネルギーの40%を使って光合成を行う．そのうちの28%が

炭化水素に変換されるが，植物自身の代謝に40%が必要なので，残りの60%，実質 $0.4 \times 0.28 \times 0.6 = 0.067$，つまり6.7%が太陽光で貯蔵された光合成エネルギーとなる．この変換効率が最もよい植物は，光合成の最初の生成物が炭素数4の糖であるC_4植物のトウモロコシやサトウキビなどの熱帯植物である．光合成の最初の生成物が炭素数3の糖は，C_3植物の小麦，米，大豆などの温暖植物である．C_3植物は光合成効率がC_4植物の約半分しかないが，地上の植物バイオマスの95%を占める（スピロ・スティグリアニ，2000）．

陸上植物に比べて海洋生物の量はわずか0.2%しかないが，海洋生物の生-死の循環が陸上植物に比べて非常に速いので，有機物の年間生産量は陸上植物のそれとほとんど同じになる．

海洋において植物プランクトンが光合成でつくり出す有機物の量である一次生産量は，貧栄養であるが表面積の広い海洋中央域と赤道湧昇帯による一次生産量が最も高い熱帯域における年間生産量で決まるとされてきたが，Nelsonら（1995）の研究によると，①有光帯から有機物が沈降することによって引き起こされる深海での酸素消費量が海洋中央域で $50\,\mathrm{g\,C/m^2}$ 年オーダーであることから，有光帯における一次生産量が $50\,\mathrm{g\,C/m^2}$ 年の数十倍も高くなると推定されること，②以前は同定されなかった非常に小さい，大半が原核細胞の自主栄養細胞が海洋で非常に豊富であるという発見は，これらが貧栄養域の一次生産に大きく貢献している可能性があると考えられること，③ ^{14}Cを使った純粋培養実験は不用意な稀金属汚染が一次生産量を引き下げることを示したので，1980年代初期の^{14}Cデータに基づいて出された一次生産量の推定値が低めである可能性のあること，④最新の^{14}C測定はサルガッソー海で 110〜170 $\mathrm{g\,C/m^2}$ 年，ハワイ近傍で $175 \pm 54\,\mathrm{g\,C/m^2}$ 年であることが示された．

この結果，全海洋の一次生産量は従前の30〜40 Gt（$=10^9$）t C/年より約2倍多い 60 Gt C/年（$=5000 \times 10^{12}$ mol C/年，平均 $480\,\mathrm{g\,C/m^2}$ 年）と推定され，貧栄養域の一次生産量（4000×10^{12} mol C/年，平均 $150\,\mathrm{g\,C/m^2}$ 年）は全体の80%に寄与し，沿岸域や栄養に富む海域（1000×10^{12} mol C/年，平均 $330\,\mathrm{g\,C/m^2}$ 年）は残りの20%に寄与していることになる．

5.2 栄養塩類の供給

有光帯における植物プランクトンの成長と増殖による一次生産によって，栄養塩類は消費されほぼ完全になくなるが，生産された動植物プランクトンやそれらの遺骸，糞粒などの粒子状有機物は沈降する過程で分解・無機化されるので，有光帯以深で栄養塩類の濃度は高くなり，硝酸やリン酸

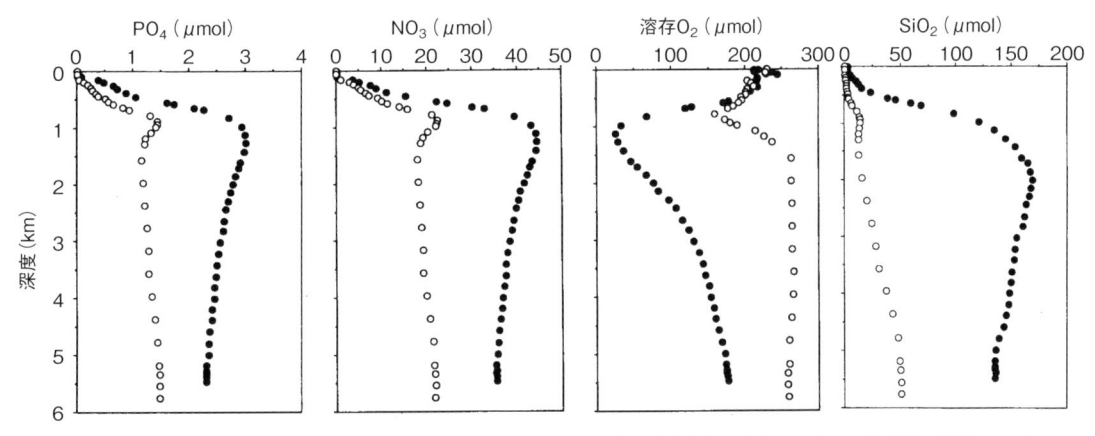

図5.1 北太平洋（黒丸）と北大西洋（白丸）におけるリン酸，硝酸，溶存酸素，溶存ケイ酸の鉛直分布（野崎，1994）

は深度1000m付近で最大濃度となる（図5.1）．有機物の分解には，海水中の溶存酸素が使われるので，栄養塩類の最大濃度の深度で溶存酸素は低くなり，酸素極小層と呼ばれる．溶存ケイ酸は，主に珪藻や放散虫などの生物源ケイ酸殻であるが，溶解速度が有機物の分解速度より遅いために最大濃度の深度はより深層の2000m付近となっている（野崎，1994）．

一次生産量は湧昇流などによって深層から有光帯へ栄養塩類が供給される沿岸域で高く，外洋に向かって減少する（コラム8参照）．比重の軽い暖水が表面をおおっている大洋の亜熱帯中心域では成層状態が発達し鉛直混合が起こりにくく，下層からの栄養塩類の供給が少ないために，一次生産量は最少となる．表層循環と深層循環を反映して表層に栄養塩類が供給されやすい太平洋や大西洋の南北50〜60°付近では一次生産量が高く，赤道湧昇帯で極大となる．一次生産量が高い高緯度域では珪藻を主体とした非晶質シリカ（オパール）が生成され，一次生産量の低い亜熱帯域では円石藻を主体とした炭酸カルシウムが形成される（川幡，1998a）．

風圧で生じた大規模な湧昇エクマン流はカリフォルニア，ペルー，チリ，南西アフリカ，モロッコ，オーストラリア西部などのように海岸線に沿った沿岸域において，水深200m以浅から栄養塩類の濃度が高い中間層水を湧昇させて，一次生産を活発にする．沿岸湧昇流が起こりやすい地理的特徴としては，①緯度10°〜40°で南北の海岸線の西側沿岸域での子午線湧昇流（カリフォルニア海流），②東貿易風の影響下にある緯度15°付近で赤道に位置した大陸の東西海岸での帯状湧昇流（カリブ海流），③東貿易風の影響下にある緯度15°付近で赤道に位置した大陸の斜めになった海岸線の東側沿岸域でのモンスーン湧昇流（ソマリア海流）などがある（図5.2；Demaison and Moore，1980）．

一次生産には，海水中に含まれている窒素，リン，ケイ素などの栄養塩類と溶存無機炭素のほか

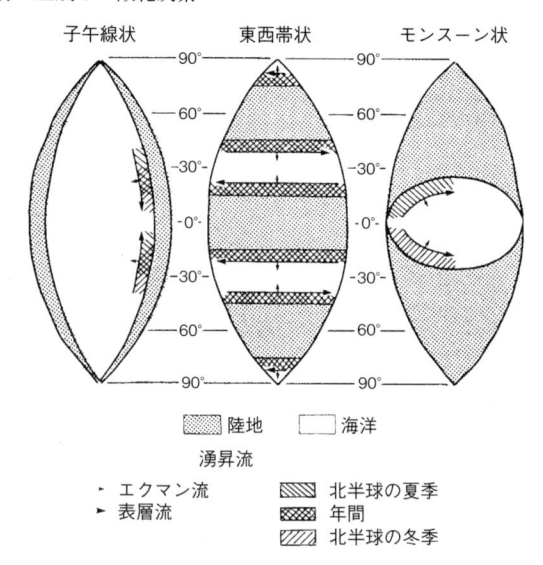

図5.2 沿岸湧昇流の模式分布

に，鉄が必要である．鉄は，植物プランクトンが取り込んだ硝酸塩を窒素源として同化するために必要な，硝酸還元酵素を活性化する電子伝達過程に関与している．また，光合成色素クロロフィルの合成にも関与している．鉄は地球上に広く大量に存在する元素であるが，海水中では欠乏している．鉄は，酸素を含む通常の海水中では非常に不安定な3価（Fe^{3+}）として存在するために，粒状物質に吸着されFe_3O_4として速やかに除去されるからである．鉄を10〜15%含んでいる陸源の土壌粒子が海洋の一次生産を高めるために貢献している（Martin，1990；河村，1992a）．

アジア大陸は早春に西から東へ移動する低気圧に伴った寒冷前線が上昇気流を頻発させ，乾燥地帯で大量の黄砂粒子を高度10km近くまで巻き上げる．上空に運ばれた微粒子には鉄以外に，窒素，リン，ケイ素などの栄養元素が高い濃度で含まれている．偏西風はこれらのエアロゾルを北太平洋の中緯度域へ沈降しつつ運搬して，海洋の一次生産を活性化させている．

アラスカ湾，南大洋，南極海などでは窒素やリンなどの栄養元素は豊富にあるが，鉄が不足しているために植物プランクトンの増殖が制限されている可能性が高いと考えられている．したがっ

● コラム8：有機物の窒素同位体比（$^{15}N/^{14}N$）

(1) 窒素同位体の存在比は，
$$^{14}N : ^{15}N = 99.63 : 0.366$$
(2) 同位体の平衡状態は成立している．
(3) 有機物の窒素同位体比（$^{15}N/^{14}N$）は，炭素同位体比と同様に海洋表層の生物生産や水塊移動に関する情報を提供する（中塚，1998）．
(4) 標準物質はPDBを使用する．
$$\delta^{15}N(‰) = [(^{15}N/^{14}N)_{sample} \cdot (^{15}N/^{14}N)_{PDB}^{-1} - 1] \times 1000$$

湧昇域の海洋表層においてプランクトンが有機物をつくるとき，湧昇してきた$\delta^{15}N$の小さいNO_3^-から^{14}Nを選択的に取り込むために，湧昇域から離れるにつれて残されたNO_3^-の$\delta^{15}N$はしだいに大きくなるので，そのNO_3^-で形成された有機物の$\delta^{15}N$は大きくなる（Farrell et al., 1995）．事実，海底コア中の$\delta^{15}N$を調べて，過去の湧昇の強さや湧昇軸の移動に関する情報を得た例として，西赤道太平洋の湧昇軸を挟む南北2地点における$\delta^{15}N$の変動曲線が比較された（Nakatsuka et al., 1995）．湧昇軸が一方の地点に近づいたときに，その地点での硝酸濃度が増大し，$\delta^{15}N$は低下するが，湧昇軸から離れた他の地点では硝酸濃度が減少し，$\delta^{15}N$は大きくなった．さらに，湧昇軸が何度か南北に移動するたびに，$\delta^{15}N$もあわせて反転している（図1）．

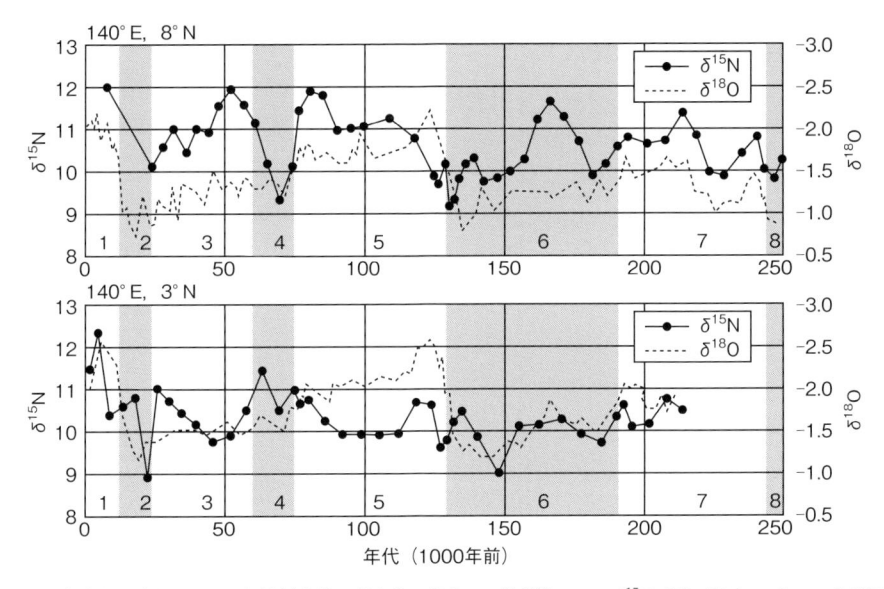

図1 西赤道太平洋域における湧昇軸を挟んだ南北2地点での堆積物コアの$\delta^{15}N$変動（Nakatsuka et al., 1995）番号は酸素同位体ステージ番号，灰色部分（偶数）は氷期．

て，これらの海域に人為的に鉄を散布することによって植物プランクトンの増殖を促進し，温暖化効果ガスとしての大気中の二酸化炭素濃度の増加を抑制できることが提案された．しかし，期待される効果よりも未知の危険性が大きく，経済性も悪いことなどから研究段階にとどまっている（古谷，1992）．

5.3 食物連鎖と物質循環：生物ポンプ

珪藻などの比較的大きな植物プランクトンは大きな節足動物のカイアシ類に捕食され，小型の珪藻や一桁小さい藍藻は繊毛虫や鞭毛虫などの原生動物に摂食される．さらに，植物プランクトンが細胞外に分泌した溶存態有機物は細菌に取り込ま

れて粒子となる．原生動物が排出する糞粒は，有光帯内で分解・無機化されて一次生産に再び使われる．海洋における食物連鎖の始まりである（古谷，1992）．

カイアシ類のような大型の捕食者は未消化物を糞粒として排出するが，その大部分は有光帯以深に沈降し，深層生物の有機物になると同時に，溶存酸素による分解を受けて無機炭素や栄養元素となる．深層水中には，大気にある二酸化炭素量の約2倍の隔離された炭素が貯蔵されている．分解された栄養元素は湧昇流によって有光帯へ運び上げられて，一次生産に使われる．このように有機物それ自体は海水中で分解しやすく，1000 m以深の海底堆積物中に保存される有機物は表層海水中のわずか1%以下である．

有光帯内の再生栄養塩に依存した一次生産を再生生産とし，有光帯の外部から運び込まれた栄養塩による新たな一次生産を新生産と区別している．従前は，一次生産量の多寡が新生産に依存しており，湧昇域や沿岸域において高くなると考えられていた．しかし，貧栄養の亜熱帯大洋の中央海域においては，数 μm より小さい原核細胞の自主栄養細胞が最大限に増殖し，原生動物によって活発に摂取されているので，一次生産量として蓄積されることがないために低くなっている．したがって，生物活性が低いわけでなく，活発な再生循環の結果なのである．

再生生産の担い手である微小なプランクトンの増殖-摂餌-無機化は密接に連結しており，この活発-生物活動によって窒素，リン，ケイ素，炭素などの無機元素が速い速度で循環して，一次生産を高めている．一次生産で生成された有機物の大部分は食物連鎖の過程やバクテリアの作用で酸化分解され，無機炭素として海水中に戻され再生されるが，有光帯以深の深層水中では溶存無機炭素が海水循環によって表層へ運び上げられ，大気へ放出されるまでの数百～数千年の期間を海水中で滞留する．一次生産に関わる生物活動-物質循環と有光帯以深の深層における有機物の分解-再生

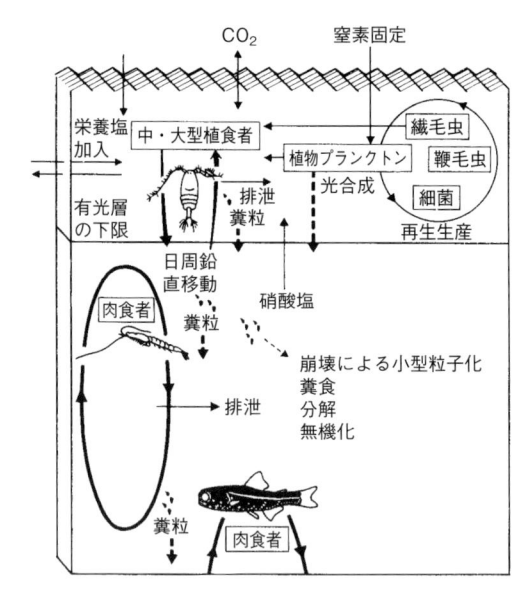

図5.3 生物ポンプ（古谷，1992）
有光帯にあるポンプの入口から溶存無機炭素や栄養塩が入り，ポンプの中で粒子化され，下層にあるポンプの出口に郵送される．ポンプの効率は下向きの有機物フラックスと上向きの制限栄養素（通常は硝酸塩）フラックスがつり合っているときに最大になる．

のサイクルを「生物ポンプ」と呼んでいる（図5.3；Berger and Keir, 1984；本多，1998）．

5.4 炭酸カルシウムの生成と溶解：アルカリポンプ

有光帯内の一次生産に関与する植物プランクトンのうち，珪藻は非晶質のケイ酸で殻をつくるが，円石藻は炭酸カルシウムの殻を動物プランクトンの有孔虫とともにつくる（図5.4）．表層水中では，まず珪藻が増殖し，その後で円石藻が繁殖することが知られている．円石藻は光合成によって有機炭素を固定する際に二酸化炭素を吸収し，炭酸カルシウム殻を形成する際に二酸化炭素を排出するので，両方の作用を行っている．

$$Ca^{2+} + 2HCO_3^- \underset{溶解}{\overset{石灰化}{\rightleftarrows}} CaCO_3 （炭酸カルシウムの殻）+ H_2O + CO_2$$

海水中にカルシウムイオンや炭酸イオンは豊富にあり，表層水は炭酸カルシウムに対して過飽和

の状態にある．しかし水温の低下や二酸化炭素分圧の増加，水圧の増加など，水深の増加とともに炭酸カルシウムは溶解し，赤道太平洋では水深約5000 m で完全に溶解してしまう．

円石藻や有孔虫は海洋表層水中で生育・繁殖した後，それらの遺骸は深層水中を沈降しながら表層で生成された炭酸カルシウムの約80%が溶解されて無機の炭酸物質に変わり，残りの約20%が深海堆積物中に蓄積される．

深層水中で有機物が分解すると二酸化炭素が生成して，分圧は上昇するが，炭酸カルシウム殻が溶解する際には二酸化炭素を使うために，逆に減少するので，その差が実際の二酸化炭素分圧となる．二酸化炭素分圧が上昇すれば，pH は減少する．有機物の分解と炭酸カルシウムの溶解によって全炭酸は増加する．全アルカリ度は，炭酸カルシウムが深層水中で溶解してカルシウムイオンと炭酸イオンが増加することによって増加するので，深層まで増加傾向が認められる（図5.5）．

生物源炭酸カルシウムは深層水中で溶解して二酸化炭素分圧を減少させ，アルカリ度を増加させるが，この水塊が海水循環によって表層へ上昇すると，大気中の二酸化炭素を吸収して二酸化炭素分圧を増加させ，アルカリ度を減少させることになる．生物源炭酸カルシウムが深層水中で溶解してアルカリ度を表層水のそれよりも増加させる変化を「アルカリポンプ」，あるいは生物源炭酸カ

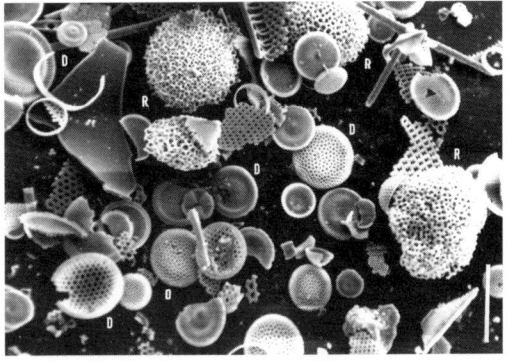

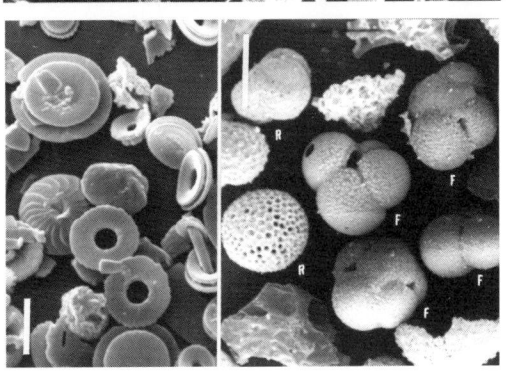

図5.4 主な微化石（小泉，2006）
上：D は珪藻，R は放散虫，スケールは 0.1 mm．左下：円石藻（石灰質ナノ化石），スケールは 0.005 mm．右下：F は浮遊性有孔虫，R は放散虫，スケールは 0.1 mm．

ルシウムが深層水中で溶解して，二酸化炭素分圧の減少した水塊が表層水へ上昇することによって大気中の二酸化炭素が海水中へ溶存することから「溶解ポンプ」と呼ばれる（Berger and Keir, 1984；本多，1998）．

「溶解ポンプ」を効果的に作動しているのが，

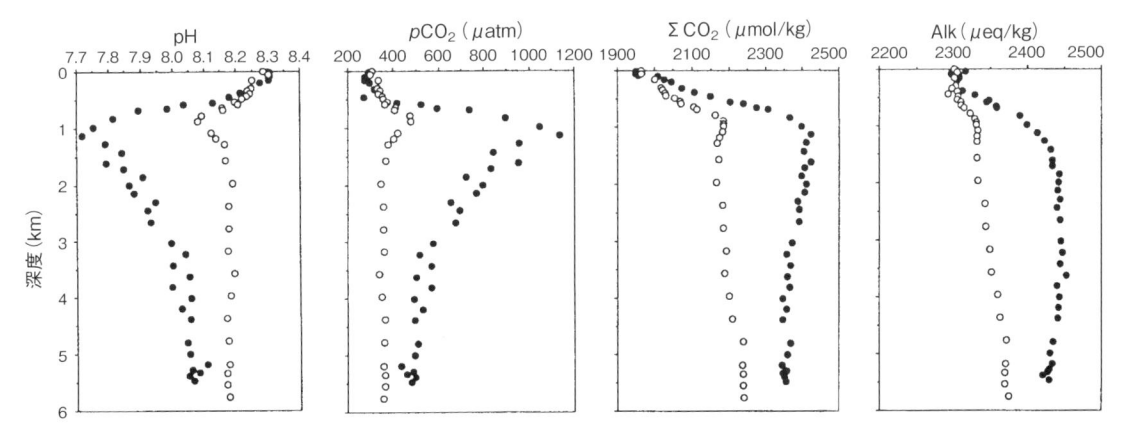

図5.5 北太平洋（黒丸）と北大西洋（白丸）における pH，全炭酸，二酸化炭素分圧，アルカリ度の鉛直分布（野崎，1994）

●コラム9：熱塩循環（THC）

水温と塩分の両方で決まる海水の密度の違いによって，大規模な深層水の循環が地球規模で起こっている（Stommel and Arons, 1960）．水温が低いほど密度は大きくなり，約-2℃の凝固点で密度の温度依存性は小さくなり，主に塩分が密度を決める．塩分は主として海面からの蒸発，降水，陸からの淡水の供給，海氷域でのブラインで決まる．したがって，NADW の沈み込みの停止や再開による深層水の熱塩循環は，海水塩分の不均質性に支配されることから，塩分振動子モデル（Broecker *et al.*, 1990；Birchfield and Broecker, 1990）が提唱された．

大西洋では海面から 0.35×10^6 m^3/秒の海水が蒸発しており，北大西洋高緯度域に達し冷却されて，その大部分は北極海へ流れ込みそこから溢れ出て NADW となる（図1）．一方，北太平洋では河川の流入や降水による淡水の供給が海面からの水蒸気の蒸発量を上回っているために，表層海水の塩分は同じ緯度の大西洋表層水の塩分より約 1‰ 少ない．NADW は大西洋の西側沿いを南下し南極大陸のウェッデル海で南極底層水を加えた後，インド洋を回ってニュージーランド沖から太平洋の西側を北上する．深層水の放射性炭素 Δ^{14}C は図2にみられるように，北大西洋北部の -70‰ から南極海の -158‰ へ減少し，インド洋北部の -195‰，さらに北太平洋の -240‰ となる．これらの Δ^{14}C 値から通常の放射性炭素年代測定法によって深層水の年代を求めると，北太平

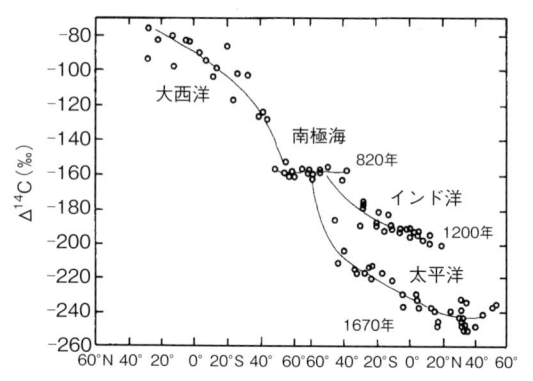

図2 深層水の Δ^{14}C 値（Stuiver *et al.*, 1983）

深層水の Δ^{14}C 値から北太平洋には約 2000 年前に北大西洋高緯度域で沈み込んだ深層水が存在していることがわかる．

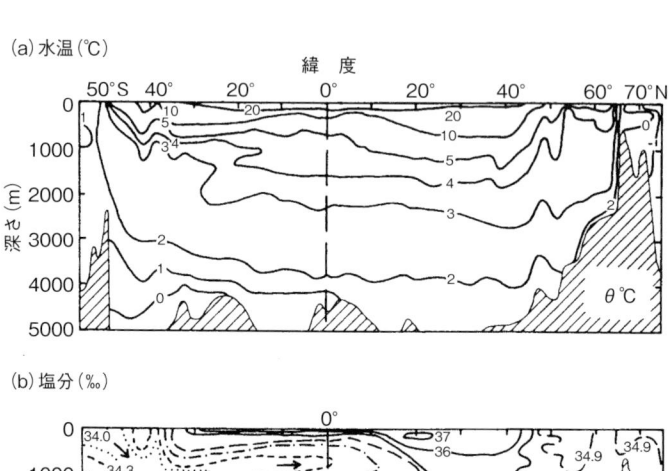

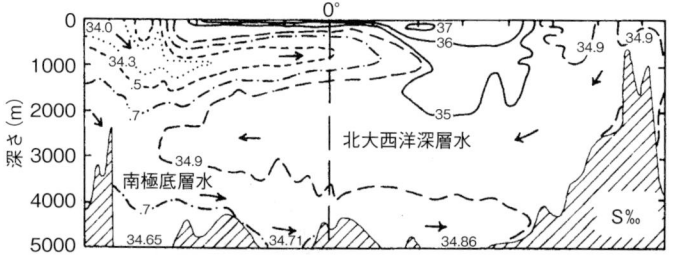

図1 大西洋西部の南北鉛直断面図（GEOSECS）（Pickard and Emery, 1990）

洋で1670年, インド洋北部で1200年, 南極海で820年となり, 北大西洋北部から供給された深層水が大西洋深層水やインド洋深層水となっていることがわかる（図2）. インド洋や北太平洋北部で湧き上がった表層水は沈み込みの補充営力と風成循環によりインドネシア通過流としてインド洋を横断し, アフリカ南端を回って約10年で北大西洋へ戻る. 深層水と表層水が一体となった海洋全体の海水循環をコンベアベルトと呼ぶ（Broecker and Denton, 1989）.

深層と表層を結ぶ全地球的な海水循環「ベルトコンベア」である（図5.6）. 塩分が濃く冷たい海水ほど密度が大きくなり, 重くなるので深層水となる. 北大西洋で形成された深層水は大西洋を南下し, 南極海周辺で形成された深層水を新たに加えてインド洋, 太平洋を北上していく. 深層水は移動している間に表層から沈降してくる生物源粒子の分解のために変質していく. 古い深層水は湧昇流などによってしだいに表層に取り込まれていくが, 栄養塩類と溶存炭酸イオンを大量に含んでいるので, 二酸化炭素を放出することになる.

海水の温度と塩分が海洋の大循環を規制していることから「熱塩循環」と呼ぶ（コラム9参照）. 海水に含まれる全炭酸中の^{14}C年代値を測定することにより, 北太平洋には約2000年前の海水が存在することが知られている. 表層水が北大西洋へ戻るにはほとんど時間を要しないことから, 海水は約2000年で地球を一周すると考えられている.

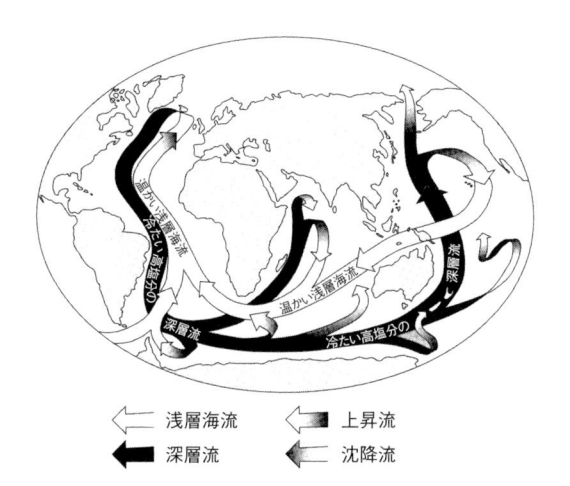

図5.6 熱塩循環によるベルトコンベアモデル（Broecker and Denton, 1989；平, 2001）

5.5 海水と海底堆積物をつなぐ沈降粒子束

海洋の表層中で生産された有機物や動植物プランクトンなどの一部は, 粒子状物質となって海水中の溶解を受けながら沈降して海底へ沈積し, 海水-堆積物の接触面における懸濁でさらなる溶解を受けた後に堆積粒子となるが, 堆積後に堆積粒子間の圧縮や間隙水による溶解などが起こる. 通常, 粒径が1mm以下の物質を沈降粒子とし, 粒子束をフラックスと呼ぶ. 単位は沈積流量 mg/m^2 日, あるいは殻数$/m^2$ 日である. 沈降粒子束の研究は1970年代中頃からセジメントトラップ装置を用いて現在までに主要な海域において行われている（例えばHonjo, 1976；高橋ら, 1996）. 赤道太平洋域の西カロリン海盆における一次生産量 $80 g C/m^2$ 年は, 水深 4414 m の海底堆積物に埋没したときに $0.077 g C/m^2$ 年にまで減少しており, 表層水中での一次生産量のわずか 0.10% となっていた. これまでに報告された埋没率はアラビア海で 0.10%, 北太平洋で 0.008% である（川幡, 1998a）.

一般に, 外洋域における沈降粒子の大部分は生物起源の炭酸カルシウム（$CaCO_3$）やオパール（SiO_2）の殻をもったプランクトンであり, 有機炭素量と相関している. 表層水中で炭酸カルシウムは過飽和になっているが, オパールは未飽和であるために, 一次生産が低い海域では炭酸カルシウムと有機炭素の流量が相関しているが, 生産が高くなると両者の相関よりもオパールと有機炭素の流量において相関が高くなる（図5.7）.

中央太平洋の東経175°に沿う0°から北緯46°

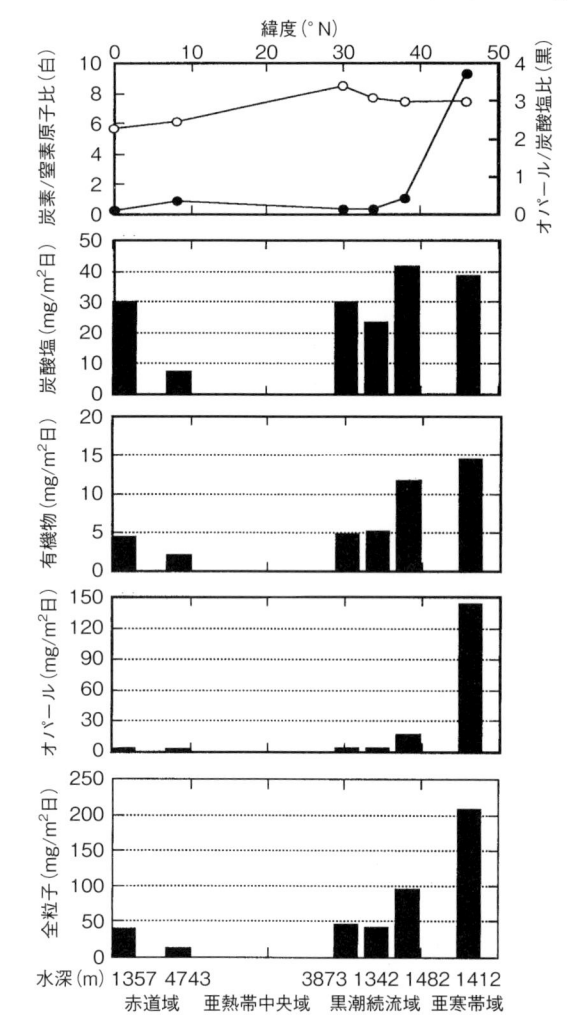

図5.7 東経175°に沿うセジメントトラップのC/N比とオパール/炭酸塩比，炭酸塩，有機物，オパール，全粒子束の比較（Kawahata et al., 1998を改変）

までに設置されたセジメントトラップによる沈降粒子束の測定結果（Kawahata et al., 1998）によると，以下のことがわかる．

（1）全粒子束は炭酸カルシウム粒子束，有機炭素粒子束，生物起源オパール粒子束，石質粒子束から構成されており，有機物粒子束とオパール粒子束の増減と調和している．

（2）有機炭素粒子束は全粒子束と同じように，低栄養の亜熱帯中央域で最低値を示し，中緯度域から高緯度域になるに従って高い値になることから，生物活動による一次生産を反映している．

（3）オパール粒子束は北緯34°～46°で増加する．

（4）炭酸塩粒子束は赤道域から亜寒帯域に向かって減少する．

（5）オパール/炭酸塩比は中緯度域から高緯度域へ増加し，高緯度域の表層水におけるプランクトン群集が石灰質の円石藻や有孔虫から珪質の珪藻へ入れ替わったことを示した．

（6）それにもかかわらず，沈降粒子束の炭素/窒素比はほとんど変化していない．

堆積物を素材として過去の生物源一次生産量を復元する研究は，乱れのない連続した海底堆積物を採取できるようになったこと，有孔虫殻の炭酸カルシウムの放射性炭素 ^{14}C や酸素同位体比曲線によって詳細な年代測定が可能になったこと，有機炭素量，炭酸カルシウム量，オパール量，炭素の同位体比，窒素の同位体比，無機元素濃度，無機元素の同位体組成などの測定結果から一次生産量を推定することができるようになったことなどで近年飛躍的に進展した．それらの研究結果から，氷期/間氷期の変動において全地球的な海洋全体が同時かつ一様に高生産となったのではなく，一次生産に関わるさまざまな要因の地域的相違や変動要因の時間的ずれの存在していることが明らかになった．

5.6 化石有機物と石油・天然ガス鉱床

海洋では光合成によって年間600億トンの還元炭素が生産されている．その大部分は二酸化炭素として大気中に戻っていくが，一部は海底に沈積し，粘土や砂の粒子におおわれて，多孔質の粘土や砂岩の素地の中に取り込まれて有機物層となる．嫌気性バクテリアは生体物質を消化し大部分の酸素と窒素を放出する．いちばん消化されにくい炭化水素系の脂質（リピド）は下等生物組成の大部分を構成し石油や天然ガスの鉱床を形成するので，石油と天然ガスの鉱床は海洋起源というこ

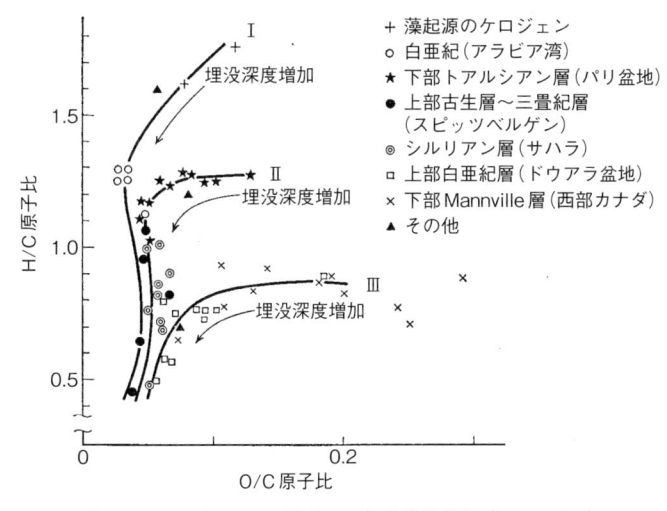

図5.8 ケロジェンの3型（I, II, III）と進化過程（田口, 1979）

とになる.

　生物起源の石油・天然ガス炭化水素の原料としてケロジェンが重要視されている．ケロジェンは堆積物中に細かく分散して存在する有機物溶媒やアルカリ水溶液に不溶な固体有機物で，CやH,Oを主成分とし少量のNとSを含む非晶質高分子有機物である．ケロジェンは構成元素の原子比を軸としたダイヤグラムで表現すると変化を含めて特徴がよく現れる（図5.8）．

　I型は，藻類の非晶質成分，花粉，胞子の脂質部分に由来し，油母頁岩中の大部分のケロジェンに相当する．未成熟のケロジェンは，高いH/Cと低いO/Cを示す．II型は，還元的な環境に沈積したプランクトンやバクテリアなどの有機物に起源する．III型は，植物の窒素質や腐食質部分に由来し，石炭型，腐食型，炭水化物-リグニン型と呼ばれる．低いH/Cと高いO/Cを示している.

　これらのケロジェンが埋没深度の増加に伴って連続的に熱分解する変化が図5.8の矢印で示されている．I型でのHは6〜10%で，熱作用により容易に炭化水素が発生し，環状のものよりイソ-やn-パラフィンが多く含まれる．II型のHはI型とIII型の中間値を示し，液状とガス状の炭化水素となる．鎖状炭化水素は20%以下で，環状のシクロパラフィンや芳香族炭化水素に富んでいる．III型のHは3〜5%で，炭化水素の発生能力は乏しく，ガス状炭化水素が生じやすい．環状のものが多い.

　石油・天然ガス鉱床は，石油・天然ガス根源岩となりうる堆積岩中の分散型炭化水素がある過程を経て孔隙の大きい貯留岩へ移動し集積した結果である．石油・天然ガス根源岩としては，有機炭素量が頁岩で1.5%，炭酸塩岩で0.5%以上必要であるほかに，抽出性有機物（ビチューメン）量，炭化水素量は乾燥試料で150 ppm以上，熟成度の進んだケロジェンを含む堆積岩が石油・天然ガス根源岩として適切である.

5.7　大気-海洋間の二酸化炭素交換と地球温暖化問題

　先進国の豊かな物質文明は，「エネルギー」に基づく農業と工業の高度な生産性に依存した活発な経済活動によって維持されている．人類の文明は，18世紀後半の第一次産業革命以降は石炭による「石炭文明」，20世紀初めの第二次産業革命以降は石油エネルギーによる「石油文明」である.

　世界で使用されている一次エネルギー資源の約

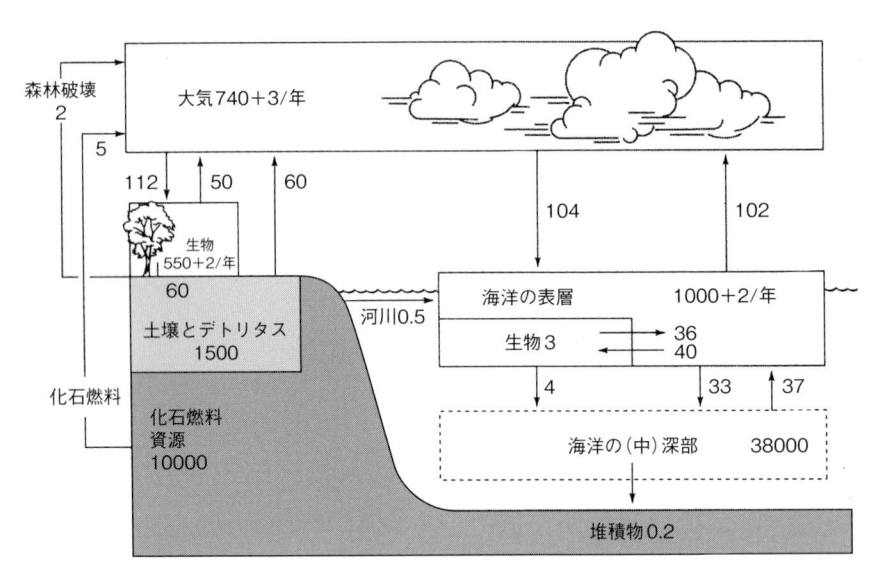

図 5.9 地球の炭素サイクル（スピロ・スティグリアニ，2000）
単位は Gt C（炭素に換算した重量，Gt = 10^9 t），矢印は 1 年間の流量を表す．

90% は化石燃料である．熱や光，発電，自動車を動かすために，石炭や石油，天然ガスなどの化石燃料を燃焼させると，二酸化炭素を主とする温室効果ガスの濃度を増加させ，光は通すが熱は通さない温室効果を増大させて地球温暖化を助長する．化石燃料の主成分である炭素と水素の比率は，石炭の約 1 から石油の約 1/2，そして天然ガスの 1/4 へと低下するので，エネルギー kJ 当たりの二酸化炭素の発生量もその順に減少する．

南極やグリーンランドの氷床コアに含まれている気泡の分析から，1800 年頃の二酸化炭素濃度は 280 ppm で，南極ヴォストーク基地で採取された氷床コアの間氷期の値にほぼ等しいので，人為的な二酸化炭素の増加がまだ加わっていない値とされている．ハワイのマウナロアで 1958 年から観測が開始された二酸化炭素濃度は，315 ppm から 2002 年には 370 ppm まで増加している．この連続的な二酸化炭素濃度の増加分は，産業革命以降の人間活動が生成した自然にない余分な二酸化炭素である．増加し続ける二酸化炭素濃度の経年記録は，毎年の夏季に北半球の畑や森林で光合成によってバイオマスに変換されて極小となり，冬季に枯れた植生が分解して蓄積した二酸化炭素が放出されて極大になることをも示している．

大気観測から，人間活動に基づく化石燃料の燃焼と森林破壊によって放出される 7 Gt C/年の二酸化炭素のうち，3 Gt C/年が大気中に蓄積されていることが計算される（図 5.9）．生物圏の定常的な呼吸や腐食土の分解によって大気中へ排出される二酸化炭素量はもっと多いが，その分は光合成に使われおおよそ相殺されている．最近の $^{13}C/^{14}C$ 比の研究によると，2 Gt C/年が北半球の温帯や亜寒帯の農地に再生された森林のバイオマスに貯蔵されていることが確認されている．

海洋はアルカリ性で，二酸化炭素は酸性であることから，海洋が余分な二酸化炭素を吸収することを期待されている．海洋循環モデルなどの試算によれば，海洋表層が吸収している二酸化炭素は 2 Gt C/年と推定されている．表層水中の 40 Gt C/年が海洋生物の生産に使われ，分解によって 36 Gt C/年が表層水中へ戻るとモデル化されているが，最近の研究は全海洋の一次生産量を 60 Gt C/年と推定している．

西太平洋の東経 175°北緯 30°～40°域の中緯度域においては，晩春に表層水の二酸化炭素分圧が大気のそれよりも著しく低くなり，大気中の二酸

化炭素が海洋表層に吸収されていることを示している（図5.10）．その位置は黒潮続流が表層水と大気とを攪拌する海域である．沈降粒子の有機炭素量と有機炭素/炭酸カルシウム比は北緯30°〜40°域で6月に高い値となり，表層水中の二酸化炭素分圧が減少していることを示している．表層水中の二酸化炭素分圧は北緯35°と亜寒帯域の間で著しく増加するが，表層海水温は赤道域から北緯25°域まではわずかに減少し，引き続き亜寒帯域まで著しく減少するので，大気の二酸化炭素分圧は表層水温のみの影響を受けているのではない．有機炭素量は表層水中よりも水深100mで溶解のために減少しているので，有機炭素束が水深依存であることがわかる．

大気中に二酸化炭素を蓄積し続けているのは人間の経済活動である．これによって気温上昇や海面上昇が起こっている．海洋には大気の6.5倍の二酸化炭素が存在しており，最大の炭素量を貯蔵しているが，貯蔵可能量や蓄積機構などはよくわかっていない．また，大気中にどのくらいの二酸化炭素が残るのかという予測も不確かである．大気と海洋をつなぐ湖沼や沿岸域などの解析も不十分である．増加しつつある二酸化炭素を防止するためには，排出を減少させることと，大気-生物圏-土壌-バイオマス-メタンハイドレート-海洋な

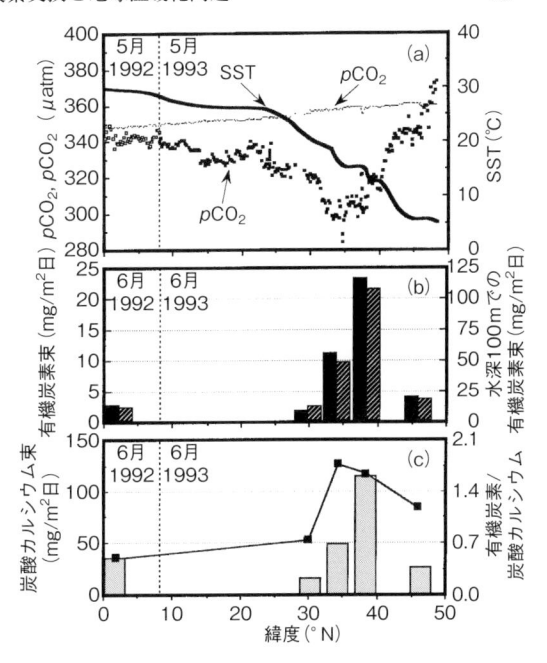

図5.10 東経175°に沿うセジメントトラップの観測結果（Kawahata et al., 1998）
（a）表層水と大気の二酸化炭素分圧（pCO$_2$），表層水温（SST），（b）表層水中（黒地）と水深100mの海水中（斜線）の有機炭素束，（c）表層水中の炭酸カルシウム束と有機炭素/炭酸カルシウム比（四角）．

ど，地球上における炭素の蓄積機構と貯蔵可能量を調査し，地球規模の炭素循環を理解する必要がある．

6

珪藻質堆積物の形成と続成作用

　現在の海洋において，珪藻は最も重要な一次生産者である．海洋における生物源シリカの全世界生産量は200〜280 Tmol（= 10^{12} mol）Si/年であると推定されている（Nelson *et al.*, 1995）．海洋表層の有光帯で珪藻によって生産されるシリカの50%は上部100 mで溶解し，深層へ沈降する量は100〜140 × 10^{12} mol Si/年である．この値は全世界平均の生物源シリカ生産量0.6〜0.8 mol Si/m^2年に相当する．珪藻に富む海底堆積物の上にある表層水中で生産されたシリカの15〜25%は海底へ沈積するが，他の海域では表層で生産されたシリカはほとんど保存されない．この2つの非常に異なったシステムがシリカの沈積量/生産量の比が約3%であることに現れている．

　(1) オパールが効率よく保存される地域は，比較的浅い沿岸湧昇流域とベーリング海，ロス海である．南大洋の深海堆積物にも多量のオパールが蓄積されており，深度以外の因子が作用している．

　(2) 表層水温が低いとき，上部100〜200 mでの溶解量が減少して，オパールの保存が強化されることから，極や亜極域でオパール保存が最大となる．

　(3) オパールが形成される表層水中の微量元素が非晶質シリカの表面に存在する水酸基グループと結合して不溶性の水酸化物を形成する．特にAl/Si比が増加すると，溶解が減少する．

　(4) 珪藻の種組成や殻の形態など生物要因の累積効果として，珪藻ブルームこそが堆積物中に保存されているオパールの主要な供給源となる．

　(5) 珪藻細胞はブルームの後半期に集合体となり，100〜150 m/日の高速で沈降する．珪藻集合体の形成は未飽和な海水にさらされるオパールの表面積を減少させてシリカ保存を強化する．

　(6) 動物プランクトンによる珪藻捕食は糞粒となった珪藻殻の沈降速度を増加させると同時に，溶解度を減少させることによって，海底へ沈積する可能性を高める．

　珪藻の「珪」は，殻が水分を含んだ無定形の二酸化ケイ酸（オパール，$SiO_2 \cdot nH_2O$）からできていることを示している．上下の箱を合わせた殻の大きさは10〜100 μmくらいである．珪藻殻は非常に複雑で変化に富んでおり，殻面には多数の殻孔が開いていて，その面積は殻の10〜30%になる（図6.1）．「藻」は光合成をする生物一般の通称で，光合成色素類をもち，きれいな色をしている．珪藻が付着した岩石や朽木は，河川や海辺などいたるところでみられるが，黄色っぽい褐色をしている．珪藻は単細胞の黄褐色藻類であり，日光と湿気があればあらゆる場所に生息できる．

　生産者としての珪藻は，水圏における生態系エネルギーの流れの起点となって系のエネルギーを維持している．「魚はすべて珪藻から」というわけである．珪藻が豊富に存在する場所は，表層水中にリン酸塩や硝酸塩などの栄養塩類が高い濃度で含まれる水塊と対応している．海洋表層水にお

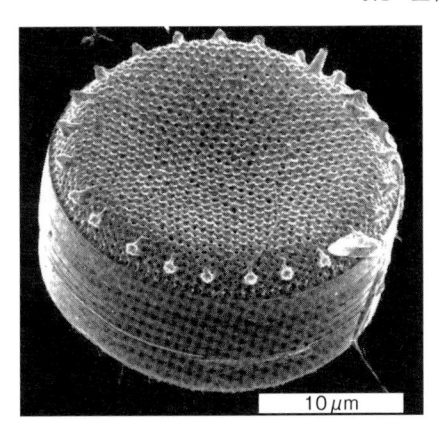

図 6.1 珪藻の一種 *Thalassiosira anguste-lineata* (A. Schmidt) Fryxell et Hasle (Ramirez, 1981)

流域のバハカリフォルニア沖，北西アフリカ沖，ペルー沖の沿岸域でも，珪藻が一次生産に年間75%寄与している．バミューダ付近のサルガッソ海では，珪藻生産が晩冬～早春のブルーミング期に集中しているが，年間一次生産の25～30%を珪藻によっている（Nelson *et al.*, 1995）．植物プランクトン中の珪藻の相対頻度は，一次生産量の増加に従って増加し，地球規模では珪藻が海洋における一次生産の50～70%をまかなっているとされてきた（Heath, 1974）．

a. 生物源シリカの生産量

しかし，一次生産に対する珪藻の寄与率が貧栄養海域では35%，栄養塩の豊富な沿岸域や他の海域では75%と低めに見積もられ，生物源シリカの全世界生産量は従前より30～50%低い200～280 × 10^{12} mol/年と推定されている（表6.1）．

その理由の1つは，海洋域において以前は同定されなかった非常に小型で非珪質の原核細胞の自主栄養生物が貧栄養域の一次生産に大きく貢献していることが発見され，一次生産量に対する珪藻の相対的な寄与率が低下したことがある．もう1つは，珪藻の光合成速度を生物源シリカ生産量に換算する際に使用する珪藻のSi/C比の問題である．生物源の粒子状シリカと鉱物源のそれとを区別せずに，空の珪藻殻や破片などを含む岩屑の生物源シリカが測定値に含まれており，貧栄養海洋中央域のSi/C mol比0.015から沿岸域と南極の0.45までを使用していた．しかし，培養による珪藻種のSi/C mol比は0.03～0.42の範囲内にあ

ける高い生物生産は，植物プランクトンとしての珪藻によって迅速に活用される栄養塩類が表層水へ補給される割合に依存している．500 m以深の海水中においては，海水中を沈降する生物体の有機物がバクテリアによって分解されるために栄養塩類が豊富となっているので，一次生産はこれらの栄養塩類を表層に運び上げる湧昇流などの海洋水の循環システムに依存している．すなわち，現在の珪藻は物質循環のシステム中に完全に繰り込まれており，地球システムの安定な維持に重要な役割を果たしている．

6.1 生物源シリカの生産と溶解

珪藻は，南極ロス海の海氷縁辺帯における真夏のブルーミング（大繁殖）で一次生産の90%以上をまかなっている．また，風で駆動される湧昇

表 6.1 生物源シリカの生産量（Nelson *et al.*, 1995）

地域	面積 (km²)	生産量 (mmol Si/m²日)	年間生産量 (mol Si/m²年)	年間生産量 (10^{12} mol Si/年)
沿岸湧昇流域	3.6×10^5	46	8.3	3
亜寒帯太平洋	3.5×10^6	18	2.2	8
南大洋	3.8×10^7	2.6～38	0.4～1.0	17～37
珪藻質堆積物沈積域	4.2×10^7	2.6～46	0.7～1.2	28～48
海洋中央域	1.3×10^8	0.2～1.6	0.2	26
全世界	3.6×10^8	1.6～2.1	0.6～0.8	200～280

り，温暖種と熱帯種では平均0.13，南極種では平均0.18であることが判明したので，Si/C比でも珪藻の寄与率が低下したのである．

結局，生物源シリカの生産量は全世界平均で$0.6〜0.8$ mol Si/m^{2}年と推定され，沿岸域においては平均値より3〜12倍超過するが，貧栄養海洋中央域では2〜4倍低くなることになった（Nelson et al., 1995）．

b. 生物源シリカの溶解と沈降

有光帯で生産された生物源シリカの約50%は表層100 mで溶解し，深層への全世界流出は$100〜140×10^{12}$ mol/年，平均流出量$0.3〜0.4$ mol Si/m^{2}年と見積もられる．

生物源シリカ生産の全世界量$200〜280×10^{12}$ mol/年のわずか10〜25%の$28〜48×10^{12}$ mol/年が珪藻質堆積物の上位にある海域（全海洋表面積の約10〜12%）で生じるが，サルガッソ海や他の貧栄養海洋中央域の表層におけるオパール生産の年間量$26×10^{12}$ mol/年は，ほとんど溶解してしまう．外洋域の表層で生産されたシリカの15〜25%が海底へ運搬され珪藻質堆積物を形成して，全世界シリカ生産量の75〜90%が保存されるが，他の海域では表層で生産されたオパールはほとんど保存されない．すなわち，全世界の埋没/生産比は約3%である．

海洋は生物源シリカの溶解に未飽和であるので，沈降する珪質粒子は浅い沿岸湧昇流域とベーリング海やロス海など浅い水深の海底で保存されやすい．

シリカの溶解は温度依存度が高く，生物源シリカ単位量当たりの溶解量は温度が15℃上がるごとに1桁上に増加する．表層水における最小の溶解量が南極循環流やロス海での表層水温-1.5℃〜1.5℃にあることや，深海全体が0〜5℃の低温域に限られており，表層の温度域が$-1.8〜30$℃にあることなどの理由から，極や亜極域においてオパールの保存が最大になる．

オパールの保存はオパールが形成される表層の微量元素の化学性によっても影響され，Al，Be，Fe，Gaなどいくつかの鉱物は非晶質シリカの表面に存在する水酸基グループと結びついて不溶解性の水酸化物を形成する．特に珪藻シリカの溶解度や平衡溶解度はシリカのAl/Si比が増加するにつれて減少することが観測されている．

生物要因はオパールの保存に決定的である．珪藻ブルームは堆積物中に保存されるオパールの主要な供給源である．珪藻ブルームによる珪藻の大量凝集が沿岸域や北太平洋，南大洋などで知られており，沈降と埋没を通じてオパールの表面積を減少させてシリカの保存を強化している．珪藻マットを形成して深海性クロロフィル最大層と表層の間を行き来して成長した後，海底へ高速で沈降する"fall dump"（一斉沈降）が提唱されている（Kemp et al., 2000；後述）．

コペポーダ（かいあし類動物）が珪藻を食べて消費する珪藻オパールの約90%は糞粒となる．より大型の甲殻類動物プランクトンの糞粒は100〜800 m/日で沈降し，ゼラチン質の糞粒は1500 m/日以上の高速で沈降する．オキアミ類，コペポーダや他の甲殻類動物プランクトンの糞粒は有機質の被膜でおおわれており，海水によるシリカの溶解を減少させている．

珪藻群集の種組成は珪藻質堆積物を形成する主要な要因となる．種は殻の大きさ，厚さ，単位表面積などで多様であり，これらの要因が殻のケイ酸質が海底に達するか否かに影響する．海成堆積物は生物源シリカの溶解からまぬがれたより大型でより重量のある珪質化した珪藻遺骸を含んでいる．全世界のシリカ収支における低〜中緯度域の珪藻質堆積物の重要度は低く，堆積物中に保存されている大型珪藻は表層におけるシリカ生産では通常，主要メンバーではない（例えばClemons and Miller, 1984）．西赤道太平洋（Belyayeva, 1968；Mikkelsen, 1977）やインド洋（Kozlova, 1971）でみられる*Ethmodiscus*軟泥の形成はその典型であり，*Ethmodiscus*軟泥の主要構成種である*E. rex*はそれらの上の表層では極端にまれ

である (Belyayeva, 1968).

シリカの保存に関して，殻の大きさより厚さが重要である．著しく珪質化した *Fragilariopsis kerguelensis* は南極の極前線帯におけるブルーム特徴種であり，表層堆積物の優勢種でもある (Pichon *et al.*, 1992). 中位に珪質化した *F. curta* は海氷縁辺帯のブルーム特徴種であり，大陸棚域における珪藻質堆積物の主要構成種である (Truesdale and Kellogg, 1979). しかし，*F. curta* や他の中位に珪質化した種は水深増加による溶解のために外洋域の南大洋の深海堆積物にはほとんど含まれていない (Burckle *et al.*, 1987).

6.2 珪藻マット

東太平洋，北太平洋，東地中海などで相次いで発見されたマット状になった珪藻軟泥（海底堆積物中に珪藻殻が 30% 以上含まれる場合）について，新しい形成機構が提唱されている．

珪藻殻が保存されるためには，①殻に包まれた珪藻が大量に生産され，溶解によって珪藻殻が多少減少しても結果として珪藻殻が残存しうること，②還元的（嫌気的）な海底環境の下で堆積物中に迅速に取り込まれ，アルカリ質の間隙水から速やかに隔離されること，③非晶質オパールの殻が破壊する約 35℃ 以上の埋没深度からまぬがれることが必要であるとされてきた．

しかし，米国カリフォルニア湾において，完新世ラミナ堆積物が形成される年間カレンダーが提唱された (Pike and Kemp, 1997；Kemp *et al.*, 2000). すなわち，春季のブルーミングによって大量に生産された *Chaetoceros* spp. が休眠胞子として堆積物中に保存されるとともに，春先の降雨が砕屑粒子を運び込む．夏季から初冬季にかけて深海性クロロフィル最大層において *Stephanopyxis palmeriana* や *Rhizosolenia* spp., *Thalassiothrix* spp. などが珪藻マットを形成すると同時に，大型の殻をもつ *Coscinodiscus* spp. の珪藻が生育するが，秋季〜冬季の波浪が成層状態を

(a) カリフォルニア湾の完新世ラミナ堆積物のコア (JPC56)
写真左のスケール：cm，右のスケール：インチ．

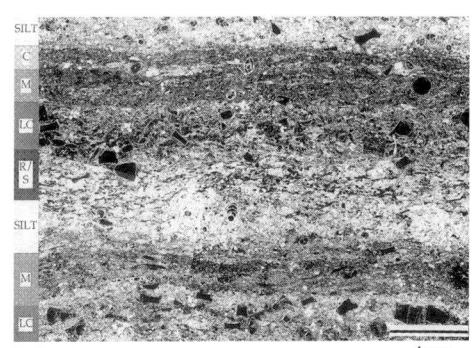

図 6.2 珪藻フラックスの年間サイクル (Kemp *et al.*, 2000)
夏季の深海性クロロフィル最大層で生育し (shade flora), 秋季・冬季に混合群集となった後，成層状態の崩壊によって "fall dump" (export flux) となる．

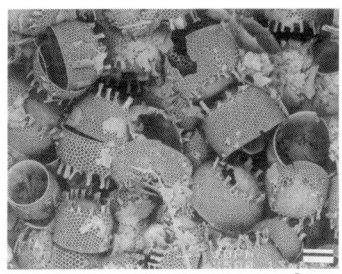

(b) 珪藻遺骸の沈降-堆積の年間サイクルを示す後方錯乱電子像 (BSEI)
SILT：砕屑粒子（夏季-秋季），
C：*Chaetoceros* spp. 休眠胞子ラミナ（春季），
M：混合珪藻群集ラミナ（冬季），
LC：大型 *Coscinodiscus* spp. ラミナ（初冬季），
R/S：*Rhizosolenia* 属/*Stephanopyxis palmeriana*（初冬季深海性クロロフィル最大層の shade flora).

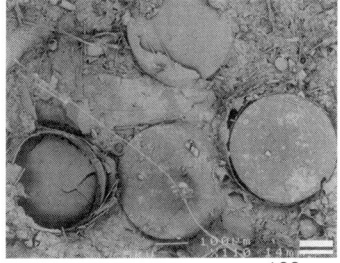

(c) 特徴的な "fall dump" 属の二次電子像
上：*Stephanopyxis palmeriana*，下：大型の *Coscinodiscus asteromphalus*.

崩壊するために，夏季〜秋季の砕屑粒子などとともに，いっせいに沈降して冬季の珪藻混合群集となって堆積するのである（図6.2）．

地中海では，シリカ鉱物が海水中で未飽和であるために，珪藻殻などは容易に溶解してしまい堆積物中に残らないが，東地中海のナポリ泥火山麓のくぼ地において保存良好な珪藻質サプロペル（有機炭素に富む暗色の腐泥層）S5がODP Leg 160で採取されて詳細に研究された（Kemp et al., 1999；Koizumi and Shiono, 2006；口絵3参照）．その結果によれば，*Rhizosolenia*属からなるラミナと珪藻混合群集に石灰質ナノ化石や粘土粒子が加わったラミナの互層から構成されている．*Rhizosolenia*ラミナは*Rhizosolenia*属が多量にからみ合って密集した珪藻マットがラミナ状の形状を呈している．多産する*Rhizosolenia*属の*Pseudosolenia calcar-avis*は，現在の地中海の夏季に増加する特徴種で栄養塩類が乏しい夏季を生き抜く数少ない一種で，ゆっくりと成長する大型の珪藻であるが，夏季に膨大な数に達する．このことはサプロペル形成期に存在したとされる深海性クロロフィル最大層における生育を示唆している．一方，混合群集は春季のブルーミングによって生成された*Chaetoceros* spp.とナイル川から流入する洪水による晩夏のブルーミングの特徴種で構成されているので，秋-冬-春に形成されたと判断される．

*Pseudosolenia calcar-avis*を主要種とする*Rhizosolenia*マットは珪藻が窒素などの栄養塩類を吸収できるように浮力を調整して栄養クラインへ下降し，光合成をするために表層近くへ上昇していたと考えられる．秋季〜冬季の波浪と成層状態の崩壊が秋-冬-春の混合群集と夏季の*Rhizosolenia*マットをいっせいに沈降させ堆積させたとするのが"fall dump"説（Kemp et al., 2000）である（口絵4参照）．

6.3 珪藻質堆積物の続成作用

珪藻土を構成する珪藻殻のオパールA（非晶質のオパール質シリカ）は，シリカの続成作用によってオパールCT（ポーセラナイト，陶器岩），石英へと相転移する．北日本の珪質堆積岩には，これらのシリカ相以外にリンケイ石（トリディマイト）とクリストバル石（クリストバライト）がある．リンケイ石は溶液から直接沈殿して陶器岩やチャート中の脈や空隙を埋めるセメントとして見出される．クリストバル石は火山ガラス片が続成過程で変化して酸性ガラス質凝灰岩や凝灰質陶器岩中に見出される．

a. 続成作用に伴う珪藻殻の崩壊

シリカ相の転移は溶解・再沈殿過程であると考

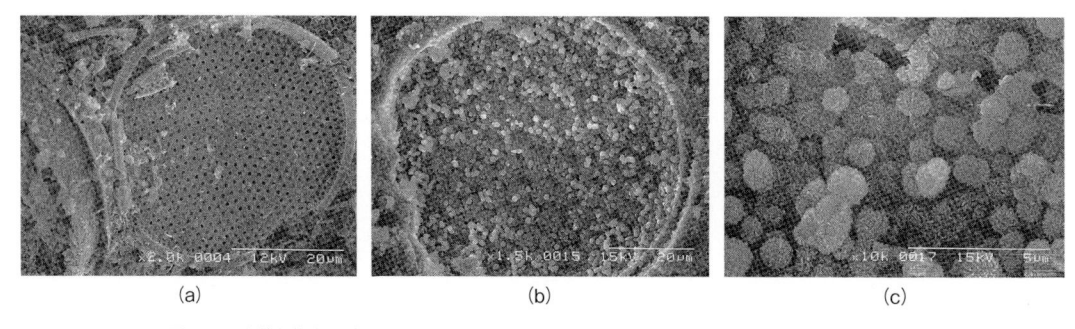

(a)　(b)　(c)

図6.3 珪質堆積物の破断面におけるSEM写真（北海道立地下資源調査所ニュース，1995）
(a) 声問層珪藻質泥岩を構成する非晶質シリカ（オパールA）からなる海生珪藻の殻．(b) 稚内層珪質頁岩を構成する珪藻殻の内部を充塡する球状，針状，それらが集合したマリモ状の微粒子．試料を1000℃以上で焼成すると，珪藻殻の微細構造が破壊されて生成する．(c) (b)の拡大写真．

えられている（Calvert, 1983）. オパール A を呈する珪藻質堆積物は保存良好な珪藻殻から主に構成されており，良質な珪藻土は 80〜100% の珪藻殻から構成されている. 珪藻殻は珪藻殻の破片をマトリックスとして相互に支え合っており，空隙は珪藻殻相互の間隙と珪藻殻の殻孔からなっている（図6.3(a)）. 転移が進行するにつれて，珪藻殻が崩壊して破片が多くなる.

オパール CT の珪質岩はポーセラナイト（陶器岩）と称される. 頑丈で大きく保存の悪い珪藻殻や放散虫化石が 10% 以下で散在する. オパール A からオパール CT へ転移する際に，殻面が溶解し微細な球状, 針状, それらが集合したマリモ状の粒子として, 最も丈夫な殻環の中を充填するように再沈殿した様子が走査型電子顕微鏡（SEM）下で観察される（図6.3(b), (c)）.

b. X 線粉末回折パターン

珪藻質堆積岩を構成する珪藻殻や放散虫と海綿の骨針などは非晶質のオパール質シリカ（オパール A）である. オパール A は図 6.4G の X 線粉末回折パターンでみられるように 4Å 付近のゆるやかな高まり以外に明確なピークを示さない（多田, 1982）.

オパール A は温度や時間の影響を受けて, 結晶質のオパール質シリカ（オパール CT）へ相転移し，図 6.4C〜E の 4.11〜4.06Å で幅広いが強いピークと，4.3Å 付近と 2.51〜2.50Å で弱いピークを示す. 珪藻殻の微細な構造はオパール CT の結晶化作用を通じて破壊される（図6.3(b)）. さらに続成作用が進むと, オパール CT は漸次石英へ転移する.

北日本の珪質堆積岩では, さらに 2 つのオパール質シリカ相が見出されている. リンケイ石（トリディマイト）は結晶度が低くオパール CT に類似した X 線粉末回折パターンを示す（図6.4F）. しかし主ピークの 4.12Å は大きく，4.3Å のピークはより強い. クリストバル石（クリストバライト）は，4.04〜4.06Å に強く鋭いピーク, 2.49Å

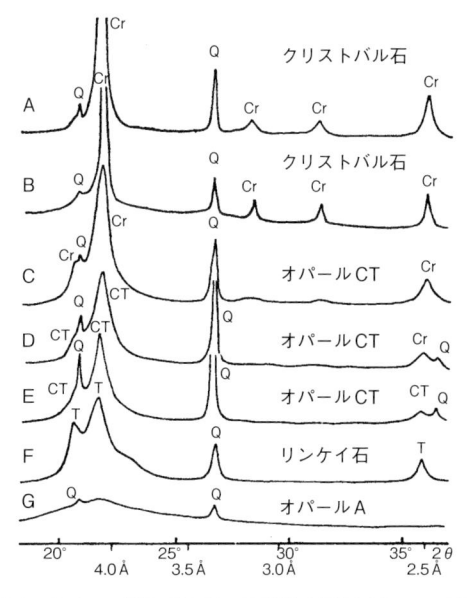

図6.4 オパール質シリカ相の X 線粉末回折パターン（多田, 1982）
Q：石英, Cr：クリストバル石, CT：オパール CT, T：リンケイ石.

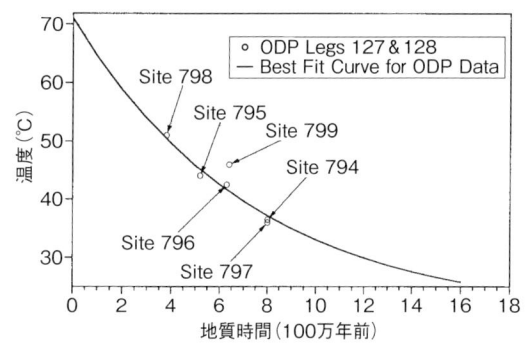

図6.5 日本海の ODP 掘削による珪質堆積物の続成作用（オパール A/CT）境界における温度と地質時間の関係（倉本, 1992）
Site 794：大和海盆北端, Site 795：日本海盆, Site 796：奥尻海嶺, Site 797：大和海盆南端, Site 798：隠岐海嶺, Site 799：北大和トラフ. 掘削地点は図8.4を参照.

に中くらいのピーク, 2.85Å と 3.15Å に弱いピークを示す（図6.4A, B）.

c. シリカ相の転移

珪藻質堆積物が広範囲に厚く発達している北日本では, オパール A からオパール CT への転移温度は 22〜35℃, オパール CT から石英への転移温度は約 70℃ である. 地温勾配の高い東北地

方の日本海側のグリーンタフ地域では，オパールAからオパールCTへの転移深度は約500〜600 m，オパールCTから石英への転移深度は約1100〜1400 mであるが，地温勾配の低い北海道ではそれぞれ約800〜1300 m，1500 m以上とシリカの相転移深度はより深くなる（多田，1982）．一方，ODP Leg 127は日本海の海底堆積物において，オパールAからオパールCTへの転移温度が37℃では800万年かかり，50℃では400万年かかるとする温度と時間の関係を実測した（図6.5；倉本，1992）．

6.4 寒冷化気候による珪藻の進化

白亜紀後期に生存していた珪藻の多くは，6500万年前のK/T境界で起こった全地球的な暗黒事件の時期に休眠胞子を形成して対処したので，わずか23属が絶滅しただけであった（Barron, 1987）．

そのときから現在までの新生代を通じて起こった極の段階的な寒冷化気候は，高緯度域と低緯度域の間の温度勾配を増大させ，その後，順繰りに生物生産に関わる海洋変動をもたらした．すなわち，全地球的に活発化していく大気と海洋循環の影響を受けて，大気輸送が栄養塩類や海水中に欠乏している鉄元素を含んだ陸源物質を海洋へ運搬するとともに，湧昇流が深層水中の栄養塩類を表層へ運び上げて，生物起源オパールの生産量を増大させた．そして，植物プランクトンが生成した硫黄化合物が大気中へ放出されることによって，地球のアルベドが増加して寒冷化に向かう正のフィードバック機構が働いて，地表の冷却化がさらに進行することになった．

新生代を通じて，海生珪藻の大量絶滅は観察されていないが，始新世前〜中期境界（5200万年

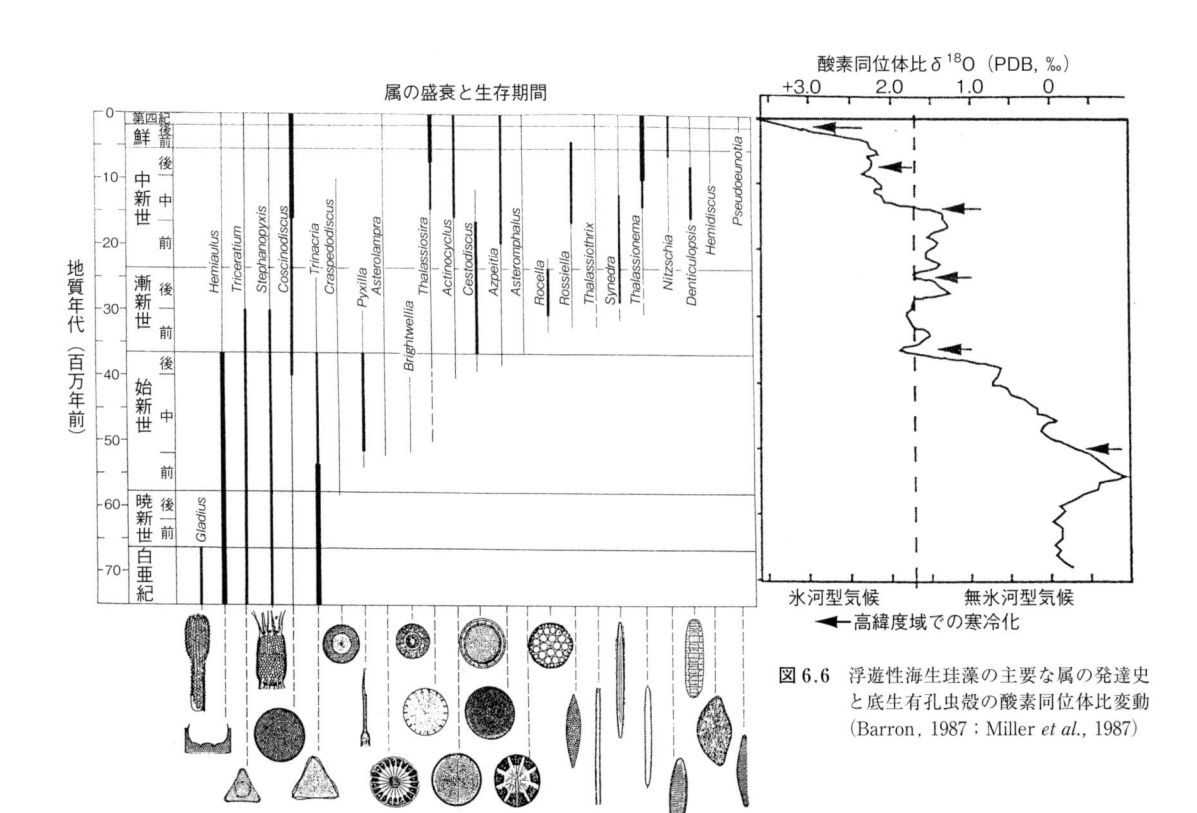

図 6.6 浮遊性海生珪藻の主要な属の発達史と底生有孔虫殻の酸素同位体比変動（Barron, 1987；Miller et al., 1987）

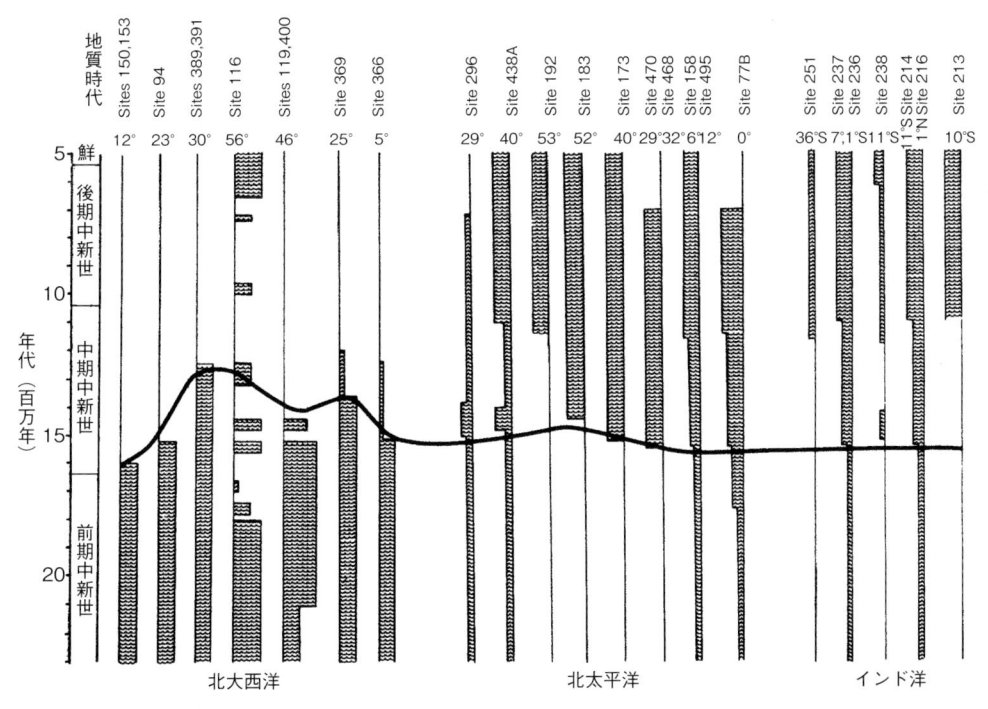

図 6.7 中新世を通じての DSDP 地点における珪質堆積物の時空分布（Keller and Barron, 1983）
柱状図の横幅は堆積物における珪質の相対量を表しており，太線は珪質堆積物が大西洋から太平洋やインド洋へ移行したことを示している．

前），始新世〜漸新世境界（3600万年前），漸新世〜中新世境界（2400万年前），中新世中期（1500万年前），中新世最終期（600万年前），鮮新世後期（300万年前）などの時期における数百万年間に群集の特徴であった珪藻種が漸進的に絶滅するのと交代するように，新しく進化した種が漸次的に入れ替わっている（図 6.6）．これは，白亜紀における比較的安定した海洋環境が新生代を通じて起こった段階的な寒冷化気候によって崩壊する事件が珪藻群集にもおよんで，珪藻の群集組成に変化をもたらしたためである．例えば，始新世後期と中新世末には，緯度方向の温度勾配が増大して珪藻群集の偏狭性が著しくなり，高緯度域と低緯度域の群集を対比することが困難になった．さらに中新世中期には，高緯度域の寒冷化気候が表層水循環を強化させたので，低緯度域における珪藻群集が温暖群集から寒冷群集へ変化した（Barron and Baldauf, 1995）．

始新世中期の5000万年前には，熱帯〜亜熱帯域の東西方向に幅広い湧昇流が存在し，主として珪藻殻からなるオパール沈積流量は高くなっていたが，漸次的な極の寒冷化は全地球的であった水塊を地域的に分化させた．表層水塊においては緯度による温度勾配が強化され，垂直的な水塊の分化はサーモクラインの断面と深度に地域的な差異の増大をもたらした．この影響を受けて始新世中〜後期から漸新世までの期間に，珪藻質堆積物がカリフォルニア，カムチャッカ，ペルー，ニュージーランドなどの沿岸湧昇流域に出現した（Ingle, 1981）．

漸新世前期に，中新世前〜中期に本格化した大西洋から太平洋への「シリカの交代」が前兆的に短期間起こった．この事件は，漸新世前期に生成した北大西洋深層水が北大西洋へ流入し始めたために，北大西洋のシリカ濃度が減少し，シリカ堆積の減少，シリカ溶解の増大，全地球的な物質バランスの結果として北太平洋深〜中層水におけるシリカ濃集が増加して生物源珪質堆積作用が促進

88   6. 珪藻質堆積物の形成と続成作用

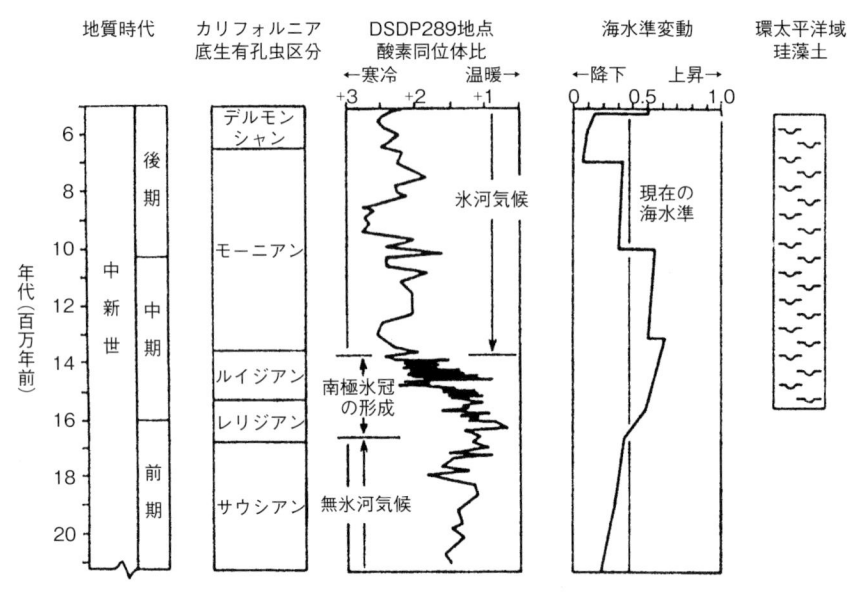

図6.8 環太平洋域における中新世の環境変動と珪藻質堆積物の形成 (Ingle, 1981)

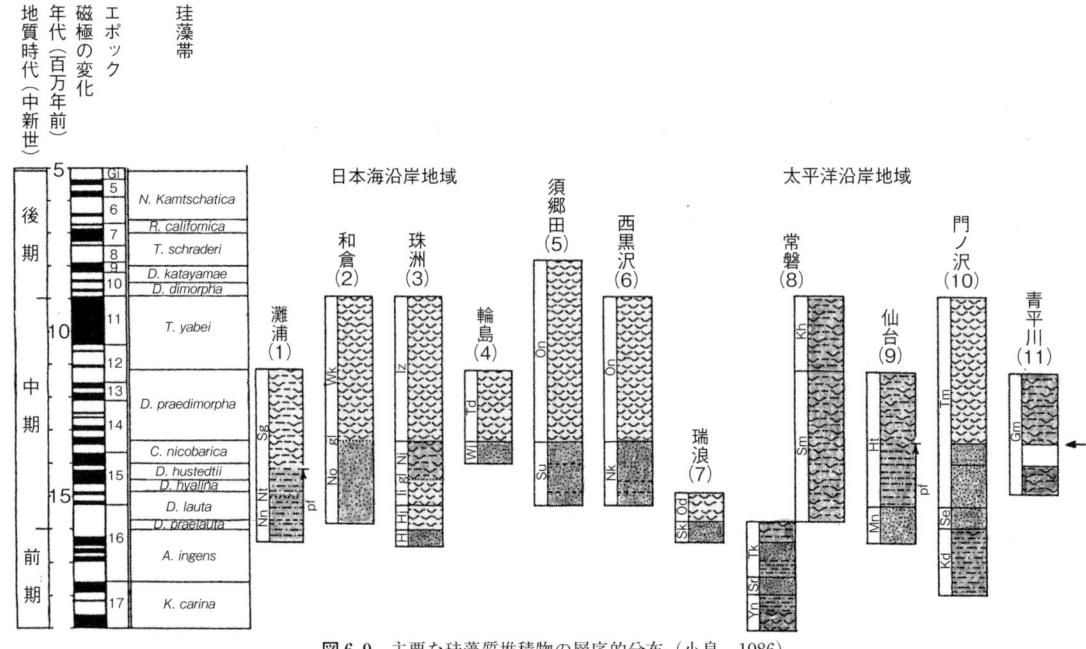

図6.9 主要な珪藻質堆積物の層序的分布 (小泉, 1986)

Nn：中波層, Nt：中田凝灰岩層, Sg：姿層, No：七尾石灰質砂岩層, gl：海緑石灰, Wk：和倉層, H：東印内層, Hj：法住寺珪藻質泥岩部層, Ii：飯田珪藻質泥岩部層, Nj：南志見珪藻質泥岩部層, Iz：飯塚珪藻質泥岩部層, Wj：輪島崎砂岩層, Td：塚田珪藻質泥岩部層, Su：須郷田層, On：女川層, Nk：西黒沢層, Sk：宿ノ洞層, Od：生俵層, Yn：湯長谷層群, Sr：白土層群, Tk：高久層群, Sm：下手綱層, Kh：小浜層, Mn：茂庭層, Ht：旗立層, Kd：門ノ沢層, Se：末ノ松山層, Tm：留崎層, Gm：蒲野沢層, pf：浮遊性有孔虫の産出層準. 右端矢印の層準から珪藻質となる.

されたことによる（Keller and Barron, 1983）.

中新世前期には赤道太平洋とカリブ海，大西洋低緯度域に珪藻質堆積物が広く分布しており，赤道循環流の影響が低緯度域に認められる．1700万～1500万年前の中新世前～中期に北大西洋から太平洋への本格的な「シリカ交代」が起こった（図 6.7）．中新世前～中期を通じて赤道循環流が崩壊するとともに，インド-ヒマラヤ山系が隆起し始め，南極循環流が発達したことによって西南極の氷河化が進んで，現在規模の表層水と棚氷が形成された．寒冷化気候の影響を受けて大気や海水の循環が激しくなるにつれて，環太平洋地域に珪藻質堆積物が 1600 万年前頃から本格的に形成され始めた（図 6.8，6.9）．

南米大陸の北上が中米海路を狭くし，北太平洋深層水の栄養塩を豊富にしたので，中新世後期の 900 万年前以降に北西太平洋や東北日本沖合で珪藻質堆積物が増加した（図 6.10；Barron, 1998）．中新世晩期を通じて，高緯度域の寒冷化が進行するにつれて，珪藻質堆積物が南カリフォルニア沖から北太平洋高緯度域，東北日本沖合で増加した．鮮新世前期の 450 万年前に高緯度域で温暖化が開始されると同時に，北西太平洋で栄養塩に富んだ深層水が湧昇することによって珪藻質堆積物の形成は増加したが，日本やカリフォルニア沖では減少した．鮮新世に南米大陸と北米大陸が衝突すると，中米海路が閉鎖され現在のように大西洋と太平洋とに分断された．そのために，それまで太平洋へ流出していた温暖なメキシコ湾流は北米大陸の東海岸を北上するようになり，寒冷なラブラドル海流や寒帯東風と接触するようになったので，熱と水分を放出し北極域においてローレンタイド氷床を形成することになった．こうして蓄積された北半球高緯度域の氷床が 260 万年前以降に汎世界的な寒冷化気候をもたらした．また，260 万年前以降に北太平洋高緯度域で火山ガラスが急増しており，千島-カムチャツカ弧の火山活動が活発化したことを示している．高緯度域で栄養塩に富んだ湧昇が減少しシリカ生産は低下

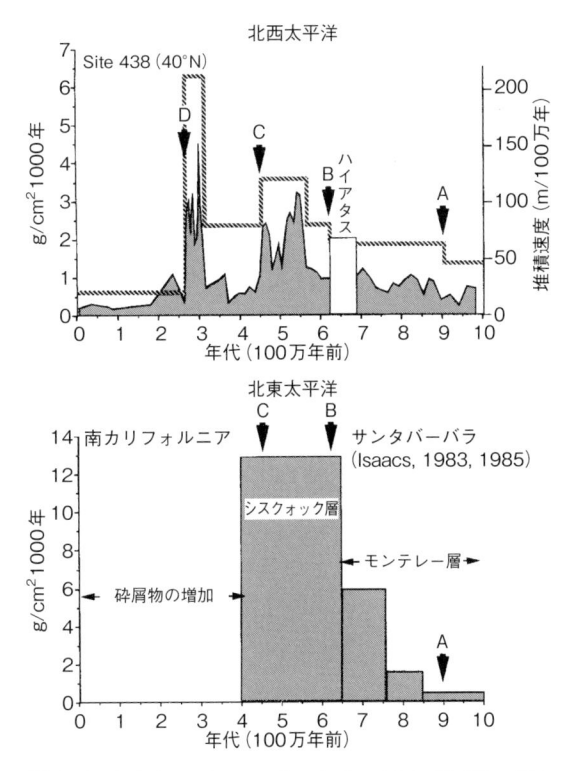

図 6.10 南カリフォルニア・サンタバーバラのモンテレー層やシスクォック層の生物源シリカの堆積速度と比較した東北日本沖の DSDP Site 438 の珪藻殻沈積流量（Barron, 1998）
Site 438 の堆積速度を斜線の枠で示す．A～D：イベント．

したが，風が駆動した沿岸湧昇流が南カリフォルニア沖で増加した．

6.5 珪藻群集の変化と珪藻質堆積物の形成

白亜紀後期から始新世までの比較的頑丈で丸みのある輪郭ををもつ *Gladius, Hemiaulus, Triceratiumn, Trinacria, Stephanopyxis, Pyxilla* などの属が漸新世前期を通じて減少し始め，漸次 *Coscinodiscus, Cestodiscus, Thalassiosira, Synedra, Thalassionema* など脆弱に珪化した属に置き換わった（図 6.6）．この進化傾向は放散虫群集にも認められることから，新生代後期に起こった海洋水混合の激化が珪藻にオパール質殻の形成によるシリカの迅速な再利用を促したと考えられる

(Barron, 1987).

中新世中〜後期には緯度方向の温度勾配が強くなって，より脆弱な殻をもつ Nitzschia, Thalassionema, Denticulopsis, Thalassiosira などの属が出現し，高・低緯度域で種数が増加する多様化が進むのみならず個体数が増大した．中新世末には北太平洋で偏狭性がさらに強くなって，鮮新世を特徴づける Thalassiosira 属に所属する多数の種が進化した．この時期に，非海生珪藻の Stephanodiscus 属や Cyclostephanos 属が出現して，鮮新世と更新世に発散した．

中新世と鮮新世の境界付近では，赤道太平洋のオパール沈積流量が減少するのにかわって南方海で著しく増加した．この太平洋から南方海への「シリカ交代」が現在の南極海でみられる主要な生物起源オパールの始まりである．

鮮新世後期を通じての生物起源オパールの表層における生産と堆積物の分布パターンは現在のそれに類似しており，北極氷床の発達による北半球氷河化作用の始まりとその後の気候変動に海洋を介して反応したことを示している．鮮新世後期と更新世の珪藻群集は現世のものとほとんど同じであるが，氷期と間氷期に応じて頻度が変動している．現在の中緯度沿岸湧昇流域における群集ではよりいっそう微弱に珪化した舟形珪藻の Chaetoceros や Skeletonema の属が優勢となるが，これらの属の珪藻殻は死後ただちに溶解するので，堆積物中にほとんど残らない．

6.6 珪藻化石の地球科学

珪藻化石など微化石の研究は，油田開発や資源開発などに関わってきた歴史的発展を背景として，地球科学の諸問題のうち主に層序学，古環境学，古気候学，古海洋学などに関わってきた．

a. 古海洋学

珪藻群集は異なる表層水塊にそれぞれ対応している．例えば，北太平洋においては熱帯〜赤道域，亜熱帯域，亜極域，北西縁辺域，漸移帯と分割される水塊にそれぞれの群集が存在する．北大西洋では赤道〜中緯度域の群集とノルウェー海〜グリーンランド海群集が存在する．多くの珪藻種は特定な海域に固有である．例えば，Nitzschia kerguelensis と Thalassiosira lentiginosa は南極海以外の海域では観察されない．しかし，Coscinodiscus marginatus や Thalassionema nitzschioides などの出現頻度は海域ごとに異なるが，汎世界的に分布する．

珪藻殻の沈降過程と海底堆積物の表層における溶解は，表層水における珪藻生産の99%を地質記録から除外してしまうが，それにもかかわらず表層水中における生物生産量と海底堆積物表層における珪藻殻量とは比例関係にある．

さらに，表層水や海底堆積物表層の珪藻群集の種組成が水塊の海水温，塩分，栄養塩などの要因を反映していることが1960年代後半までに確認された．北西太平洋において，珪藻化石を使って表層水温を復元する珪藻温度指数（$Td = [Xw/(Xw + Xc)] \times 100$，$Xw$ と Xc は暖流系および寒流系種の産出固体頻度）は，簡単な式で表されるにもかかわらず，同一水塊内の水温変化をかなり正確に復元できる（Kanaya and Koizumi, 1968）．

珪藻温度指数（Td 値）は，北西太平洋の亜極前線を南北に縦断する2地点の掘削コアにおいて，古地磁気層序を時間軸として285万年前，250万年前，200万年前，160万年前に著しく寒冷化したことを示した．また，Td 値が低下する寒冷期において炭酸塩が溶解していることがわかる（図6.11）．

暖流系および寒流系種の分布に関するその後の資料とそれらを浮遊性外洋種に限定して，Td を再定義し Td' とした（Koizumi et al., 2004）．さらに日本列島周辺123地点の表層堆積物の採取地点における Td' 値と表層海水温（℃）との回帰関係に基づいて Td' 値から年間表層海水温（℃）を求

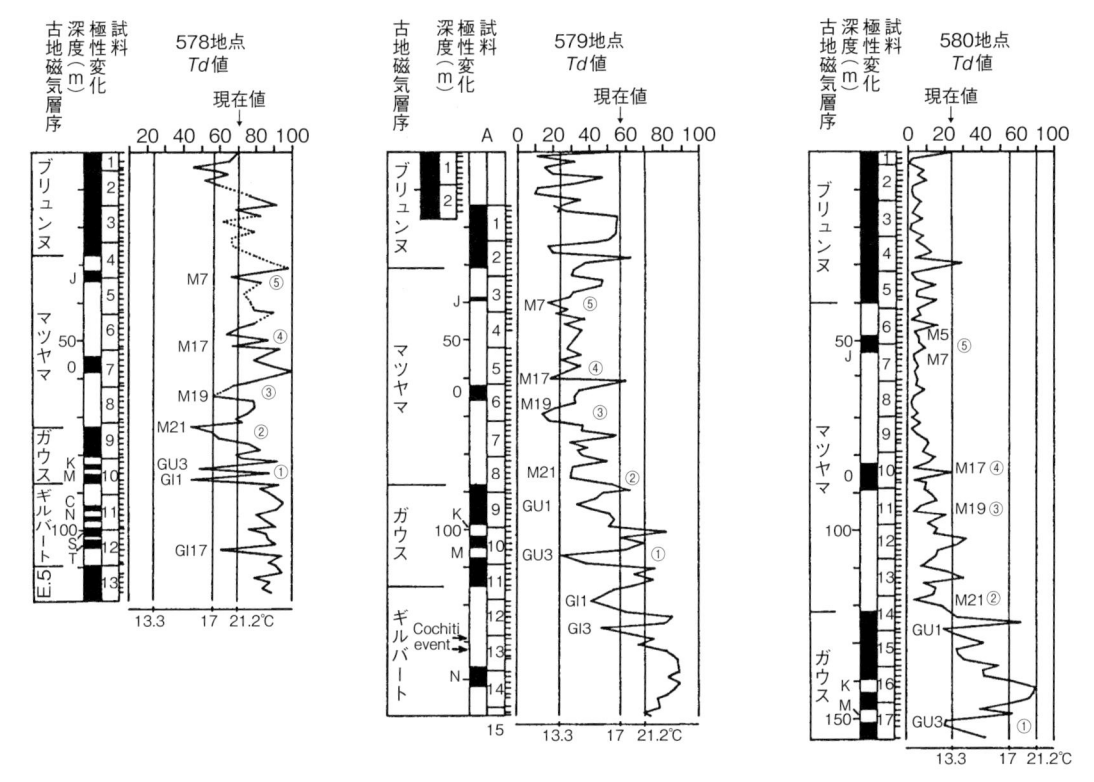

図 6.11 北西太平洋 DSDP Sites 578～580 における珪藻温度指数（Td 値）による表層水温の変動（Koizumi, 1986a）① 315 万年前の寒冷化，② 245 万年前の氷河時代の始まり，③ 200 万年前の氷河化，④ 160 万年前の寒冷化，⑤ 90 万年前の氷期-間氷期周期の始まり．GI17, GI3, GI1, GU3, GU1, M21, M19, M17, M7, M5：北太平洋における炭酸塩溶解期，T：ツヴェラ，S：シデュフォル，N：ヌニヴァク，Co：コチチ，M：マンモス，K：カエナ，O：オルドヴァイ，J：ハラミヨ．

める変換式が設定された．

三陸沖における最終間氷期の年間表層海水温は，現在より北緯約 36°で 1.5～3.0℃ 高く，北緯約 40°で 6℃ 低い．また沿岸域で現在値より 5～6℃，沖合で 2℃ 高く，沖合で低くなる（図 6.12）．最終間氷期から現在までの年間海水温の変動は，第一に氷期-間氷期の繰り返しによる海水準変動の周期である 6 万年と，赤道東西のインド洋-太平洋域の古生産量変動の周期である 3 万年の周期を示している．変動周期の第二は，地球軌道要素の離心率である 10 万年と気候歳差の 2 万 3000 年である．日本海の南部海域では，現在の年間表層海水温 16℃ に比べて最終間氷期と現間氷期の海水温は約 2℃ 高い．表層海水温の変動は，酸素同位体比のステージ区分とよく一致し，亜間氷期で高く亜氷期で低くなる．

b. 珪藻生層序学

珪藻化石は，高緯度域において産出頻度が高く多様性に富むなど，石灰質微化石と対照的である．石灰質微化石はリソクラインと呼ばれる水深約 3500 m で急激に溶解し，水深 4000～5000 m では完全に溶解し CCD（炭酸塩補償深度）と呼ばれる．一方，珪藻殻は一次生産の高い海域の海底堆積物中によく保存される．しかし，珪藻殻はアルカリ性の間隙水にさらされると溶解しやすくなる．また，埋没温度が 35℃ を超えると殻がオパール A からオパール CT へ相転換して崩壊する．堆積速度の速い堆積物や年代の古い堆積物ほど続成作用が進行するので，生層序の編年は困難となる．しかし，珪藻殻が炭酸塩やリン酸塩などの結核中に続成作用の初期段階で取り込まれる場合には，溶解から隔離され保存状態の良好な珪藻

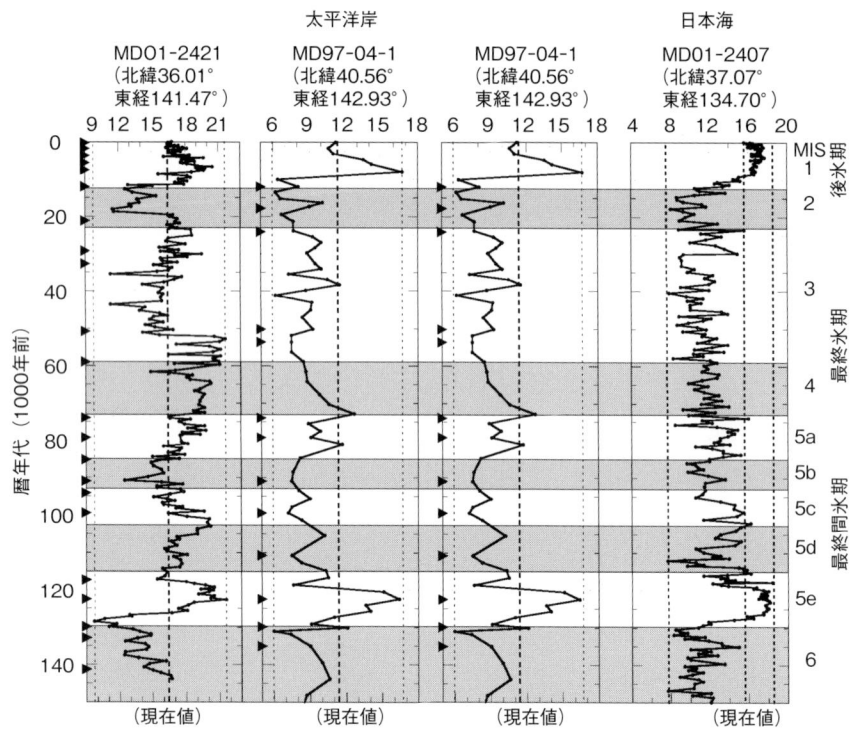

図6.12 日本周辺海域における過去150万年間を通じての表層海水温の変動
黒三角は年代値の層準，MISは海洋同位体ステージ区分．

殻が産出する．

この30余年間のDSDPやODPによって採取された多数の掘削コアに含まれる珪藻化石の群集組成を解析して，実質的に新生界の全期間をカバーするような珪藻生層序学が構築された．新第三系（中新統〜第四系）の珪藻生層序は古第三系のそれよりも広大な分布範囲をカバーしており，より精密である．また，珪藻生層序における種の出現と絶滅のイベントは古地磁気層序と直接に対応しているので，珪藻イベントの時空分布に基づいて進化イベントと移動イベントの区別がつけられるようになった．

c. 珪藻群集の系統進化

古生物学的に，種分化は時間の流れにおいて分岐して生じた種々の形態の差である．それを化石に現れた連続的な，あるいは不連続な変化として読み取っていく作業によって，進化速度を一定期間における形態差の出現としてとらえることで，系統進化学的研究が可能である（Shiono and Koizumi, 2001）．

北西太平洋では鮮新世中期の温暖期（440万〜340万年前）が始まると，珪藻の生産性が高まり珪藻質堆積物が大量に堆積したが，270万年前の寒冷化によって珪藻質堆積物の堆積速度は急減した．全地球的な気候変動が珪藻の発達や衰退に著しい影響を与えたのである．

鮮新世中期の温暖期（440万〜340万年前）前後の寒冷気候が寒冷水塊に生息していた *Thalassiosira trifulta* グループに加わっていた淘汰圧を減少させたので，グループ内に多様化が生起し進化が促進された（図6.13）．すなわち，*T. frenguelliopsis* サブグループがイベント1（寒冷化）とイベント2（温暖化）で多様化し，*T. bipora*

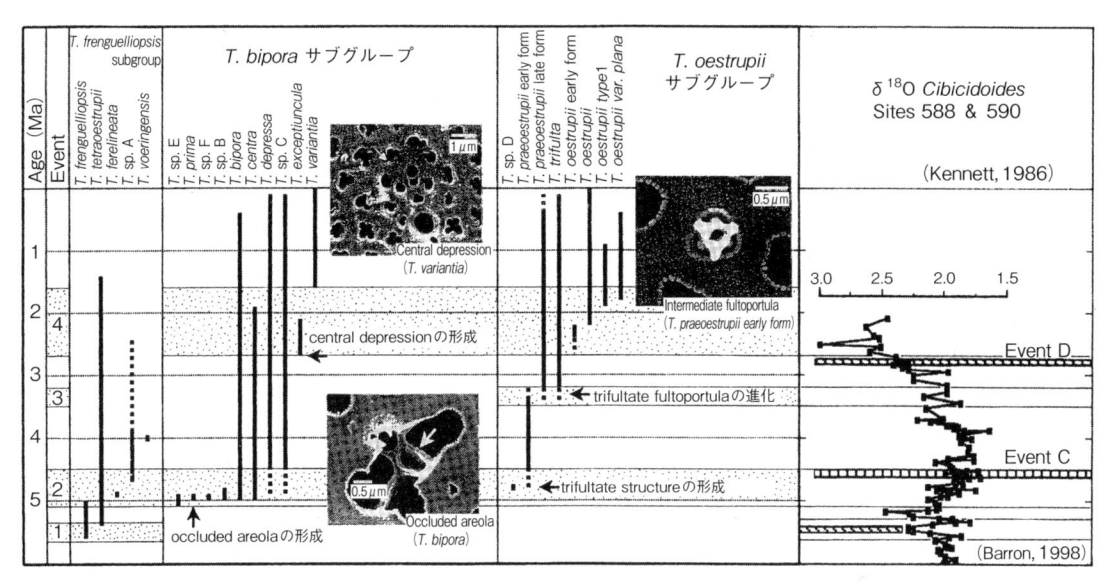

図6.13 *Thalassiosira trifulta* グループの微細構造の変化に基づく種分化（Shiono and Koizumi, 2001）

サブグループがイベント2で多様化，*T. oesturupii* サブグループがイベント2で多様化しイベント3（温暖化）で進化，イベント4（寒冷化）でさらに多様化した．

一方，温暖水塊に生息する主要な珪藻群集である *Azpeitia nodulifer* グループには鮮新世を通じての多様化と進化を認められないが，種内変異が鮮新世中期（460万～240万年前）の温暖期を通じて起こっている．その後の寒冷期（310万～240万年前）に *A. nodulifera* グループの個体群はその大きさを減少しており，また珪藻温度指数が減少する時期（300万年前）に *A. nodulifera* は代表的な寒冷種の *Neodenticula seminae* へ交代している．

生物の進化を証明できる具体的な証拠である化石を研究する古生物学者は，進化の問題に積極的に取り組み，その要因や意義づけに関する考え方を模索する必要がある．

6.7 珪藻土の工業的効用

陸源物質の鉱物粒，炭酸塩，火山灰などの不純物をほとんど含まない純度の高い珪藻軟泥の固結度が進んだものを珪藻土としている．珪藻土の低密度と多孔質は，珪藻の殻面にある多数の殻孔によるもので，殻孔の全面積は殻の10～30%におよぶ．珪藻殻のオパール質シリカの比重は水の2倍の2.2～2.3もあるが，乾燥した未凝固の珪藻土は0.12～0.25 g/cm^{3}のかさ比重で水の半分以下である．珪藻土の特性として軽量と多孔質以外に，空隙率が大きいために熱伝導度が低く，比熱の小さいことがある．したがって，耐熱性が高く，絶縁物体，触媒剤，半導体シリカ源，装飾用焼物として使用されている．

a. 漆器の下地材

江戸時代の寛永年間から今日まで，輪島漆器の製作行程に「地の粉」として珪藻土を使用する独特な工法がある．採掘した珪藻土を直径4 cm，厚さ1.5 cmに整形し乾燥させた後，表面が灰黒

色になるまで木材で薫焼する．表層部は煤煙で黒色となり，内部は有機物が焼失して灰白色となる．この焼成団子を粉砕して黒色の粉末とした後，ふるい分けした粒度の違いによって一辺地，二辺地，三辺地と分類する．珪藻殻に漆が十分に吸収された地の粉を木地に何層にも塗布することによって，堅牢度の優れた輪島塗となるのである．

b．濾過助剤

珪藻土に含まれる有機物などの可燃物を分解しシリカ成分をクリストバライト（後述）として結晶化させるために，約1000℃で焼成し酸処理した濾過助剤は，吸着性，凝集性，イオン交換性に優れている．濾過助剤はビール，酒，醬油などの醸造工業，抗生物質などの医薬製造やプール，浴場などの水浄化において細菌類や微生物類を効率よく吸着除去する．

濾過助剤を金網や濾布などの炉材表面に薄い緻密な濾過助材の層（プレコート）として，濾過粒径をより細粒にするとともに，懸濁物質が炉材表面に直接付着して汚染することを防止する．原液に濾過助剤を添加（ボディフィード）すると，懸濁物質と濾過助剤が混在（ケーク）して，空隙率が高くなるので濾過抵抗が少なく，濾過速度が速くなり濾過時間が短くなる．

ビールは大麦の麦汁（ホップ）を酵母によってアルコール発酵させたものである．発酵後のビールには10^5 cells/ml以上の酵母，変成した凝固性タンパクやホップ樹脂などの不溶性粒子が含まれているので，これらの懸濁物質を珪藻土濾過剤による濾過工程によって除去し安定した清涼なビールとする．$0 \sim 10^3$ cells/Lの酵母が含まれている一次濾過後のビールを熱処理しビンや缶詰めにしたものがラガービールである．一次濾過後に熱処理をせずプリコートのみの二次濾過か，膜やシートのみの炉材による二次濾過後のビールが酵母を全く含んでいない生ビールである．

c．充填剤

珪藻土製品は微粒子であること，粗粒子を含まないこと，吸液性が高いこと，化学的に安定していることなどの特徴により，展延剤，増量剤，希釈剤として農薬，殺虫剤，塗料，プラスチック，ゴム，紙，ワックスなどに使用される．農薬中に珪藻土を充填すると，液体吸収率が大きいために主剤をよく吸収して凝固を防ぎ，散布性をよくする．珪藻殻中に吸収された主剤の除法作用は持続的である．

塗料としての使用は，珪藻土の微粒子がペンキなどの表面に固着し微視的な粗面をつくって，光沢を鈍らしたつや消しの落ち着いた仕上げ面を形成する．また，容積が大きいことによる増量や粘着性物質の吸収によって展張性を増大する．

プラスチックやゴムの充填剤としては，表面の仕上がり面を平滑化できること，耐熱性を向上させること，流動性を調節できることなどがある．

製紙工業における使用は，珪藻土がパルプ中に含まれる樹脂（ピッチ）の小粒子を吸収し，ピッチが大きい粒子に凝集することを防止する．表面のつや消しと平滑化，湿度による伸縮を防止する．

d．触媒担体

珪藻殻のオパールは化学的にほとんど不活性でフッ化水素と強アルカリ溶液にしか溶解しないので，有機化合物の水素添加，不飽和脂肪や不飽和油の二重結合に水素を添加する際の硬化油工業においてニッケル（Ni）触媒に使用されている．

e．建材

珪藻土の多孔性，調湿性，断熱性，不燃性，遮音性，軽量などの機能性により，レンガやタイル，珪藻土と炭素繊維を複合化した壁材，珪藻土にライムや繊維を混合して成形後に水熱処理でケイ酸カルシウムとして強化させたケイカルボードなどがある．

7

南極と北極

　地球は外界から受け取る太陽放射熱と同量の熱を地球放射熱として宇宙空間に放出しているので，地球全体の熱は差引きゼロの平衡状態が成立している．しかし地球は球体であるために，地球が受け取る太陽放射熱は低緯度域で多く，高緯度域で少ない．一方，地球が放出する熱は，絶対温度 T の黒体がその表面から σT^4（$\sigma = 5.67 \times 10^{-8}$ W/m^2・K^4，ステファン-ボルツマン常数）の放射熱を放出するというステファン-ボルツマンの法則によって，地表温度に対応した放射熱を放出している．その結果，低緯度域では太陽放射熱が地球放射熱を上回り，高緯度域では太陽放射熱が地球放射熱を下回っているために，地上気温の年平均は赤道域と両極間で約 60℃ も違った緯度分布をしている（図 7.1）．赤道域と極域の温度差を平均化させ均衡をとるために，熱と物質を移送させているのが地球規模の海流と大気の大循環である．

　地球の全表面において，海洋の表面は太陽放射熱を非常によく吸収するが，そこが雪氷でおおわれると逆に最も効率のよい反射体になる．海洋は地球全体の風系への主なエネルギー源である．強い風や嵐は海水をかき混ぜ，海水を移動させる．南極点には平均約 2450 m の厚い氷床でおおわれた南極大陸があるが，北極点は厚さ約 10 m の多年氷をもつ北極海のほぼ中央にあり，周囲を大陸や島で囲まれている．南極大陸の面積と北極海の面積とはほぼ等しい．

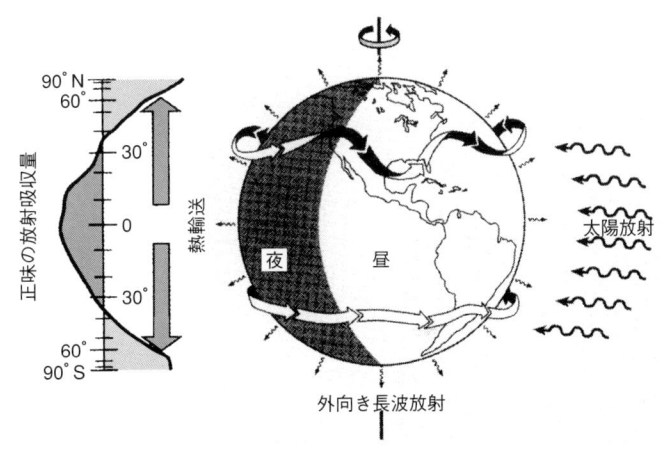

図 7.1 太陽放射量と地球放射量のエネルギーバランス（IPCC, 1995；バローズ，2003）
低緯度域では太陽放射量が地球放射量を上回るが，高緯度域では地球放射量が太陽放射量を上回る．エネルギーバランスをとるために低緯度域から熱と物質の輸送が行われる．

海洋大循環の駆動力となっている深層水の起源は，北極海-北大西洋北部と南極周辺海域である．両極域では，密度成層がきわめて弱く，大気の冷却や棚氷によって密度を増加させた表層水が水深数千mの深層まで達するような深い対流を形成している．したがって，深層水は低温，高塩分，富酸素の特性をもっている．表層水と深層水の間に挟まれた，温暖な高塩分水が水深1000～2000mの中層に存在し，中層水と呼ばれる．

南極大陸やグリーンランドの氷床，世界の山岳氷河においては，毎年降り積もる積雪が地域の気温，積雪量などの気候に関する情報を含んでいる．極域は赤道域と対峙する大気循環の一方のエネルギー源であるために，熱輸送過程に伴う物質輸送の収束域となっている．それゆえ，大気中に放出されたさまざまな起源の塵や火山噴出物などの諸物質が地球規模の気候や環境変動の影響を受けながら対流圏や成層圏を経過して氷床中に蓄積されている．

南極海や北極海などの高緯度海域では，太陽放射熱の季節変化が大きく，冬季には太陽放射量が極端に減少するために，一次生産者による有機物生産は夏季の短期間に集中する．しかし冬季に形成される海氷の底には，アイスアルジーと呼ばれる珪藻や渦鞭毛藻，円石藻などの微細藻類が生息しており，太陽放射量が増加する春季に爆発的に繁殖して，原生動物や小型の甲殻類などからなる海氷生態系の一次生産者となっている．

7.1 南極大陸

南極大陸の面積は $13.92 \times 10^6 \text{ km}^2$ で，ほとんどが厚い氷床でおおわれている（図7.2）．南極

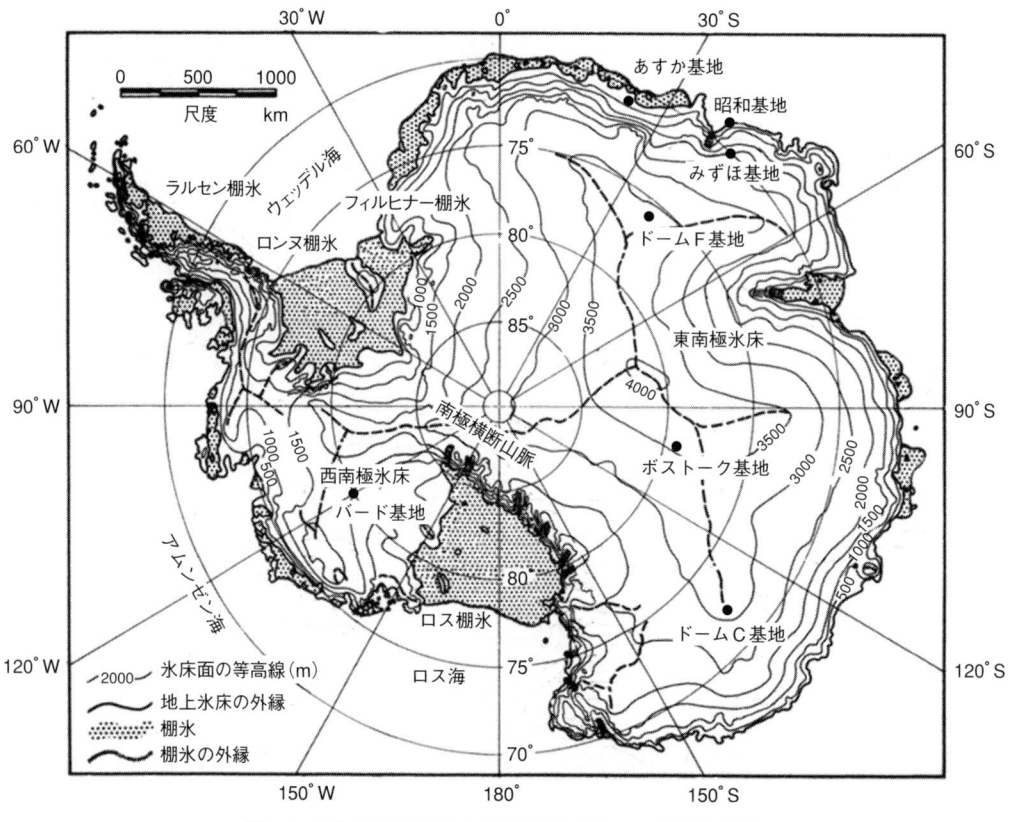

図7.2 現在の南極氷床と主な観測基地（Denton, 1995を改変）

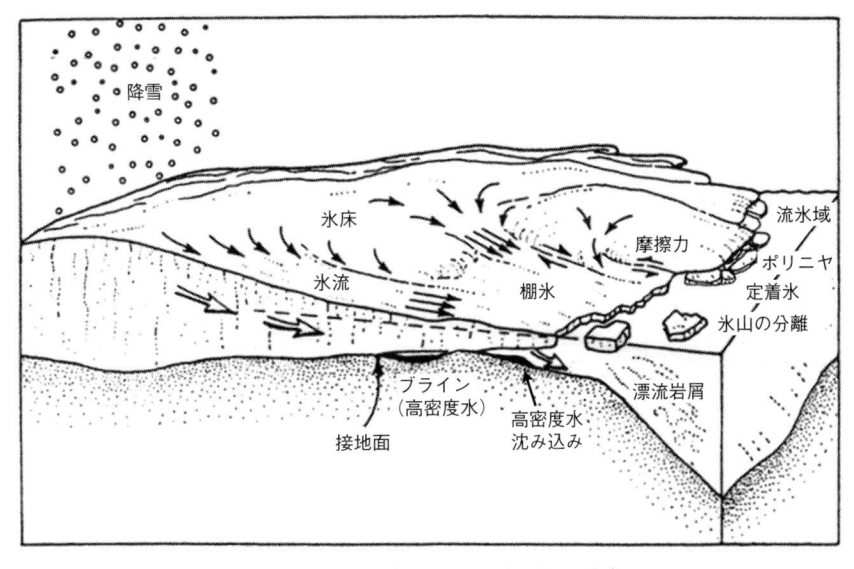

図7.3 棚氷-氷山とポリニヤ-ブラインの生成
ポリニヤ：流氷域に形成される疎氷面や開水面．ブライン：海水の形成に伴う塩分の濃い高密度水．

大陸を含む南極プレートは，拡大型プレート境界の中央海嶺系に囲まれている．南極大陸は，中央部にある標高2000～4000 mの南極横断山脈により東南極と西南極に分けられる．東南極大陸はゴンドワナ大陸に属していた盾状地であるが，西南極は古生代以降の変動帯である．南極大陸は4億年前からゴンドワナ大陸の一部として南極に存在したが，1億3000万年前にゴンドワナ大陸から分裂した後，始新世にオーストラリアから分離して現在に至っている（西村，1992）．

大陸と氷床の界面温度は地熱により0°Cであるが，冬の平均気温は放射冷却により内陸部で-50～-70°C，沿岸部で-20°Cとなる．大陸周辺の氷床は，斜面をゆっくりと流れ下る「氷流」となって，海水の上に浮かぶ「棚氷」を形成する（図7.3）．棚氷の先端は，厚さ数十mの卓状型氷山に割れて分離する．南極では，南極大陸を取り巻く海が氷結し，9月に最も広い2000万 km^{2}が氷野となり，3月には300万 km^{2}に縮小する．

a. 南極大陸における氷床コア

南極大陸の氷床は，毎年降り積もる積雪によって形成されるので，氷床コアを分析することによって，大気温度や積雪量，大気成分など過去の気候や環境変動を解析することができる．

氷床コアの年代決定には，積雪層の圧密が進行していない完新世以降では，季節変動を利用した氷縞数，$\delta^{18}O$，ダスト，電気伝導度による酸性度などのほか，^{10}Be, ^{210}Pb, ^{14}C などの放射性同位体による年代測定がある．一般的には，氷床には水平流動がなく定常状態であるとし，氷床の厚さと表面における堆積量によって求めた氷床の流動モデルから堆積経過年代値を得ている（渡辺，1991）．

ロシアがボストーク基地で，1989年に掘削した2083 mの氷床コアは，2次元の氷床流動モデルを使って年代決定が行われ（Lorius et al., 1989），過去20万年間の気候変動が解析された（Berrett, 1991）．氷床コアの本体である氷（H_2O）には，水素と酸素の安定同位体が含まれており，ボストーク氷床コアでは水素同位体比（D/H）から得られた気温変化が海底堆積物コアの有孔虫殻による酸素同位体比カーブと同じような変動を示し，氷床中の気泡に閉じ込められた大気のCO_2濃度は気温変化と著しく相関している．13万年前の温暖な最終間氷期に二酸化炭素濃度

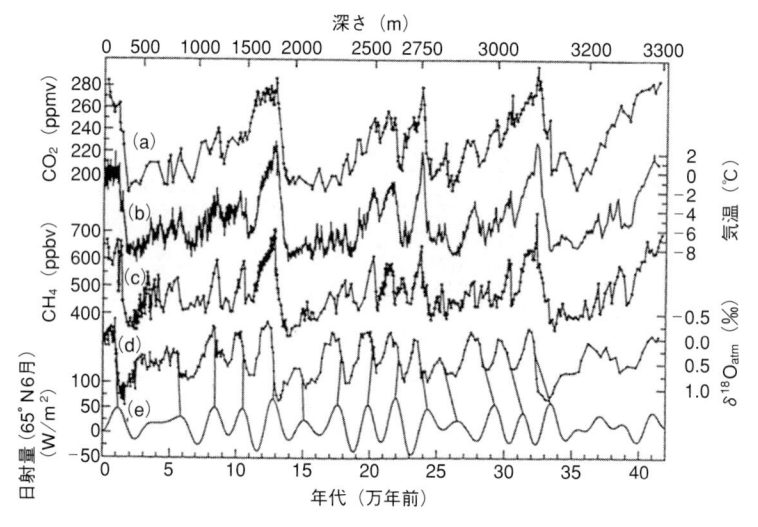

図 7.4 (a) 南極大陸ボストークの氷床コア中の CO_2, (b) δD から推定された気温変化, (c) CH_4, (d) $\delta^{18}O_{atm}$ の変化, (e) 北緯 65°の 6 月における日射量カーブ (Petit *et al.*, 1999)

のピーク（290 ppmv）があり，その後の氷期を通じで徐々に減少し，2 万年前の最終氷期最寒期には最小値（180〜190 ppmv）となっている．その後，現在の間氷期に向かって急激に温暖化している．産業革命以前の二酸化炭素濃度は 280 ppmv であるので，最終氷期最寒期にはこれより 90〜100 ppmv も低かったことになる．メタン濃度の変化は，氷河の発達や後退に伴った湿地帯の増減やメタンを発生させる細菌の成長速度が温度に依存していると考えられており，二酸化炭素濃度に平衡した変化を示している．

ボストーク氷床コアでは，植物プランクトンが光合成によってアミノ酸を合成するときの副産物である硫化ジメチルが大気中で光化学反応を受けて生成されるメタンスルホン酸と，海塩起源でない硫酸イオンの濃度が氷期で増加することから，氷期には風が強かった，降雪が少なかった，南極周辺海域で生物生産が高かったとしている (Legrand *et al.*, 1991)．

ボストーク氷床コアではさらに，過去 42 万年間の δD, $\delta^{18}O_{atm}$, CO_2, CH_4, Na, ダストが過去 4 回の氷期と間氷期を通じて同じような振幅で繰り返していたことが明らかにされた (Petit *et al.*, 1999)．δD による気温変動（ΔT）のスペクトル解析では，10 万年と 4 万 1000 年周期が大きく，4 万 1000 年周期はボストーク地点の年間太陽放射量の周期と同調している．また，氷床コア中の O_2 ガスの $\delta^{18}O$ カーブは北緯 65°の 6 月の太陽放射量カーブと形や周期が過去 23 万年前から現在まで酷似していることから，各氷期の終末における太陽放射量の増加が温暖化気候に向かわせたと考えられている（図 7.4）．

南極ドームふじ基地で 1991 年から掘削されている氷床コアの分析によって，(1) 掘削地点の氷床は重力方向の圧縮のみの応力場であること，(2) 酸素同位体比カーブでは，過去 34 万年を通じて約 10 万年周期の氷期と間氷期が 3 回繰り返され，氷期と間氷期の気温較差は 8〜10℃であること，(3) 海水起源のナトリウム濃度が氷期に現在の 4〜5 倍に増加していることから，暴風圏で低気圧の活動が活発であったことが示唆されること，(4) 海生藻類などの微生物活動を起源物質とするメタンスルホン酸の増加から，氷期に一次生産が活発であったこと，(5) 氷期の海水準低下により南米パタゴニアの大西洋側で大陸棚が露出し，そこから現在の 4〜5 倍に増加した陸源の固

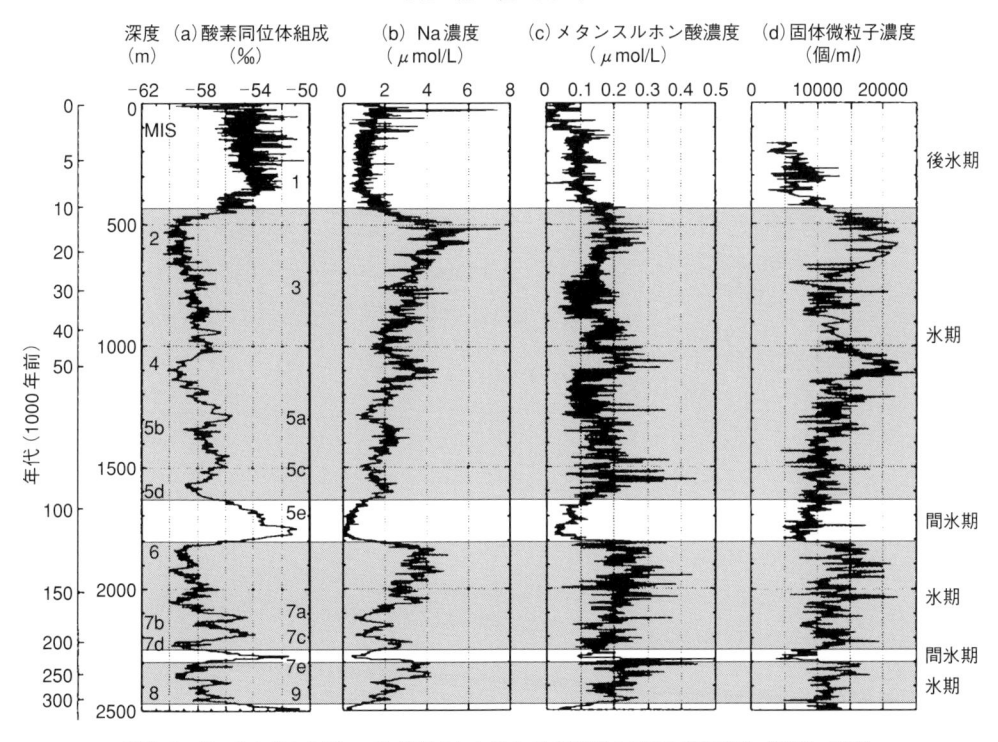

図 7.5 ドームふじの氷床コアに記録された過去34万年間の気候と環境変動（渡辺，1999）
(a) 酸素同位体組成は気温の指標であり，MISは海底堆積物中の有孔虫殻の酸素同位体比ステージ区分を示す．(b) Naは海塩起源物質の指標，(c) メタンスルホン酸は海洋植物プランクトンの活動起源の指標，(d) 固体微粒子は陸源起源物の指標で粒径 0.52 μm 以上の粒子．

体微粒子（ダスト）が大気中に放出されたことなどが予察的に解析された（渡辺，1999；図7.5）．

b. 現在の南極周辺海域（南極海）

南極大陸の周辺海域には，大陸氷床が運搬してきた漂流岩屑が幅 300～600 km の流氷域に分布している（図7.6）．南極大陸を取り巻く氷河性堆積物の外側には主に珪藻殻からなる厚い珪藻軟泥が堆積しており，その北限は南緯 50°～60° 付近にある南極収束帯である．この海域の南極表層水中に湧昇してきた太平洋や大西洋，インド洋からの深層水が栄養塩類を多量に供給するので，一次生産量は全海洋の 20% に達する．南極収束帯の外側では珪藻殻が減少し，水深約 4500 m の CCD より浅い海底には石灰質軟泥が，それより深い海盆には赤粘土が堆積している．

海洋における海水の大循環は，表層の風成流と

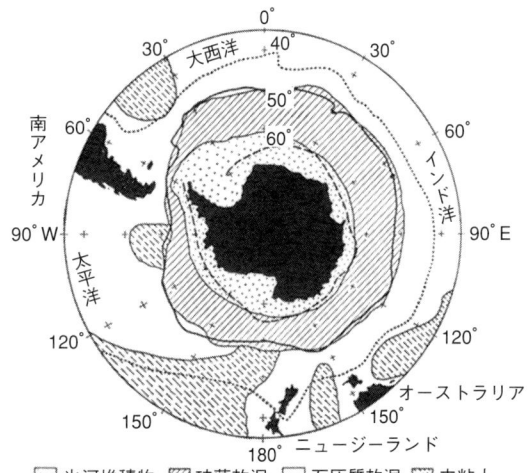

図 7.6 南極海の海底表層堆積物と水塊境界線の分布（Hays, 1967）
破線：南極発散帯，実線：南極収束帯，点線：亜熱帯収束帯．

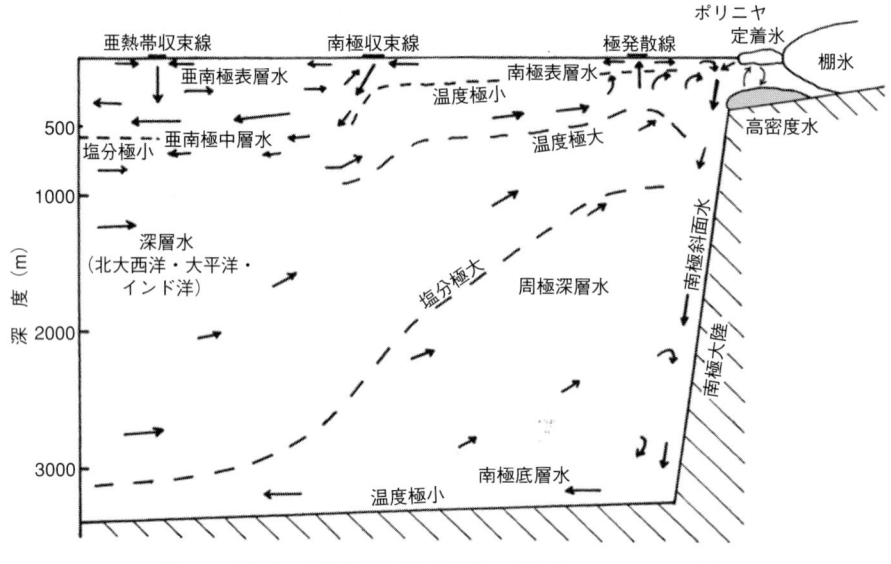

図 7.7 南極海の水塊構造と南極底層水の形成（Gordon, 1967 を改変）

深層水の水温と塩分による密度流の循環からなり，地球全体の熱と密度の均衡を保つために，熱と物質を輸送している．南極周辺海域に達した北大西洋深層水へウェッデル海で形成された底層水が加わって，深層水循環が強化されている．水温 0.5℃，塩分 34.68‰の温暖な高塩分の周極深層水は，冬季に形成された−1.9℃，34.50‰の低温で低塩分水の表層水と混合しながら沿岸域に侵入している（図 7.7）．一方，大陸棚上では，海氷生成に伴って形成されたブライン（高塩分水）排出で高密度になった−1.9℃，34.70‰の水が海底付近を循環しつつ棚氷の下に侵入し，さらに冷却されて大陸棚から大陸斜面に沿って海底へ沈降する．この南極斜面水は周極深層水と混合するために，低密度化して水深 4000～5000 m の海底付近では水温−0.4℃，塩分 34.66‰の南極底層水となる（若土，1992）．

衛星観測によって，南極大陸を取り囲む広大な海氷野の内部に大小さまざまな開水面（ポリニヤ）が散在していることが明らかになった．広く浅いウェッデル海における棚氷と沿岸ポリニヤによる海水冷却と塩排出が結氷と南極底層水の 70% 以上を形成している（図 7.7）．

c. 海底堆積物

世界の三大海洋が合流して，それぞれの海水が混ざり合っている南極海の海底堆積物には，現在と同様に世界の海洋水循環や大気循環，気候変動に著しい影響を与えたこの海域における地史的事件が記録されている．

深海掘削によって，ウェッデル海付近で ODP Leg 113，スコッチ海で Leg 114，ケルゲレン海台付近で Legs 119 と 120，南極半島西側のベリングスハウゼン海で Leg 178 が実施された．

始新世と漸新世の境界付近の 3600 万～3500 万年前に，南極大陸と南米大陸の間にドレーク海路が開通し，南極循環流が形成されたので，南極大陸が熱的に孤立して，東南極氷床と季節的海氷が形成された．漸新世中期の 3000 万年前には，東南極氷床が拡大し，東南極大陸の漸新統中に最初の氷河成堆積物が出現するようになった．中新世中期の 1400 万年前に東南極氷床が確立して，西南極氷床が成立したことにより，南極表層水が寒冷化されて南極底層水が形成された．中新世後期～鮮新世前期の期間に南極周辺海域では，漂流岩屑が増加する（Webb et al., 1984）．南極横断山脈南端のロス海側におけるボーリング試料中に，南

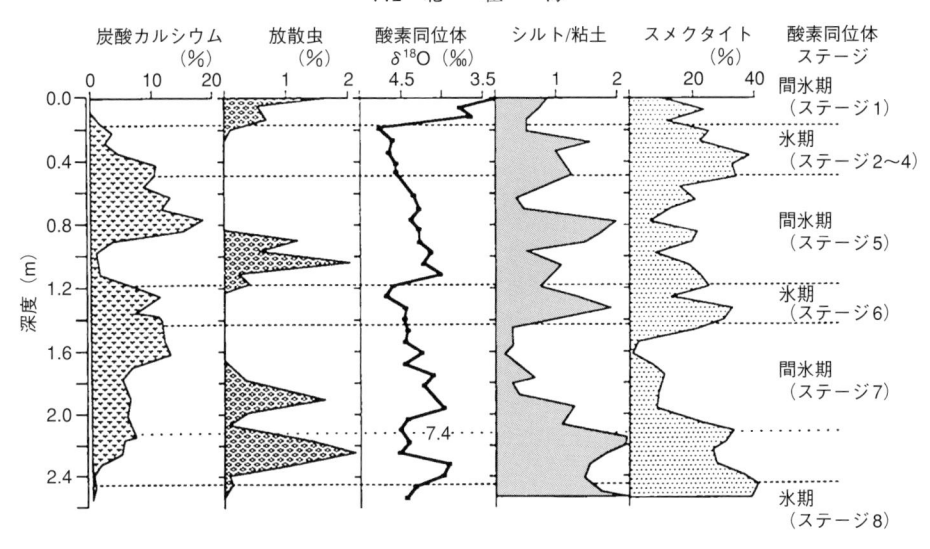

図 7.8 ウェッデル海東部の第四紀後期のコア堆積物 (Grobe et al., 1990)

極大陸の内陸部から流動してきた氷床に伴って運搬されたと考えられる約 300 万年前の海生珪藻種が発見され，鮮新世中期の南極大陸内陸部に海域の存在したことが示唆された (Barrett et al., 1992)．鮮新世中期 250 万年前の北極圏で，氷床が形成され始めると同時に，寒冷化が急速に進行したことにあわせて，南極大陸の氷床が本格的に拡大した．鮮新世までの南極大陸氷床は扁平に広がった流動性の高い温暖型氷床が拡大と縮小を繰り返していたが，鮮新世以降は流動性に乏しい極地型氷床に変わった (McKelvey et al., 1991)．

ウェッデル海の水深 2505 m の大陸斜面から採取された海底コアでは，有孔虫殻による酸素同位体比のステージ区分が行われ，海底堆積物の年代づけがなされた (図 7.8)．海底堆積物のコアが，氷期-間氷期の気候変動に応じて，氷期における氷河性陸源物質としての漂流岩屑量の増加から間氷期前期での生物生産の増加による放散虫化石の増加と間氷期後期の炭酸カルシウムの増加へと変化してきたとする時系列的な復元は，南極大陸周辺の表層堆積物にみられる水平分布（図 7.6）を時間経過に従って垂直的に表現したものである．

東南極氷床の前面にある大陸棚から採取された海底コアでは，1 万 700 年前からの珪藻質堆積物がヒプシサーマル期に相当する 7400～4300 年前の期間に陸源の礫質堆積物に置き換わっており，ヒプシサーマル期における気温上昇によって，積雪量が増加し氷床が拡大したことを示唆している (Domack et al., 1991)．この事実は，地球温暖化によって，極域の氷床が溶解して海水準が上昇するのではないかとの危惧に再考を迫るものである．すなわち，気候変動に関する政府間パネル (Intergovernmental Panel on Climate Change, IPCC) の年次報告によると，1993～2003 年に海水準が 3.1 mm/年上昇したが，グリーンランドと南極大陸の氷床が縮小したことによる海水準上昇は 0.4 mm/年でしかなく，海水準上昇の大部分は海水温の上昇によって，海水が膨張した結果であるとしている．

7.2 北 極 海

北極海は，広く浅い大陸棚をもつ深いくぼ地である．中央の深海平原は長さ 2500 km，幅 1500 km で，北極点を取り巻きグリーンランドと直交している（図 7.9）．その中には，3 つの平行した海嶺があり，中央のロモノソフ海嶺は海底から

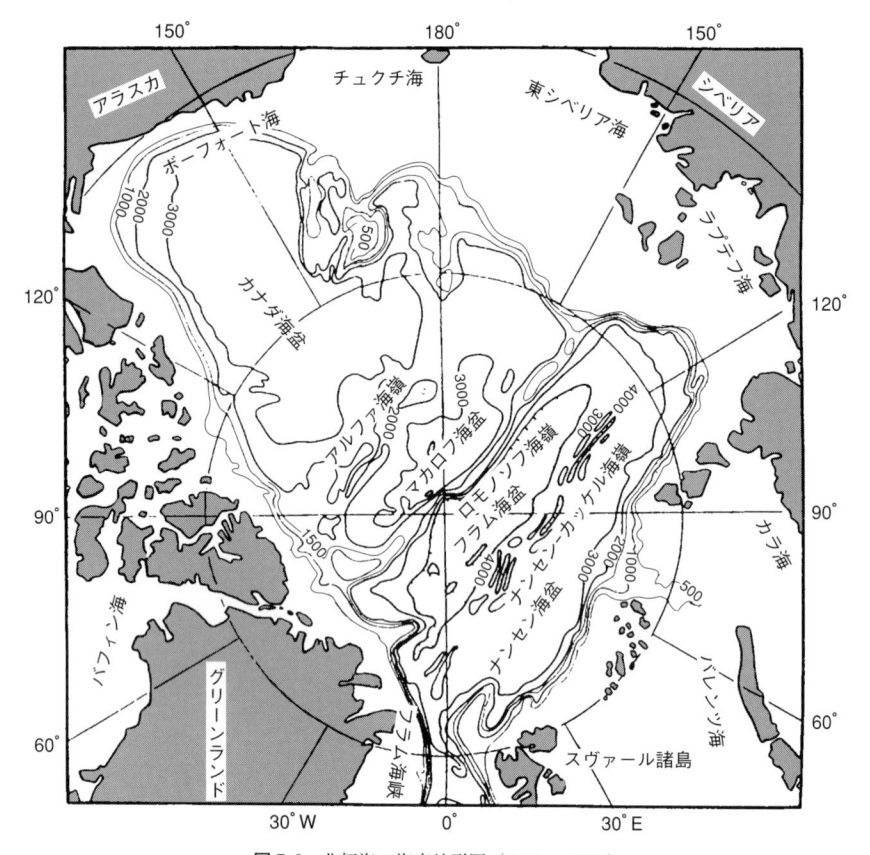

図7.9 北極海の海底地形図（Weber, 1989）

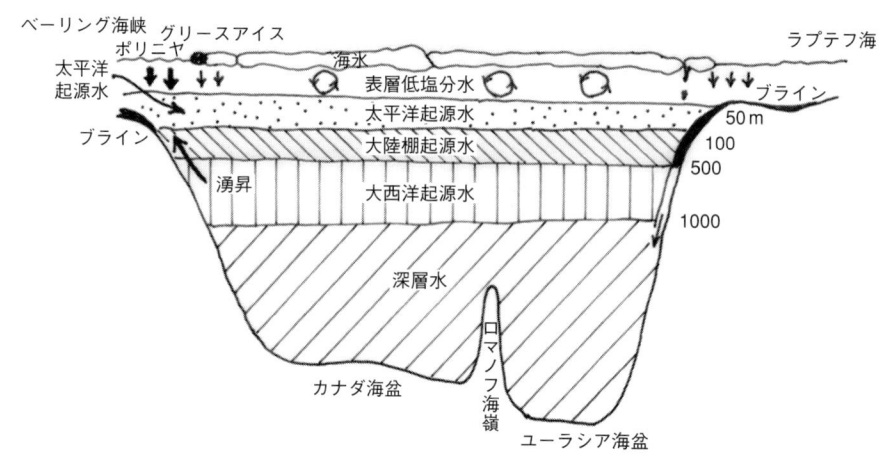

図7.10 北極海の水塊（成層）構造（Anderson and Dyrssen, 1989）
太平洋起源水，大陸棚起源水，大西洋起源水は中層水を形成する．大陸棚起源水はブラインと湧昇水を含む．

1000～4000 m の高さでそびえ，深海平原を小さいが深い東側のフラム海盆と大きいが浅い西側のマカロフ海盆に二分している．ロモノソフ海嶺は大陸地殻からなる非地震性の海底火山である．

北極海には次のような3種類の水が流入している（図7.10）．

(1) 北大西洋に起源をもち，グリーンランド海を経てフラム海峡から流入する水温1.5℃，塩分

34.90‰の温暖な高塩分水が水深 500〜1000 m 層に広がっている．

(2) ベーリング海峡から流入する北太平洋起源の寒冷水は，水温が 1℃ より低く，塩分が約 32‰ と比較的小さい密度のために 50〜100 m の浅い層の水を形成している．しかし海峡が浅く狭いために水量としては少ない．

(3) ロシア連邦のオビ川，レナ川，エニセイ川，コルイマ川とカナダのマッケンジー川から流入する雪や氷が融けた陸水がある．河川水は北極海が半ば閉じた海であるために，すぐには外洋に流出せずに，表層約 50 m の厚さで広がっている．この表層低塩分水は，下層の水よりかなり低密度であるために安定した成層構造となっている．したがって，厳しい大気冷却や海氷形成に伴うブライン排出などによって起こる対流は，表層内部でしか起こらない．表層低塩分水は，大気や海氷，陸水の影響を受けるが，表層水より深い層の水は，反対に沿岸付近を除いて大気や海氷の影響をほとんど受けない．

水深 100〜500 m には，表層水での海氷形成に伴って排出されたブラインが大陸棚から流入し，さらに下層に広がっている温暖な高塩分の大西洋起源水からの湧昇水と混合して，水温 $-1.7 \sim 0$℃，塩分 34.6‰ の大陸棚起源水として発達している．温暖な大西洋起源水の下層には，大陸棚起源水と大西洋起源水が混合した水温 $-0.4 \sim 0$℃，塩分 34.93‰ の寒冷水が深層水として存在している．カナダ海盆は周囲から孤立しているために，他の海水との交換はほとんどないが，ユーラシア海盆からグリーンランド寄りの大陸棚斜面に沿って南下した深層水がグリーンランド海深層水と混合している（若土，1992）．

北極海では，温暖な高塩分の大西洋起源水が上

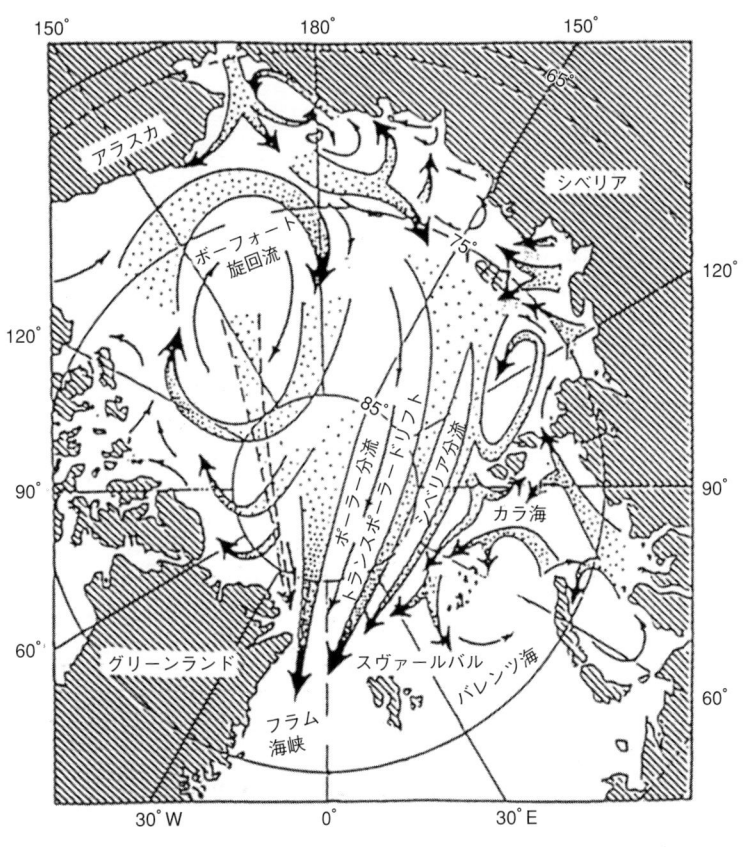

図 7.11 表層流による海氷のドリフト（Gordienko and Laktionov, 1969）

下を寒冷水で挟まれ，その中間に広がっているために，表層にある海氷は寒冷化し溶解しないので，北極圏の気候は厳しいものとなる．

海氷の特徴は以下のとおりである．

(1) 太陽放射が高緯度域ほど水平に近い角度で入射するために，その大部分が反射し反射能（アルベド）が高くなる．

(2) $-2°C$の結氷温度以下には冷却されない海水と$-$数十°Cの大気の間に非常に大きな温度勾配ができるが，熱交換を抑制する．

(3) 存在自体が周辺の大気冷却を招き，海氷域の拡大を促すが，融解により後退すると，アルベドは減少し後退が加速される．

(4) 海氷形成に伴って潜熱を大気中に放出し，また結氷に伴って高塩分水（ブライン）を海水中に排出し，大陸棚上に高密度水が形成されることによって，海洋熱塩循環の駆動源となる．

(5) 海氷域内部に大小さまざまな開水面や氷の小さな結晶（フラジルアイス）からなる疎氷面（ポリニヤ）を形成し，風下側へ吹き出されて開水と混合してグリースアイスとなる．

(6) 溶解しても海氷と水の体積は変わらないために，海水準は上昇しない（図7.10）．

北極海は，特徴的な次のような2つの表層水循環から構成されており，海氷分布に著しい影響を与えている（図7.11）．

(1) カナダとアラスカの沖合から中央部にかけて存在する時計回り循環のボーフォート旋回流（ジャイヤ）は，複数年の夏季を過ごした厚い多年氷を海氷として北極海から外洋へ流出させようとしている．

(2) ベーリング海峡沖からシベリア沿岸に沿っ

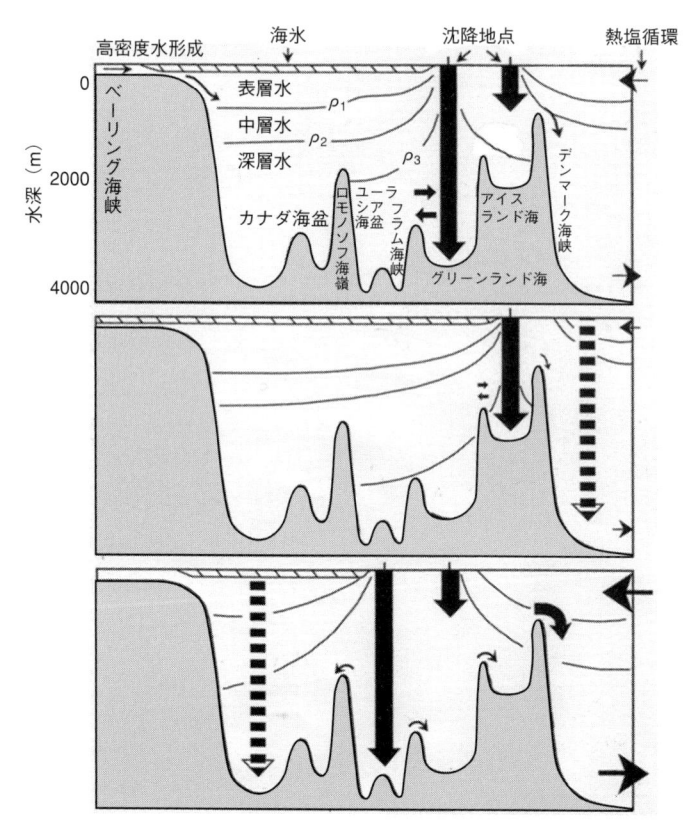

図7.12 北極圏海域の海洋循環と水塊構造（Aagaard *et al.*, 1985；Aagaard and Carmack, 1994）
上：現在，密度（kg/m³）：$\rho 1=27.9$, $\rho 2=32.785$, $\rho 3=37.457$. 中：氷床崩壊によって生じた淡水の供給量が増加すると，海氷が拡大して熱塩循環を弱体化させるので，極と赤道の熱較差が増大して寒冷期となる．下：淡水供給量が減少すれば海氷が減少して熱塩循環が強化されるので，極と赤道の熱較差が減少して温暖期となる．

7.2 北極海

て，フラム海峡へ向かうトランスポーラドリフトは，海氷の一部を北極海からグリーンランド海へ流出させて，夏季にアラスカとシベリアの沿岸部沖合に顕著な開水面域をつくり出している．

北極海は，冬季に全面が凍り，海氷となって，大気との直接の接触を断ち，夏季には太陽放射熱を吸収して温暖になり，その周辺部が融けて海水面が広がる．毎年のように，繰り返される冬季の海氷拡大と夏季の後退という海氷域全体の変動過程が海氷内部の変動と共鳴し合って，年ごとに海氷の時空間的な変動が異なり，地球規模の気候に重大な影響をおよぼしていることが判明している．

流入する量と等量の海水がグリーンランドとスヴァールバル諸島間のフラム海峡を通った後，グリーンランドとアイスランド間のデンマーク海峡やフェロー諸島とシェトランド諸島間の海峡を通過するほかに，カナダ多島海の多くの海峡を通って流出している．特に北極海深層水とグリーンランド海深層水が混合して，グリーンランド海とアイスランド海の中層水となることから，北極圏海域の深層水が北大西洋深層水の形成に関わっている（Aagaard et al., 1985）．

冬季の北大西洋北部に発達するアイスランド低気圧がグリーンランド海やアイスランド海の中央部表層に風による発散場を形成するために，湧昇流が起こり，その周囲では大気の冷却により密度を増加させた表層水が深層に達する対流が起こって，グリーンランド海深層水が形成される（図7.12）．1960年代以降に強まった北極海からの北風が大量の海氷と融解水をグリーンランド海やアイスランド海へ搬出したために，アイスランド海の海水は異常な低温と低塩分になった．この低塩分水がデンマーク海峡から流出して，北大西洋北部における深層水の塩分を低下させた（Dickson et al., 1975）．

深海掘削がノルウェー海で Leg 104，ラブラドル海とバフィン湾で Leg 105，北大西洋高緯度海域で Legs 151 と 162 が実施された．

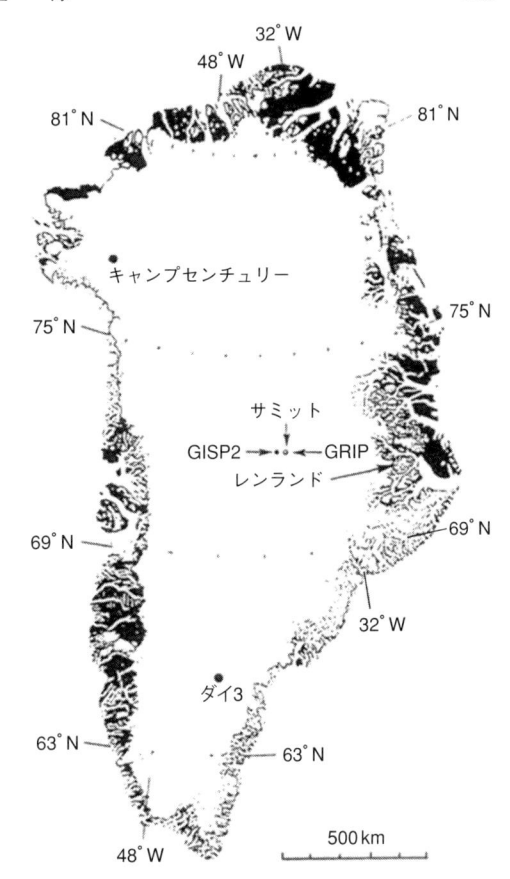

図7.13 グリーンランドの氷床コアの位置

北極海の出入り口に位置しているグリーンランドは，面積の80%が氷床でおおわれている．1966年にキャンプセンチュリー（米国）において1367 mの基盤岩まで掘削されたグリーンランド氷床コアの酸素同位体比の測定から始まった一連の研究は，グリーンランド周辺の氷床-海洋-大気間の相互作用の変化と地球全体の気候変動に関連した気候と環境変動の記録を提示した（図7.13）．グリーンランド中央部のサミット，南部のダイ3，北西部のキャンプセンチュリー，東部のレンランドから得られた氷床コアの $\delta^{18}O$ カーブは4万年前以降，共通した変動を示している（図7.14）．$\delta^{18}O$ 値が最小になる最寒期は亜間氷期2番と5番の間の約2万5000年前であり，一般に使われている最終氷期最寒期（Last Glacial Maximum, LGM，^{14}C 年代1万8000年前，暦年

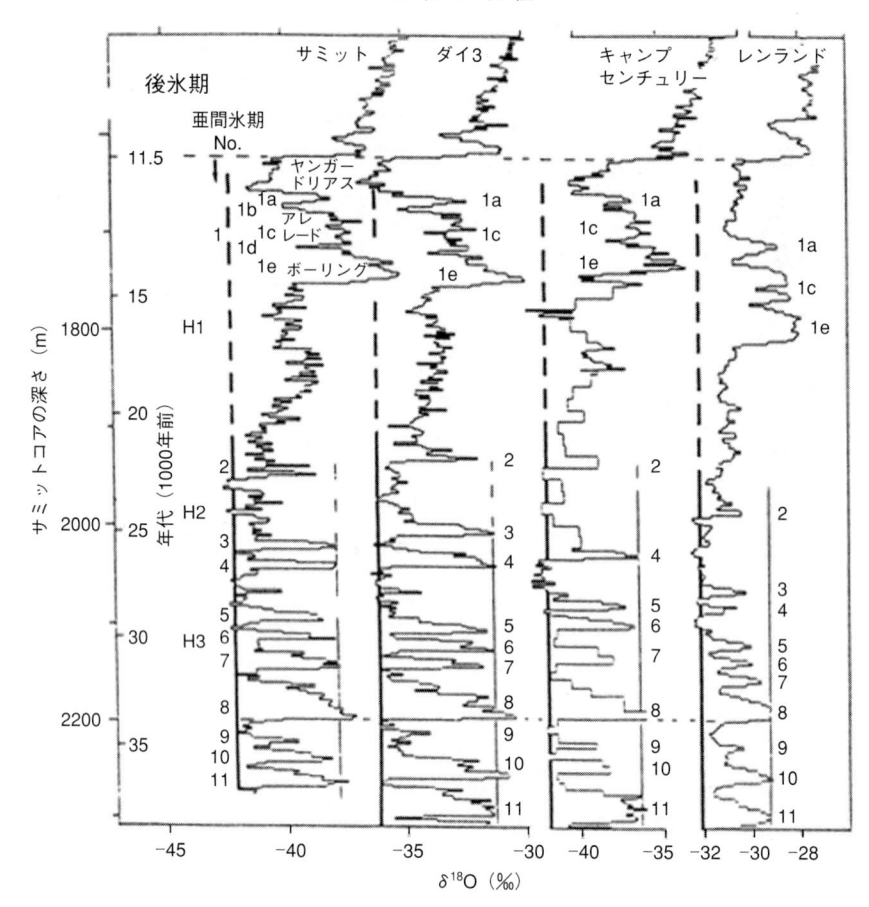

図7.14 グリーンランド4カ所における氷床コアのδ^{18}Oカーブ（Johnsen et al., 1992）. 最終氷期の中の温暖期（亜間氷期）に番号がつけられている. 後氷期とハインリッヒイベント（H1〜H3）を記入した.

代2万1500年前）より3000年以上も古く，大陸氷床が最大限に達する時期に先駆けている. GRIP（Greenland Icecore Project）とGRIP2の両氷床コアのδ^{18}Oカーブも全く同じような変動を示している（Grootes et al., 1993）.

グリーンランド南西部の年平均気温と降雪のδ^{18}Oとの関係式から最終氷期と後氷期の年平均気温の差は8〜12℃であり，北西部のキャンプセンチュリーにまで適応すると19℃になる（大場, 2003）. 最寒冷期と亜間氷期（図7.14の太い縦線と細い縦線）の間は4〜8℃の変動幅である.

グリーンランドや南極大陸の氷床コアで氷期にダスト含有量が増加することから，乾燥した気候が土壌粒子を舞い上げて極域へ運搬したと考えられてきた（Royer et al., 1983）. さらにGISP2氷床コアでは，過去4万年間の寒冷期に海塩由来のダスト含有量が一定であるが，陸源起源のダスト含有量が著しく変動することから，寒冷期には風が強くなったほかに，陸源起源のダスト供給源である陸上の供給地が拡大したと考えられた（Mayewski et al., 1994）.

氷床コアの酸性度は，主要な火山噴火が放出した硫黄酸化物が大気中で硫酸エアロゾルとなり，極域における降雪中の酸性度を高めるので，火山活動の指標となる. GISP2氷床コアでは，2000年前から現在までの69層準のSO_4^{-2}ピークのうち，57層準の噴出年代が特定されている火山と一致し，9000〜2000年前は232のSO_4^{-2}ピークのうち約30%について火山噴火との対比がつけられている（Zielinski et al., 1994）.

7.3 南極と北極の関係

深海掘削によって採取された海底堆積物の研究によれば，ノルウェー-グリーンランド海域には1200万年前の漂流岩屑が存在しているが，北半球氷床の主要な発達は270万年前に起こったことを示している．一方，南極での寒冷化は北半球より少なくとも3000万年早かったことが判明しているので，南北両半球における氷河化が異なったプロセスで進行したと考えられている．北半球氷床は融氷水や降水の増加に伴っており，永久的な底氷は存在していない．堆積物は著しい化学的な風化作用を受けておらず，氷河や河川によって運搬されて堆積したものである．一方，南極では底氷が棚氷となり氷山となるので，氷床が削剝してきた氷礫を氷山が漂流岩屑として海域に堆積させたものである．両極における氷床形成の違いが海底堆積物に含まれる漂流岩屑となって現れているのである．

南極大陸とグリーンランドの氷床コアの対比は，大気中で速やかに混合するO_2ガスの$\delta^{18}O$やCH_4ガスに基づいている．しかし，大気O_2による$\delta^{18}O$の変化は大陸の氷床量が変化した結果であるので，地球規模の対比や気候サイクルを取り扱う場合には，氷床が大気中の水蒸気の流れを変え，さらに海洋の塩分構造を変えるために，海洋循環の速さやパターンに変化が生じることを考慮する必要がある（Broecker and Denton, 1989）．なぜなら，地球軌道が誘因となった季節変化が北大西洋に塩分の変化を生じさせ，海洋-大気システムを再編成させるからである．

グリーンランドGISP2と南極大陸ボストークの氷床コア中に含まれるO_2の$\delta^{18}O$変動は，両コアで非常によく一致しており，GISP2コアのD-Oイベント8〜23のピークがボストークコアのδDのピークや東赤道太平洋の海底コアV19-30中の底生有孔虫殻の$\delta^{18}O$に対比された（Bender et al., 1994）．また，後氷期温暖化の始まりが大気中のCO_2とCH_4濃度の変化と同調して，グリーンランドより南極の方で約3000年早いことが指摘されている（Sowers and Bender, 1995）．

CH_4濃度によるグリーンランドGRIPコアと南極大陸のバードおよびボストークコアの対比によって，GRIPコアのD-Oイベント3〜12がバードやボストーク氷床コアのδDに対応させられるが，図7.15のA1とA2で典型的にみられるように，4万7000〜2万3000年前の期間を通じて，南極の温暖化がグリーンランドより1000〜2500年早く起こっている可能性がある（Blunier et al., 1998）．

南極大陸はグリーンランドに比べ毎年の降雪量が少ないために，南極大陸の氷床コアから得られるデータの時間解像度は，グリーンランドのそれ

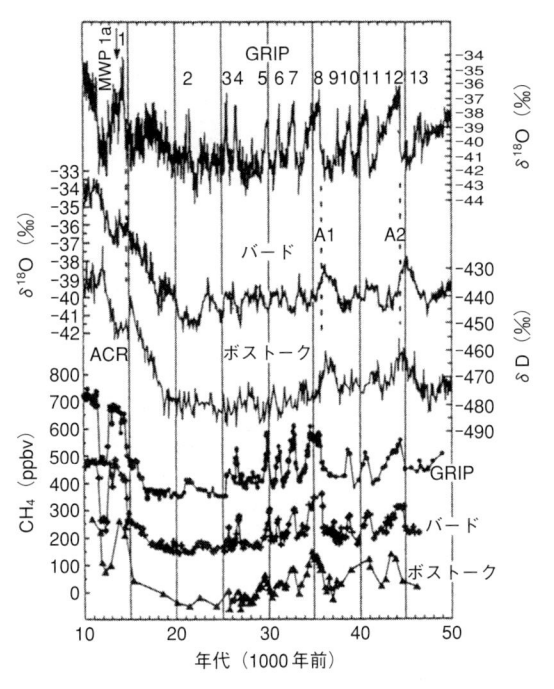

図7.15 グリーンランドGRIP氷床コアと南極バードおよびボストークの氷床コアに含まれるCH_4濃度による3本のコアの対比（下）に基づく$\delta^{18}O$とδDの対比（Blunier et al., 1998）
A1とA2の時代で南極がグリーンランドに先行していることを示す．GRIPコアの数字は最終氷期中の温暖期（亜間氷期，Interstadial：IS）につけられた番号．MWP 1a：融氷水パルス1a．ACR（Antarctic Cold Reversal）：南極寒冷逆転．

●コラム 10：数百〜数千年スケールの気候変動

1) ダンスガード-オシュガーサイクル（Dansgaard-Oeschger cycle，D-O サイクル）

最終氷期を通じて形成されたグリーンランド氷床コアの $\delta^{18}O$ 値は，数百〜数千年スケールで繰り返す突然かつ急激な気候変動を示した（Dansgaard et al., 1984；Oeschger et al., 1984）．この変動は，数十年以内の急激な温暖化と，徐々に寒冷化する数百〜数千年後に数百年以内に急激に寒冷となる数百〜数千年間継続する寒冷期の繰り返し（サイクル）であり，その振幅は $\delta^{18}O$ で 5‰，気温換算 7℃ である（Johnsen et al., 1992；Dansgaard et al., 1993；GRIP Members, 1993；図 1）．氷床の $\delta^{18}O$ 変動と連動して δD やダスト量も変動し，温暖期にダスト量は寒冷期の数分の 1 以下に減少している（Taylor et al., 1993）．

2) ハインリッヒイベント（Heinrich event）

最終氷期の北大西洋高緯度域の遠洋堆積物中には，ローレンタイド氷床の北部セクターの崩壊によって大量の氷山が流出して形成した，7000〜1万数千年ごとに繰り返し数百年間継続した漂流岩屑（IRD）を大量に含み，有孔虫殻の少ない堆積層が存在している（Heinrich, 1988；Francois and Bacon, 1994；Dowdeswell et al., 1995；Gwiazda et al., 1996；図 2）．IRD 層は北大西洋高緯度域の広範囲に追跡が可能で，氷山流出事件をハインリッヒイベントと名づけ，新しい方から順に H1，H2，…と番号がつけられた（Broecker et al., 1992）．

IRD の礫種は，氷床が発達している基盤岩の岩石類によって 3 種類に識別される．①ローレンタイド氷床北部セクターは砕屑性炭酸塩岩片，②アイスランド島とローレンタイド氷床東部セクターは玄武岩質ガラス，③セントローレンス島起源は赤鉄鉱でコーティングされた粒子である（Bond and Lotti, 1995；Fronval et al., 1995）．

D-O サイクルがいくつか集まって温度変化の振幅が徐々に弱まる鋸歯状の変動パターン（ボンドサイクル）を形成し，各ボンドサイクルはハインリッヒイベントで終了している（図 2）．

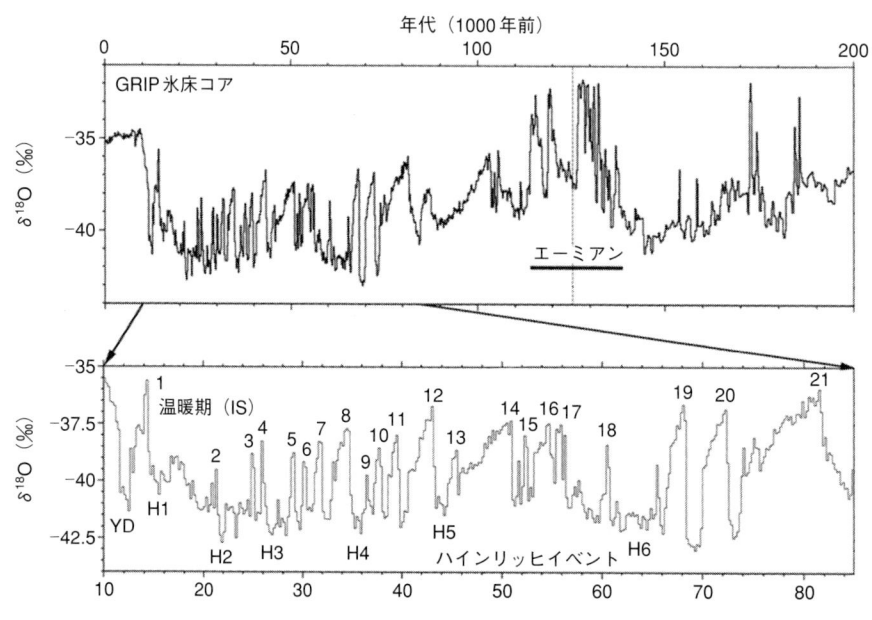

図 1　グリーンランド GRIP 氷床コアにおける過去 20 万年間の氷の $\delta^{18}O$ の変動および温暖期（亜間氷期，IS）とハインリッヒイベントの関係（Dansgaard et al., 1993）

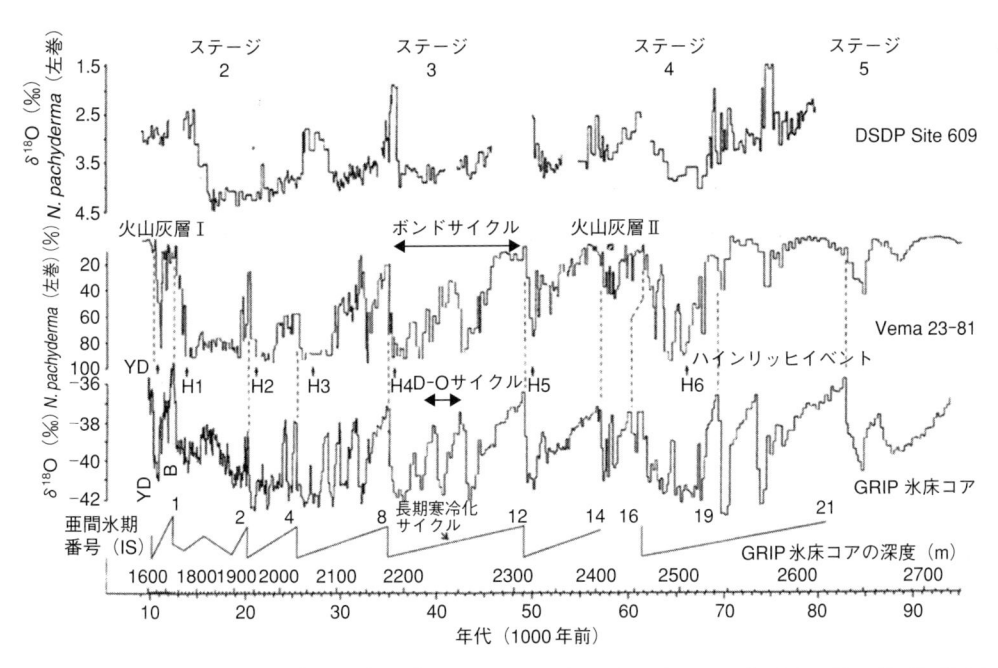

図2 北大西洋北部における温暖期（亜間氷期，IS），ハインリッヒイベント，ダンスガード-オシュガー（D-O）サイクル，ボンドサイクルなどによる数十～数千年の気候変動（Bond et al., 1993）

3）ローレンタイド氷床の崩壊

ローレンタイド氷床は，地殻熱流量，氷の熱伝導度と熱拡散度，海抜 0 m の気温などの要因によって，約 7000 年の周期で肥厚と低減を繰り返す（MacAyeal, 1993a, b）．氷床は，降雪の蓄積によって肥厚し，気温が低く氷床基底の温度が氷の融点以下であれば，氷結して氷床は流動しない．しかし，氷床基底には地熱が供給されているために，氷床が肥厚するに従って氷床基底の温度が上昇し，氷床基底の温度が氷の融点以上になれば，氷床基底は融解し基盤岩との摩擦が低下して氷床は流動し崩壊する（図3）．

4）数百～数千年スケールの気候変動

北大西洋の表層水温と塩分の低下は，氷床崩壊と氷山流出（ハインリッヒイベント）を引き起こす．氷床崩壊に伴う海水準の上昇を介した汎世界的な D-O サイクルが各地で確認されている．

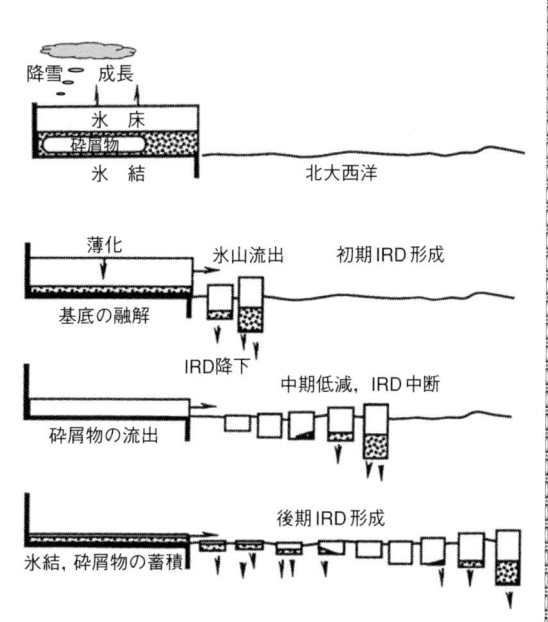

図3 氷床の自由振動によるローレンタイド氷床北部セクターの崩壊（Alley and MacAyeal, 1994）

より低い．そのために，グリーンランド氷床コアで認められるD-Oイベントが南極氷床コアでは顕著でなく，ときにはイベントの対応に時間的なずれが生じている．しかしハインリッヒイベントや氷期-間氷期サイクルのような2000年以上におよぶ長期の気候変動は，南北両極でほぼ同時に起こっている（Bender *et al.*, 1994；コラム10参照）．

最終氷期の終焉に伴うハインリッヒイベントや海水準変動，山岳氷河の消長などのような諸事件の急激さ，同時性，汎世界的な広がり，および極域における気温と塵濃度の変動が大きいことは，ミランコヴィッチサイクルによる季節性と氷床が直接結びついていないことを示唆している（Broecker and Denton, 1989）．氷期から間氷期への移行は，温室型地球のガス組成と大気のアルベドが変化することによって，大気中の水蒸気輸送が海洋循環の速度とパターンに影響し，また海水中の塩分輸送が海水の密度を変化させたことで起こった大気-海洋の循環モード（コンベアベルト）が切り替わった結果である．互いに離れた地域の氷床崩壊イベントの位相をつなぐ機構として，氷床崩壊に伴う海水準の上昇が有効であると指摘された（Broecker and Denton, 1989；図7.16）．

南半球のニュージーランドやチリにおける山岳氷河の前進は，ハインリッヒイベントと一致しており，振幅が大きく持続時間が長いD-Oサイクルは南半球にまで到達していたことを示している（Lowell *et al.*, 1995）．

ヒュオン半島の隆起サンゴ礁には，過去6万年間に5回の高海水準期（6万年前，4万9000〜5万2000年前，4万4000年前，3万7000年前，3万2000年前）が記録されている（Yokoyama *et al.*, 2001a）．おのおのの海水準が上昇した時期は，北大西洋表層水の低温イベントがハインリッヒイベントを引き起こした氷床の崩壊とセットになったタイミングと同時期であり（Yokoyama *et al.*, 2001b），南大洋における漂流岩屑量の増加と

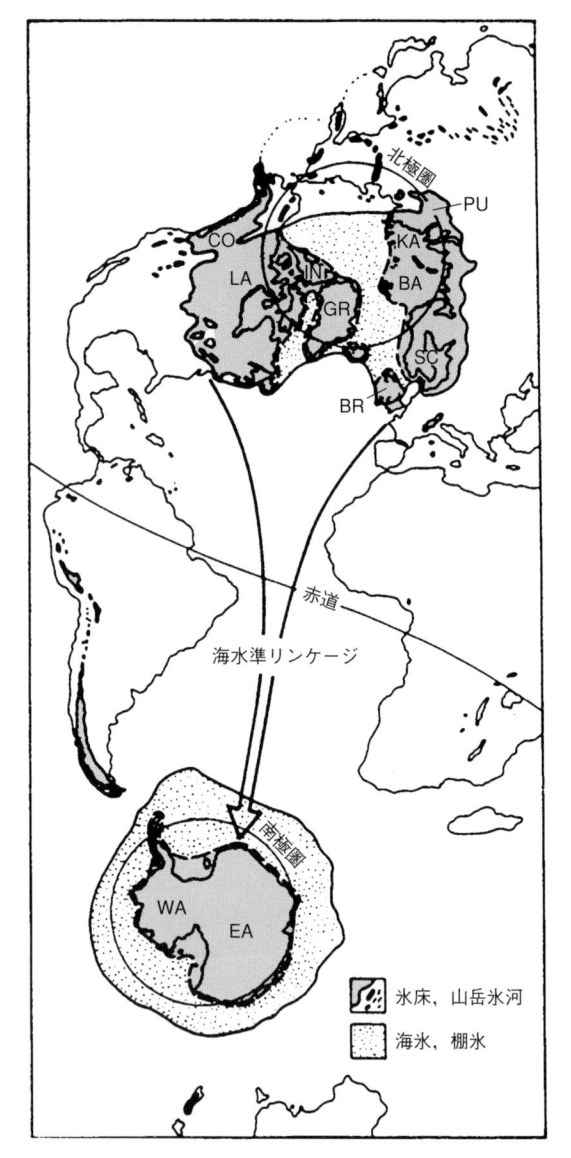

図7.16 最終氷期最寒期における氷床の分布（Broecker and Denton, 1989）
IN：イヌイティアン，BA：バレンツ，KA：カラ，CO：コルデラ，GR：グリーンランド，BR：ブリティッシュ，PU：プトラナ，LA：ローレンタイド，SC：スカンジナヴィア，WA：西南極，EA：東南極．

もタイミングが対応しており，南極氷床とも関連している（Yokoyama *et al.*, 2001a）．3万7000年前に起こった海水準上昇は，浮遊性有孔虫 *Neogloboquadorina pachyderma* の左巻き個体が増加していることから低温イベント期であると考えられる．しかし漂流岩屑がみつかっていないため

7.3 南極と北極の関係　　　　　　　　　　　　　　　　　　　　　111

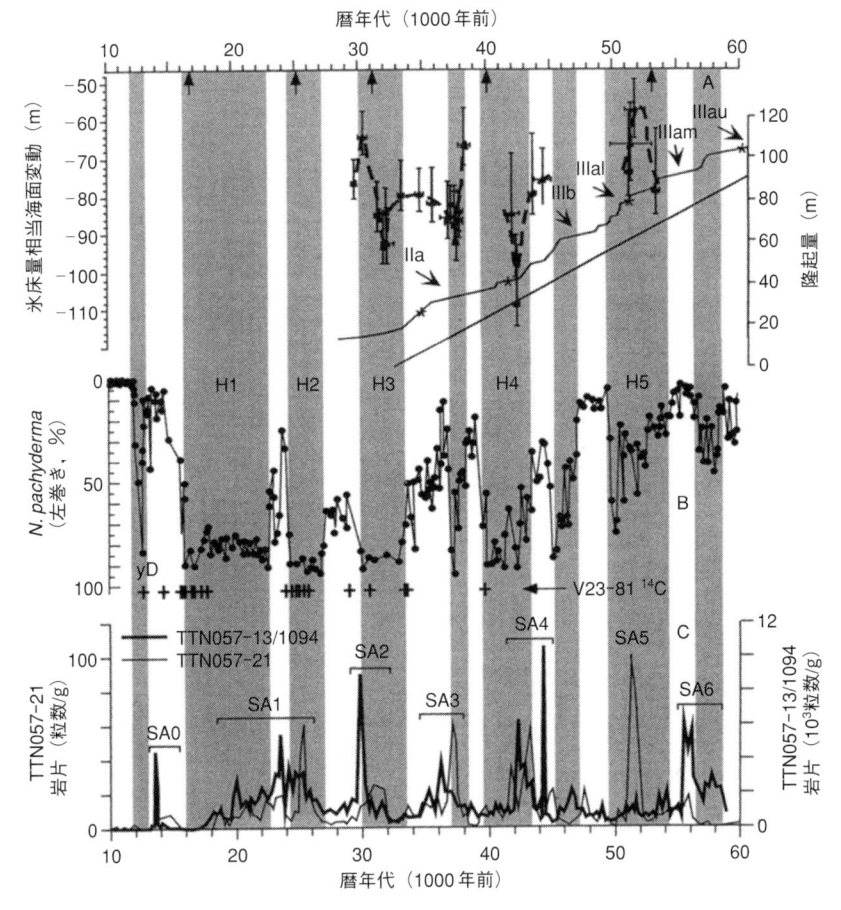

図 7.17 隆起サンゴ礁の段丘から求めた MIS 3 頃の海面変動と古海洋変動との関係（Yokoyama *et al.*, 2001a）
おのおのの海面変動は北大西洋のハインリッヒイベント（H3〜H5）に対応し，氷床変動がそれらの古海洋変動をもたらした可能性を示す．南氷洋の漂流岩屑量（SA0〜SA6）のピークとも対応し，南極氷床がそれらのイベントに関係している可能性を示す．ヤンガードライアス期やハインリッヒイベント，3万8000年前などの寒冷期に影をつけた．矢印はハインリッヒイベントの平均的年代値を示す．

に，ハインリッヒイベントとして認定されていないが，南大洋ではSA3イベントが存在している（図7.17）．両極における氷床変動が海水準変動に影響を与え，汎世界的な気候変動を引き起こしていることを示唆している（横山，2004）．

D-Oサイクルを引き起こした大気と海洋の地球表層システムの変動は北半球のみならず，南半球にも波及しており全地球的な現象である．

8
日　本　海

　日本列島は，アジア大陸の東縁に弧状をなして位置しているので，弧状列島（島弧）と呼ばれる．同じように，北海道以北には千島列島，九州以南には琉球列島，日本列島中央部の伊豆半島から南には伊豆-小笠原諸島が連なっている．島弧の東側には海溝があり，東太平洋海嶺で生まれ移動してきた海洋リソスフェアプレートが海溝の下へ沈み込んでいる．東北日本の下には太平洋プレート，西南日本ではフィリピン海プレートが沈み込んでいる．海洋リソスフェアプレートの沈み込みによって，火成活動と地震活動が活発に起こっている．日本列島の大陸側アジア大陸との間に日本海があり，縁海と呼ばれる．オホーツク海，東シナ海，南シナ海，ジャワ海なども同じである．島弧は大洋側に凸形をしており，外側から海溝-外弧-火山弧-縁海と一連の配列をしている．日本海のように島弧と大陸の間が拡大形成された縁海は，背弧海盆と呼ばれる（図8.1）．

　日本海の海底地殻は薄く，モホ面は海面下12〜15 kmの深さにあって，平均的な海洋地殻と同じ構造をもっている．また地殻熱流量が海盆全体にわたって高いことから，日本海の下ではリソスフェア（地殻と上部マントルからなる固い層）が薄く，そのすぐ下まで数％以下の部分溶融によって生成された低速度層と呼ばれる，地震波の伝わる速度が遅く（low-V），吸収の多い（low-Q）層が上昇している．海洋リソスフェアプレートの沈み込みが約100 kmに達すると，沈み込み帯上面（和達-ベニオフ帯）の温度が上昇して，海洋リソスフェアプレートの融解とその蓄積を急速にもたらし，背弧地の大陸リソスフェアに伸張力が発生して縁海の拡大へと発展し，中央海嶺と同じように玄武岩（深海性ソレアイト）が噴出する（小林，1977）．

　日本海の北部には海洋地殻からなる深く広い日本海盆が広がっているが，南東部の大和海盆は大陸地殻が伸長して薄くなった凹地であり，南西部の大和海嶺，北大和堆，朝鮮海台などの地形的高まりは大陸地殻の断片である（Tamaki, 1988）．

8.1　古地磁気による東アジアのテクトニクス

　古地磁気学と年代学に基づいて復元した東アジアの古地理図（図8.2；Nishimura, 1992）によると，次のようにまとめられる．

　(1) インド亜大陸がアジア大陸へ衝突したために，4000万〜1700万年前にスンダーランド（インドシナ半島）が東南方向へ突出した．

　(2) 1700万年前までにスンダーランド（現在のインドシナ半島-マレー半島-スンダ列島）はオーストラリア大陸とオーストラリア大陸を離れて北上していたセラムやブルなどの島を含むニューギニアの間に突入した．

　(3) ボルネオ（カリマンタン），セレベス海，スラベシ島西側などが一体となって50°反時計回

図8.1 西太平洋における縁海（黒地），海溝（線地），日本海（点地）（Tamaki and Honza, 1985）

りに回転したために，南シナ海の拡大が起こった．

(4) 1700万〜1500万年前に，スラベシ島東の沈み込み帯が東南方向へジャンプしたために，バンダ海ができ，スラベシ島とニューギニアが衝突した．

(5) 1700万〜1500万年前までに，インドシナ半島が発達し東南アジア海域に小陸塊が分散して，太平洋とインド洋が閉じたために，赤道暖流がアジア大陸の東側沿いを北上するようになった．

(6) 1000万〜300万年前に，バンダ弧とオース

トラリア大陸が衝突した．

(7) 500万年前以降にオーストラリア大陸が北上するにつれて，ニューギニア北部が上昇して高度約6000 m 長さ1000 kmにおよぶ大山脈が発達した．

(8) 300万年前以降にスンダ海峡，マカッサル海峡，アンダマン海などが南北方向へ拡大した．

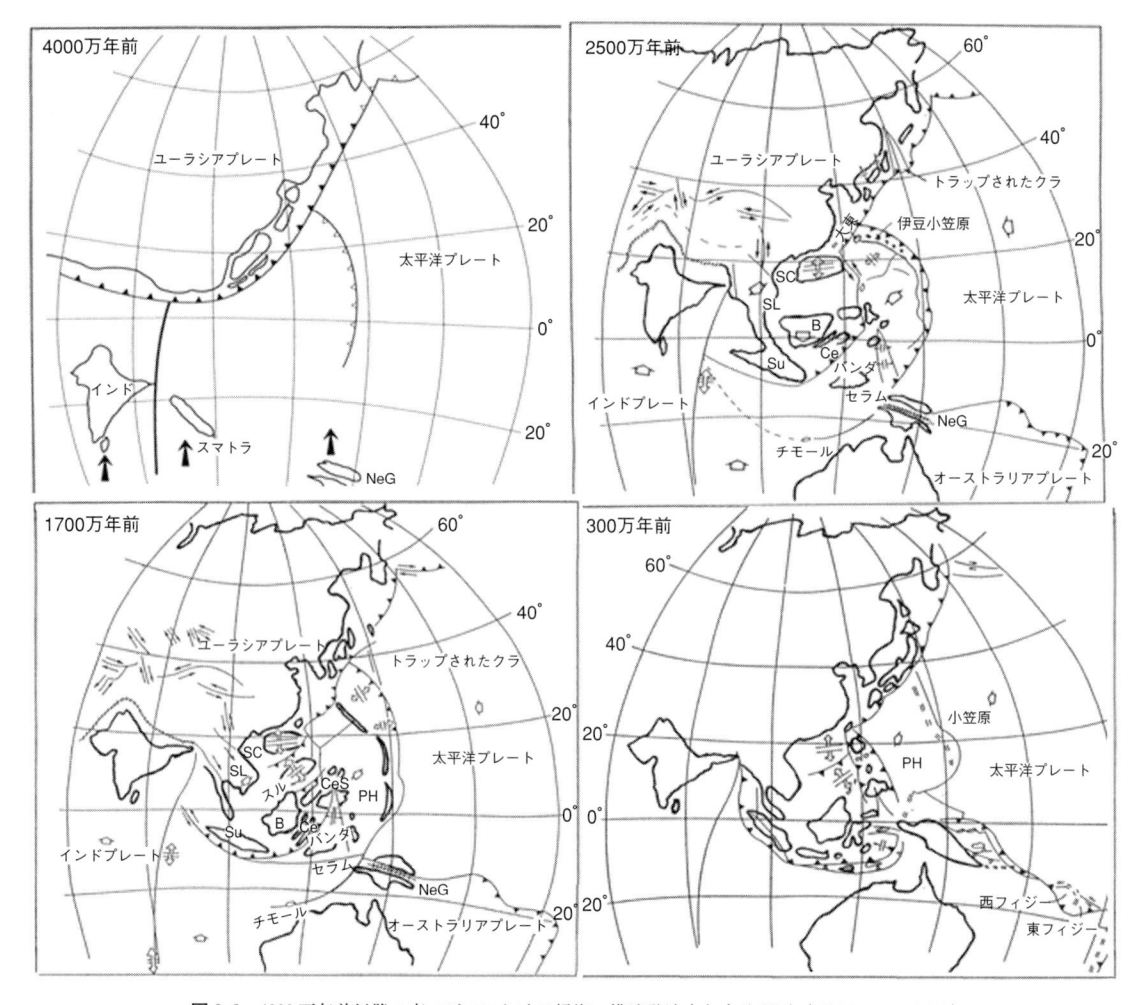

図 8.2 4000 万年前以降の東アジアにおける縁海の構造発達史と古地理図（Nishimura, 1992）
NeG：ニューギニア，Su：スマトラ，Ce：セレベス，B：ボルネオ，SL：スンダランド，SC：南シナ海，CeS：セレベス海，PH：フィリピン海．

8.2 日本列島の古地磁気方位の変動

　日本海の拡大形成を記録した日本列島の岩石や地層の残留磁化方位を測定した結果，西南日本は時計回りに，東北日本は反時計回りに回転運動したことがわかった（図 8.3；石川，1995）．

　西南日本の東海，近畿，山陰から得られた古地磁気方位は，1500 万年前以前に約 50°の偏角で東偏を示すが，それより若い年代の方位は有意な偏角を示さないことから，糸魚川-静岡構造線から九州北部までの西南日本は一体（ブロック）となって，1500 万年前に 50°の時計回り回転を受けたと考えられた．回転運動の期間は約 100 万年間で，回転運動の軸は西南日本ブロック西端の対馬海峡付近に位置するとした（Otofuji et al., 1985）．

　東北日本の古地磁気方位は，2000 万年前以前に 40°の偏角で西偏し，1200 万年前以降のものは有意な偏角を示さないことから，東北日本も西南日本と同時期に，回転軸を東北日本の北東方沖に置いた1つのブロックとして，反時計回りに回

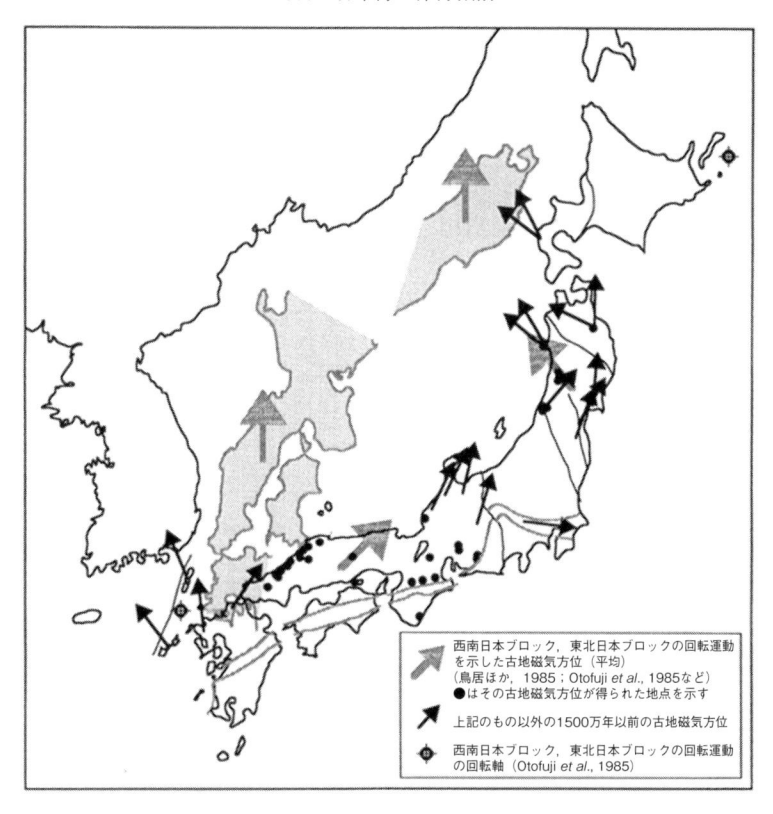

図 8.3　1500 万年前以前の古地磁気方位の偏角と西南日本ブロックおよび東北日本ブロックの回転運動の概略図（石川，1995）

転運動をしたと考えられた．日本海が拡大形成した時期に，西南日本と東北日本は観音開きに開いて太平洋側に移動したと考えたのである．

その後，西南日本ブロック西端の九州北部地域は 30°の東偏であること，西南日本の回転運動時に対馬海峡付近が圧縮場となったために生じた対馬・五島列島の西岸沖の左横ずれ断層によって，両島は反時計回りに回転したことが判明した（図 8.3）．また，棚倉構造線を越えた東北日本では，島弧を横断する断層によって分断された地域ごとに偏角の異なることが判明し，東北日本は 2000 万〜1400 万年前にいくつかのブロックに分かれて回転運動を受けたために，全体としての回転は反時計回りであるが，ブロック境界部では時計回りの回転を受けた地域もあると考えられた．

さらに，日本海が少なくとも 2000 万年前以前に拡大形成されたことに基づいて，西南日本は 1500 万年前に時計回りの回転運動を受ける以前に平行移動によって南下し，東北日本の各ブロックは反時計回りに回転運動をしながら南下したと推定された（石川，1995）．

8.3　日本海の深海掘削

DSDP Leg 31 が日本海の掘削を行った 1973 年当時は，日本海の成因をめぐって海底拡大説と陥没・海洋化説とが対立していた．そのために，掘削目的は南北両海盆の基盤岩を採取し時代を決めること，両海盆の発達史を日本海沿岸陸域の地史と関連づけて解明することとして，日本海中央部の 4 地点で掘削した．しかしメタンガスの増加と

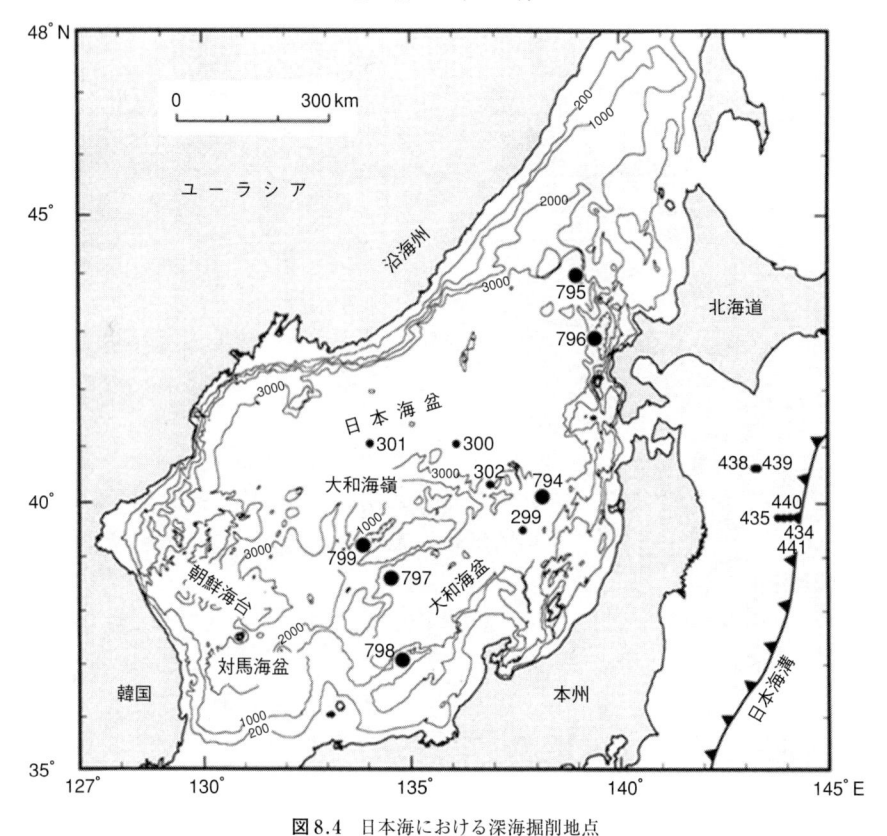

図 8.4 日本海における深海掘削地点
DSDP Leg 31 (Site 299〜302)，ODP Leg 127 (Site 794〜797)，ODP Leg 128 (Site 798〜799)．太平洋側三陸沖の DSDP Legs 56 と 57 の掘削地点も記している．

掘削孔への砂礫の崩落によって，600万年前以降の堆積物を断片的にしか採取できなかった．16年後の1989年に再度，①基盤岩の種類と年代を決めること，②現在の応力場における応力を測定すること，③日本海の地史を地域ごとに解明することを目的として，ODP Legs 127と128が日本海盆の周辺部の6地点で掘削した（図8.4）．

ODP Leg 127では，現在の日本海が誕生した2400万年前以降に生成された岩石と堆積物を連続して採取した（図8.5）．日本海盆の北端795地点，大和海盆の北端794地点と南端797地点の3地点において，厚さ500m以上の海底堆積物を貫いて海底基盤の玄武岩に達した．玄武岩の放射年代と堆積物最下部の微化石年代から，日本海が誕生したのは2400万〜1700万年前であることが明らかになった（Tamaki et al., 1992）．掘削航海後の調査によって，日本海盆の東部で海底地殻が形成されたときにできたと判断される地磁気異常の縞模様が発見され，地磁気異常の縞模様から日本海盆は2800万〜2000万年前頃に形成されたことが確実になった．

a. 日本海の誕生

日本海盆の基盤は玄武岩からなる海洋地殻であるが，北緯40°以南では古い大陸地殻の残っている地域が多いこと，引き伸ばされて薄くなった大陸地殻が海底地殻と混じり合っていること，玄武岩の年代が北から南へ若くなっていることなどがわかった．これらの事実から以下のことがいえる．

（1）2800万年前以前に地殻の伸張と薄化による拡大が始まった．

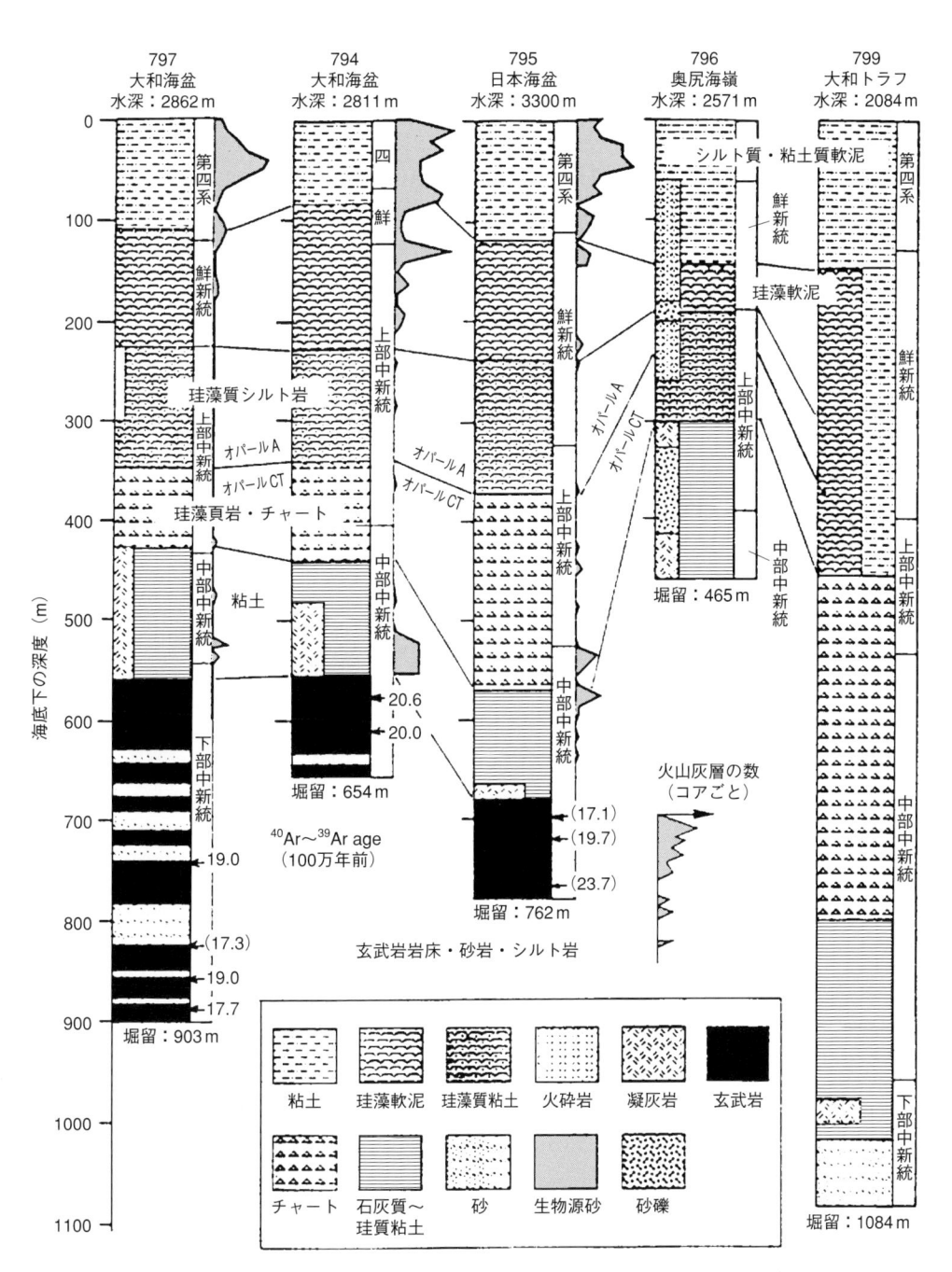

図 8.5　ODP Legs 127, 128 で採取したコアの岩相と年代（Tamaki et al., 1992）

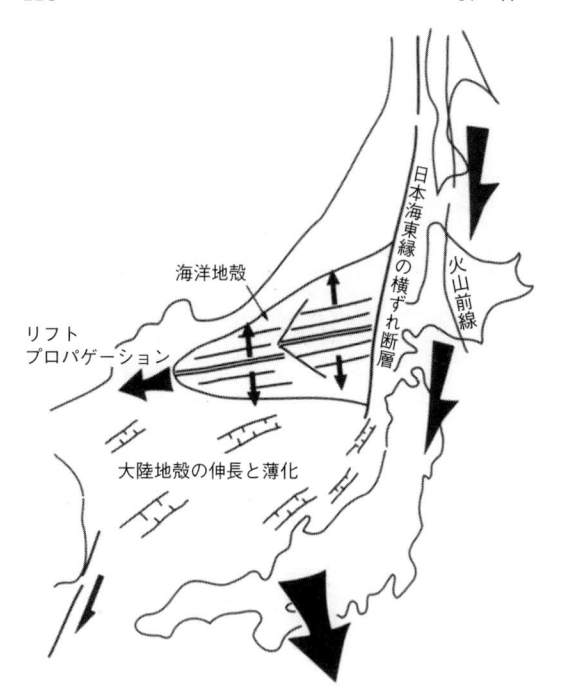

図 8.6 日本海の拡大様式（Jolivet and Tamaki, 1992；Tamaki et al., 1992）
東北日本西岸の主横ずれ断層沿いにリソスフェアが断裂して発生した海底拡大が西方へ伝播していくリフトプロパゲーションが起こった．この間，日本海南西部では大陸地殻の伸張と薄化が起こった．

(2) 2800万年前までに，アジア大陸とその東端にあった日本列島の間に，日本列島中央部から北サハリンまで2000 kmにおよぶ大きな横ずれ断層が起こった．

(3) 断層に沿って生じた裂け目から玄武岩が上昇してきて海底の拡大が始まり，日本海盆が形成された．横ずれ断層南端付近の裂け目を玄武岩の供給源とした東西方向の拡大中軸に沿って玄武岩が付加されながら西方へ伝播（プロパゲーション）した．回転楕円体である地球表面上における2地点間が離れていくためには，拡大中軸を挟んで対称となった回転極が必要である．

(4) 一方，日本海の南西部では横ずれ断層に伴って大陸地殻が引き伸ばされて，大陸地殻からなる朝鮮海台，大和堆，隠岐堆などの水深の浅い，海底が盛り上がった箇所を残しながら，1700万年前まで海底拡大が続いた（図8.6；Jolivet and Tamaki, 1992；Tamaki et al., 1992）．

b. 日本海の掘削によって得られた岩石と堆積物

基盤岩の採取によって，日本海における海底堆積物の層序が確定された（図8.5）．また，音響学的層序との対比が掘削試料の物性測定データと孔内検層データに基づいて行われた（図8.7；Tamaki et al., 1990）．その結果，以下のような特徴があげられる．

(1) 基底の岩床状玄武岩は生痕を含んだ級化層が発達した平行葉理状の砂岩やシルト岩，粘土岩などを挟在している．音響基盤に相当する（図8.7）．

(2) 石灰質〜珪質粘土岩を主体とし，下部は酸性〜中性のガラス質凝灰岩を，上部は苦灰岩やリン酸石，海緑石などを挟在している．

(3) 海緑石を伴う平行葉理の発達した珪質粘土岩が，下位の(2)とあわせて音響的透明層の音響層序ユニットCに相当する．その上部は暗灰色のチャート層と明灰色の珪質頁岩の互層であるために，強い音響的反射面を呈し，音響層序ユニットBの下部に相当する．

(4) 珪藻質シルト岩〜シルト岩を主体とし，珪質粘土岩と陶器岩（ポーセラナイト）を挟在する．

(5) 珪藻質粘土と均質塊状の珪藻軟泥を主体とし，珪質粘土岩や陶器岩を挟在する．下位の(4)とあわせて弱い音響的反射面に相当し，音響的層序ユニットBの上部を構成する．

(6) 明暗色の縞模様を呈するシルト質〜粘土質珪藻軟泥からなり，火山灰を頻繁に挟在する．最上部の音響的反射面ユニットAに相当する．

c. オパール A/CT 反射面

珪藻殻のオパールA（非晶質のオパール質シリカ）が続成作用を受けて，オパールCT（結晶度の悪いクリストバライト構造とトリディマイト

8.3 日本海の深海掘削

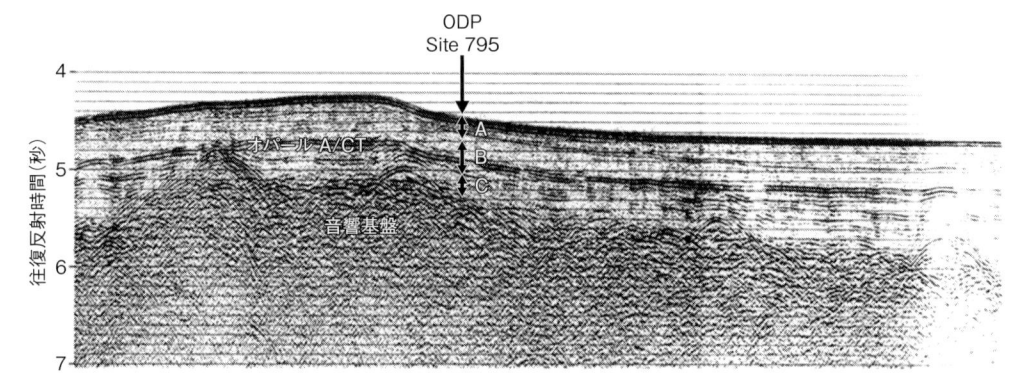

図 8.7 ODP Site 795 付近のマルチチャンネルサイスミックプロファイル (Tamaki *et al.*, 1990)
音響層序の A ユニットはやや層理の発達した火山灰を挟在した粘土に相当する．B ユニットは弱い層理が発達した珪藻軟泥・珪藻質シルト岩と強い層理を示す珪質頁岩からなり，それらの間にオパール A/CT 反射面が存在する．C ユニットは石灰質〜珪質粘土岩の透明層．音響基盤は玄武岩質安山岩と玄武岩．

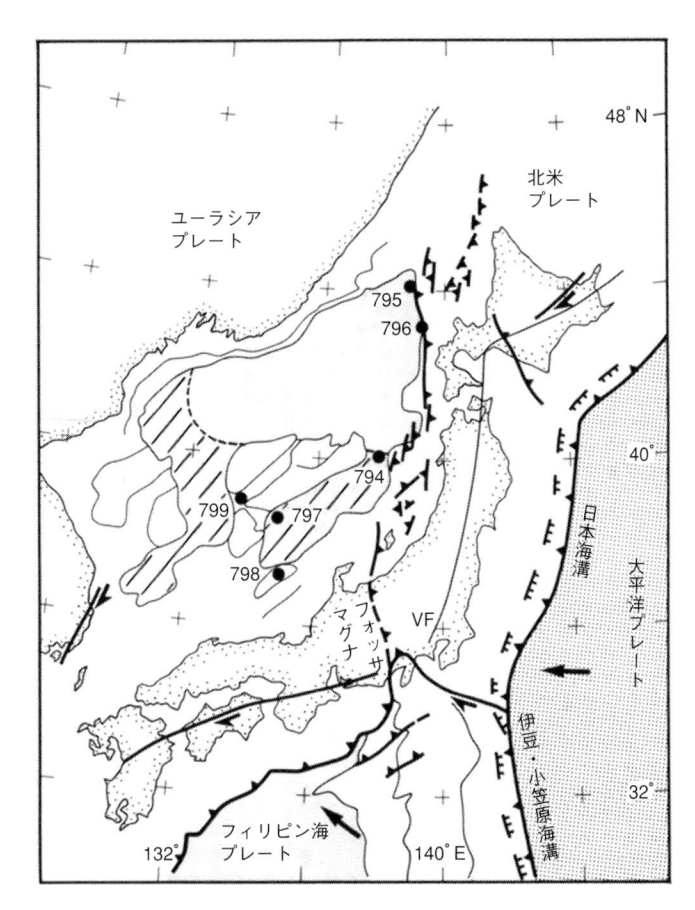

図 8.8 日本列島周辺のプレート境界と ODP Legs 127, 128 の掘削地点
北米プレートとユーラシアプレートの境界はフォッサマグナの延長となっており，逆断層群となっている．
VF：火山フロント．

● コラム11：メタンハイドレート

　メタンハイドレートは，水とメタンガス（CH_4）からなる氷状の固体化合物で，石鹸のようなみかけをした白く不透明な冷たい物体である．類似語のガスハイドレートは，さまざまなガスを含んだハイドレート（水和物）のことで，天然のハイドレートはほとんどがメタンであることから，ODPではガスハイドレートを使っている．地震探査と海底堆積物の採取によって，大陸棚や大陸斜面に広く分布していることが判明した（第1，6章参照）ことから，次の2点で社会的に注目されている．

　(1) メタンハイドレートとして存在する炭素の総量が石炭や石油，天然ガスなど炭化水素資源の2倍に相当する10万億トン（10^{19} g）であると見積もられることから，将来の有望なエネルギー資源として期待される．

　(2) メタンハイドレートは，氷の融点よりかなり高い18℃まで安定であるが，温度上昇や圧力低下によって水とメタンガスが分離し，海底堆積物の崩壊を引き起こして災害をもたらすことや，メタンガスが海水や大気へ放出して温暖化を加速することが懸念されている（図1）．メタンガスは二酸化炭素の20倍の温室効果をもっているのである．

　氷は，個々の水分子が他の水分子と水素結合で結ばれた六員環を形成しており，非常に隙間の空いた構造をつくる．凍結すると膨張し，溶解すると隙間のある格子構造が自然に崩壊し密度が増加する．水素結合した水分子20からなる十二面体から成り立っている結晶の中にゲストの非極性分子（メタン）が入って，隙間を埋めると水素結合のネットワークは安定化する（図2）．このような化合物は，非極性物質の結晶性水和物または包接化合物と呼ばれ，$8X \cdot 46H_2O$ の式をもつが，メタンハイドレートは $X=CH_4$ である（スピロ・スティグリアニ，2000）．

　大陸や島弧を取り巻く大陸棚や大陸斜面の堆積物は，陸源有機物を多量に含んでいるために，堆積物の埋没が進行するにつれて，有機物のメタン発酵分解が進み，間隙水がメタンに関して過飽和状態となり，過剰なメタンはメタンハイドレートとして堆積物粒子の隙間や割れ目に沈殿する．

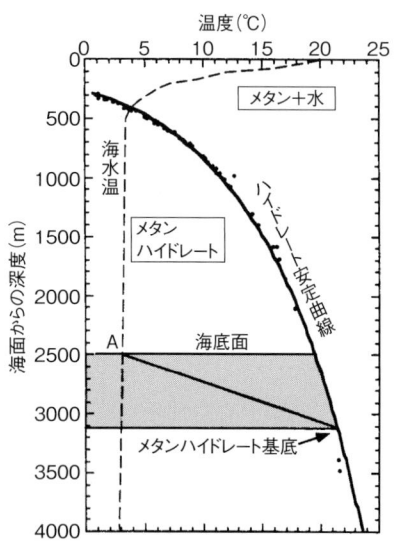

図1　メタンハイドレートの安定条件（松本・市川，1997）実線は地温勾配を3℃/100 mとしたときの温度・圧力の増加傾向を示している．海底から深度620 mまでがメタンハイドレートの安定領域である．

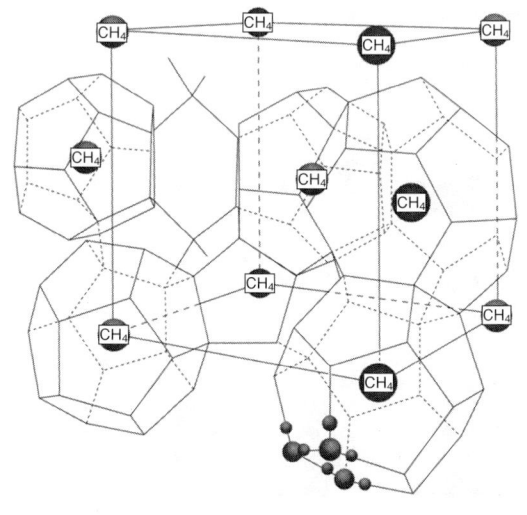

図2　メタンハイドレート包接化合物の結晶構造（スピロ・スティグリアニ，2000）
大きな黒い球は酸素原子，小さな黒い球は水素原子を表す．メタン分子は水分子（単位立方当たり46個）によって形成される水素結合の3次元ネットワーク中の空隙に（単位立方当たり8個）入り込んでいる．

> 氷床のない温室型地球では，気温上昇や深層水の水温上昇が深海底のメタンハイドレートを不安定にし，分解する．また大気-海洋系へ放出されたメタンガスは，酸素を消費して海洋の貧酸素化を促進し，生物の絶滅を引き起こす（第3章参照）．大気のメタンガスや二酸化炭素の増大は温室効果を加速させ，さらにメタンハイドレートの分解を促進する正のフィードバック効果を生む（松本・市川, 1997）．
>
> 氷床のある氷河型地球では，気温の低下や氷床の拡大に伴う海水準低下が浅海域のガスハイドレートの分解を促進する．大陸斜面におけるガスハイドレートの分解は，堆積物の流動化による大規模な地滑りを引き起こす．

構造からなるポーセラナイト，陶器岩）へ相転移することによって生じる物性の急激な変化の層準が強い音響的反射面となって現れ，オパールA/CT反射面と呼ばれる（図8.5, 8.7；第6章参照）．メタンハイドレートBSR (bottom simulating reflector) は音響インピーダンス（地震波速度×堆積物密度）が負になるために，反射波は入力波の逆位相になるが，オパールA/CT面は相転移による反射面であるために，反射面は入力波と同じ極性を示す（Kuramoto et al., 1992）．続成作用によるオパールA/CT相転移の境界では，間隙率の約20%におよぶ急激な減少が生じており（Nobes et al., 1992），多孔質な珪藻殻が圧密増加によって押しつぶされ，非晶質オパールの密度2.0 g/ccからオパールCTの密度2.3 g/mlへ密度が増加したことを示している．この相転移は主として温度に規制されており，オパールA/CT反射面が40℃前後の等温面に相当していることが世界で初めて確認された（Tamaki et al., 1990；Kuramoto et al., 1992）．

d. 第四紀地殻変動

ユーラシアプレートと北米プレートの境界に位置する奥尻海嶺上の796地点で，海底下465 mの中新統中部まで掘削が行われた（図8.5, 8.8）．奥尻海嶺を含むこのプレート境界では，逆断層型の男鹿半島沖地震（1964年，M6.9），サハリン沖地震（1971年，M7.1），日本海中部地震（1983年，M7.7）などが多発しており，日本海東縁部活断層帯と呼ばれている（玉木, 1990）．

奥尻海嶺は日本海盆から1300 m，東側の後志トラフからは1125 mの比高がある．最上部の70 mは砂を含んでいないが，180万年前以前には粒度の粗い砂が多量に出現していることから，大陸斜面の砂層が乱泥流堆積物となって堆積盆へ流入していたが，180万年前に隆起して奥尻海嶺となったのである（Tamaki et al., 1990）．日本海の拡大形成を引き起こした背弧海盆の伸張応力場が衝突し合うプレート運動による圧縮応力場へ変化したことを示している．

8.4 日本海東側陸域の層序

日本海の海底堆積物は東北日本油田地帯の層序と類似しており，対比が可能である（Tada and Iijima, 1992；多田, 1994；福沢・小泉, 1994）．日本列島の日本海側に発達している第三系の一部は，過去の日本海の海底で形成された岩石や堆積物の一部であるか，あるいは日本海ができていく過程と深く関わっていることを示している（図8.9；福沢・小泉, 1994）．

a. 日本海の拡大以前

(1) 日本海の南西端に位置している九州北西部の杵島層群，芦屋層群，対州層群は，日本海の主部がまだ拡大形成される以前の海域である．唐津炭田の杵島層群は漸新世前期（3700万～3000万年前）に相当する（茨木, 1994）．筑豊炭田北部に分布する芦屋層群は浅海性の芦屋動物化石群を

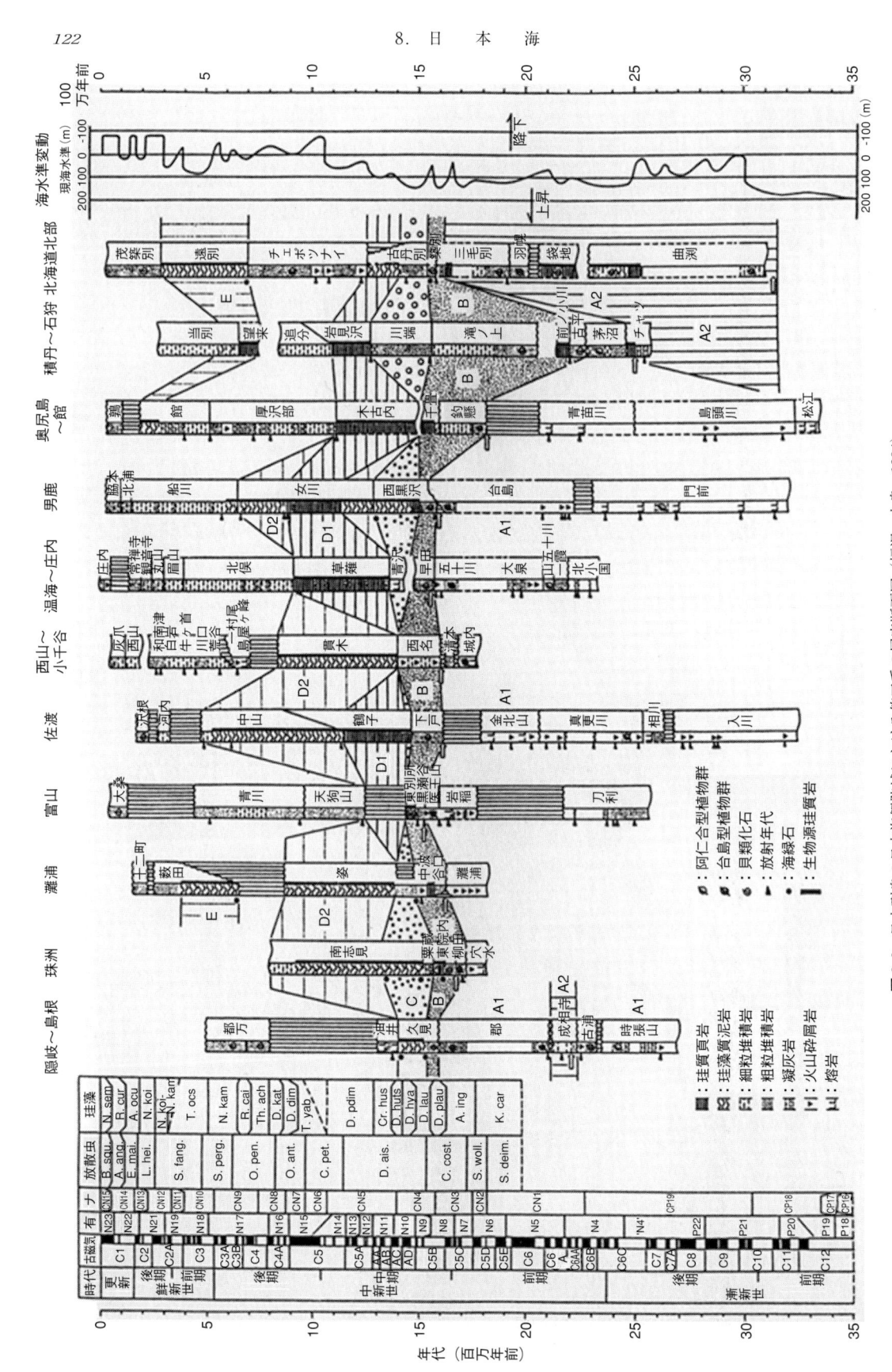

図 8.9 日本列島の日本海側陸域における第三系の層序断面図（福沢・小泉，1994）
有：浮遊性有孔虫，ナ：石灰質ナノ化石．

含むことから原日本海（proto-Japan sea）と呼ばれた（岡本，1981）．芦屋層群は漸新世前期の後半（3200万～3000万年前）に位置づけられる（Tsuchi et al., 1987）．対馬に分布する対州層群の上部層は中新世前期（2000万～1650万年前）であるが，貝化石や植物化石は漸新世の要素をもつので，下部層準が漸新世である可能性がある（茨木，1994）．

（2）秋田県男鹿半島から漸新世後期～中新世前期（3400万～2000万年前）の生痕化石を含む海成層の存在が報告された（大口ら，2005）．日本海側沿いの山口県油谷湾（尾崎，1999），島根半島や積丹半島，北海道北部（福沢・小泉，1994），能登半島珠洲（Kano et al., 2002）などに同時代の海成層は点在しているので，漸新世後期～中新世前期の日本海側沿いにゆるやかに沈降していたリフティングが存在し，中新世前期に一時隆起した後，中新世前期～中期を通じて活発な火山活動を伴いながら急速に沈降したと考えられる（大口ら，2005）．

（3）図8.9のユニットA1は，漸新世後期～中新世前期のグリーンタフ（緑色凝灰岩）変動期の陸成火山岩類と2600万～2200万年前の阿仁合型植物化石群および2200万～1300万年前の台島型植物化石群を含む（図8.10；鹿野・柳沢，1989）．阿仁合型植物化石群は温帯北部落葉樹林の組成を示し，氷結と降雪を伴う長い冬季と高度のある陸域に対応した森林で，内陸の湖沼が堆積盆地として推定された（Huzioka, 1964）．事実，有孔虫殻の酸素同位体比によれば中新世前期の2500万年前と2000万～1800万年前は著しい寒冷気候であり（Woodruff et al., 1981；Williams, 1988），海水準も低下していた（Haq et al., 1987）．阿仁合型植物化石群に伴う珪藻化石群集は好寒性の浮遊性淡水生種からのみなり，湖沼や停滞性の河川が堆積環境として推定されるので，植物化石や昆虫化石から推定される堆積環境と一致する（Koizumi, 1988）．日本海主部がまだ拡大していない2500万～1800万年前にはアジア大陸と日本列島の間に淡水湖が存在していたと考えられる．

b. 日本海の拡大

台島型植物化石群は亜熱帯ないし温帯南部の常

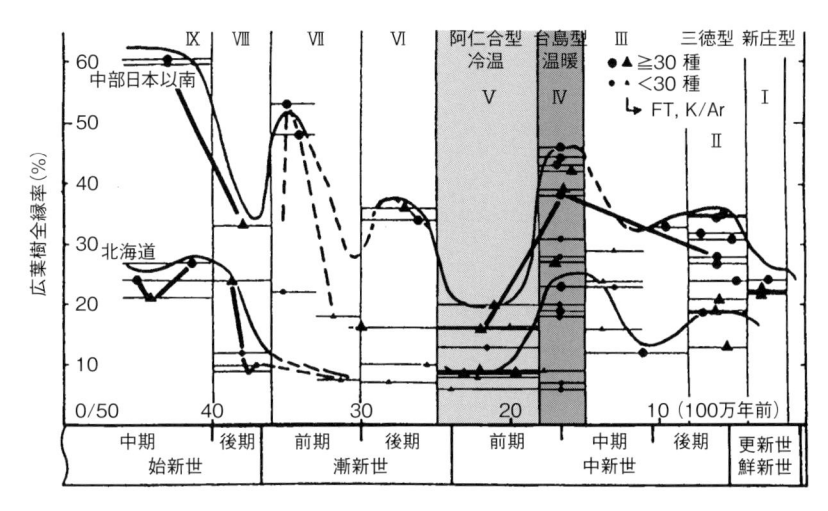

図8.10 広葉樹全縁率による陸上気温の変遷（植村，1993）

縦軸の全縁率が高いほど気温が高い．上の曲線は中部日本以南，下の曲線は北海道の資料に基づく．同一地域内で気温変化を示す重要な植物化石を太線または破線で示した．Ⅰ～Ⅸは植物化石群による時代区分．新第三紀のものについてはTanai (1961)の阿仁合型（Ⅴ），台島型（Ⅳ），三徳型（Ⅱ），新庄型（Ⅰ）の植物群ににそれぞれ相当する．Ⅲの名称はないが，基本的にはⅡの三徳型に近い．

緑・落葉混合広葉樹の組成によって，高温多湿な海洋的気候を指示するので，現在の日本海域に大規模な陥没くぼ地ができて，太平洋から暖流が流入したと藤岡（1972）は考え，本州沖日本海の海底から台島階の海成層が発見されることを予言した．台島型植物化石群の年代は 2200 万～1300 万年前である（鹿野・柳沢，1989）．北海道とサハリンでは，台島型植物化石群と浅海性の貝類化石を含む砂岩を挟在したチャートと珪質シルト岩の互層が発達している（ユニット A2）．

台島型植物化石群に含まれる珪藻群集は，淡水生の種群に浮遊性汽水～海生種群が加わった混合群集であり，海生種群は外洋性でないために河口，潟湖，内海，湾などの海に面した沿岸部が堆積の場として推定される（小泉，1979）．

日本海の大和海嶺北東斜面から採取されたピストンコア RC12-394 の下半分やソ連の海洋調査船ペルベネット号が大和海嶺からドレッジ採取した 1434, 1444, 1446, 1448 などの試料に含まれる珪藻化石群集は，台島型植物化石群に随伴する珪藻化石群集と全く同じ種群構成である（Koizumi, 1988；小泉，1990）．

c. 日本海の急激な拡大

図 8.9 のユニット B は，中新世中期初めの温暖気候のもとに生息した門の沢動物群の化石（Chinzei, 1978）や *Miogypsina-Operculina* を伴う有孔虫などの石灰質化石，苦灰岩の微小団塊などを含む沿岸～浅海性砂岩と泥岩からなる．秋田県男鹿半島の西黒沢層下部に相当し，その年代は 1500 万年前頃である（小泉・的場，1989）．

ユニット C は，中新世中期初めにおける温暖気候から寒冷気候への漸移期を通じて形成された地層で，海緑石，珪藻殻，海綿骨針などを含む石灰質～珪質の砂岩とシルト岩からなり，リン酸塩石の小団塊をまれに含有する．西黒沢層上部に相当し，日本海沿岸全域と東北日本以北からは温帯～亜寒帯に生息した塩原・耶麻動物群の化石が産出する．珪藻化石群集によれば，ユニット C の上限は 1300 万年前である（小泉・的場，1989）．

d. 日本海の深海化

中新世中～後期を通じて優勢となった寒冷気候が珪質プランクトンを繁殖させたために，その遺骸が還元的海底に堆積して有機炭素を多量に含む泥岩となった．サブユニット D1 は生痕が発達した沿岸性の塊状珪藻質シルト岩であり，サブユニット D2 は白黒ラミナを含む縞状珪藻質シルト岩である．

ユニット E は，鮮新世に活発となった沿岸湧昇流によって形成された均質塊状の珪藻土ないし珪藻質シルト岩よりなり，著しい生物擾乱を受けている．

8.5 日本海の歴史

日本海は少なくとも 3000 万年前頃から激しい火山活動による火山噴出物を多量に伴いながら拡大を始めた．

（1）3000 万～2200 万年前： 日本海東縁の日本海側に沿う陸上ないし汽水域で形成された火山噴出物と砂礫からなる扇状地堆積物の側方あるいは上方へ大陸性冷涼気候を反映した阿仁合型植物群の化石を挟在する淡水湖沼成層が堆積した．

（2）2200 万～1500 万年前： 島弧方向と平行な多数の断列帯から噴出した安山岩質火山噴出物と温暖系の台島型植物群の化石を含む汽水成堆積物が指交関係になるとともに，側方および上方へ海成堆積物に漸移した．1800 万年前頃，大陸地殻が大きく裂けるように陥没して大和海盆ができ，日本海の南東部が誕生した．1600 万年前の汎世界的な温暖化気候による海水準上昇が日本海へ暖流を流入させた．熱帯～亜熱帯性動物群の化石は八尾動物群や門の沢動物群と呼ばれるが，亜熱帯気候の影響は北海道南部までにおよんだ．山形県南部以南には熱帯性のマングローブが生い茂る沼が存在した．暖温性生物群を含む 1600 万

～1400万年前の堆積物中には，海緑石，リン酸塩，マンガン鉱物，あるいは無堆積期を挟在しており，暖流と寒流の交差による局所的な湧昇流が存在したことを示唆する．1500万年前に拡大速度が加速されて，西南日本は時計回りに，東北日本は反時計回りに回転して，日本海は急激に拡大した．この時期には，千島海盆や四国海盆でも拡大速度が増加した．

（3）1500万～1300万年前： 多様性の高い暖流系底生有孔虫群集が貧弱な砂質有孔虫群集に急変する1500万年前の層準は，Foram. Sharp Line（多井, 1963）と呼ばれるが，それはその後の1300万年前に到来するPlanktonic Foram. Sharp Surface（米谷・井上, 1981）が指示する寒冷気候の前兆であった．1500万年前以降は汎世界的な海水準の下降期にあたり，地殻の短縮に伴って隆起し始めていた西南日本では海退現象が起こり，広い範囲で陸化したために，対馬海峡は中新世中期から鮮新世前期まで閉鎖した．そのために，日本海は外洋から隔離され停滞性の海盆となり，底層水は貧酸素状態となった（Tada, 1994）．

（4）1300万～530万年前： 日本海の拡大と深海化が加速されるに従って，砂質底生有孔虫が減少して1300万年前以降は寒流系浮遊性有孔虫が優勢となるが，外洋からの遮断によって浮遊性有孔虫も1200万～650万年前の期間には産出しなくなる．気候はしだいに冷涼となり，動植物群は温暖型と寒冷型の中間的な種群集を経て，寒冷型群集に変化した．カルヤクルミ属やフウ属を主体とする植物群から約750万年前に現在と同じかやや低めの気温を示すブナ属やスギ属などからなる三徳型植物群へ変化した（図8.10）．花粉化石ではこの層準を船川遷移面（山野井, 1978）と呼んでいる．1300万年前以降，珪藻質堆積物が日本海や東北日本の日本海側，北海道に多量に堆積した（第6章参照）．

（5）530万～260万年前： 中新世/鮮新世境界付近から鮮新世後期の260万年前までの期間を通じて，汎世界的な温暖化気候の影響を受けて，海水準が上昇したために太平洋からの外洋水が日本海へ流入し，浮遊性有孔虫や石灰質ナノ化石などの石灰質化石を含む海成堆積物が形成された．山形県の新庄層群からはフウ属やヌマミズキ属など現在より温暖な気候を指示する新庄型植物群が産出する（図8.10）．

（6）260万年前～現在（第四紀）： 260万～240万年前に北半球氷河作用が始まり，海水準の低下とともに，日本海の沿岸域は急速に浅い海ないしは陸となった（第3章参照）．日本海のODPコアでは220万年前から沿岸性珪藻種が増加し始め，200万年前からは珪藻殻の産出が激減した．200万～130万年前の期間は，珪藻殻の激減と砂層の出現で特徴づけられる（第7章参照）．

a. 陸橋問題

本州中部から産出するゾウ化石の層準に基づいた陸橋形成の時期が復元されている（図8.11；河村, 1992b, 1998）．その結果によると，シガゾウの産出から110万年前頃，トウヨウゾウの産出から50万年前頃，ナウマンゾウの産出から30万年前頃，さらにアケボノゾウの産出から220万年前頃に陸橋の存在が推定されている．

アケボノゾウの化石が産出し始める220万年前の日本海東方海域では，砂の堆積が活発となり，珪藻殻が減少すると同時に，北方域では沿岸性珪藻種が増加していることから，海水準の低下が考えられ，海峡の水深と幅が浅く狭くなり，陸橋形成の状況に近くなった（小泉, 1999）．

シガゾウ（マンモス古型）の化石が産出し始める115万年前には，北海道留萌沖，日本海盆北端に位置するODP 795地点で，砂層と沿岸性珪藻種が存在し，110万年前には寒冷珪藻種のほかに再堆積した珪藻殻と淡水性珪藻種が多量に含まれていること，秋田沖の794地点と大和海盆南西端の797地点の110万年前は砂層であること（図4.3参照；Koya, 1999MS）から，寒冷化気候による海水準の低下が考えられるので，マンモス動

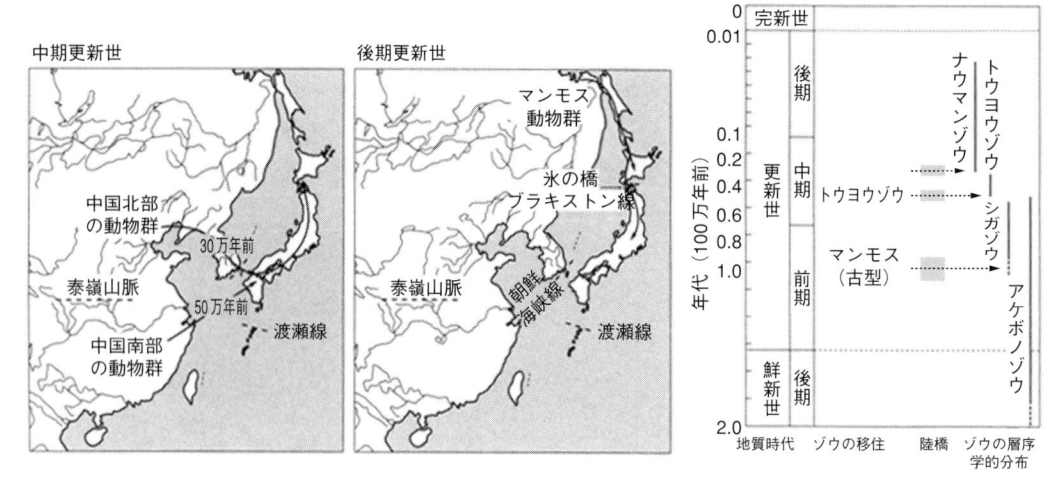

図 8.11 日本列島への哺乳類の移動に関わる本州中部から産出するゾウの層序と陸橋形成期（河村, 1992b, 1998）

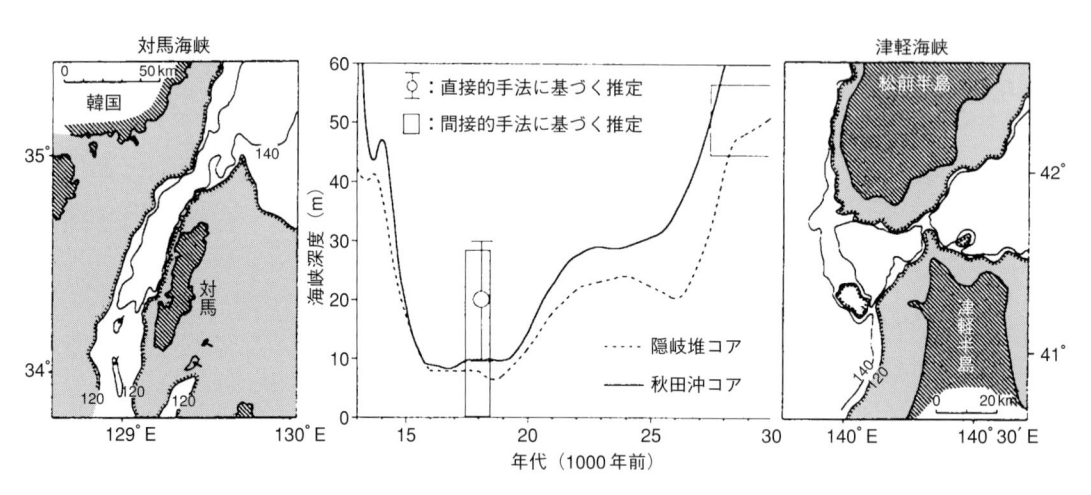

図 8.12 最終氷期最寒期に海水準が 120 m 低下した場合の対馬海峡と津軽海峡の海底地形（両端図）と，塩分収支モデルに基づく最終氷期最寒期の対馬海峡の水深変化の復元例（中図）

物群がサハリン・北海道を経由して，本州に移動できた可能性は高い．

トウヨウゾウが産出し始める 50 万年前がカンザス-ミンデル氷期に相当することから，日本海を渡って日本列島へ移動した南方起源のトウヨウゾウは，次の 30 万年前頃の寒冷期に絶滅し，かわって北方のナウマンゾウが朝鮮海峡を越えて日本へ移動してきたと考えられる．

ヒトが日本列島へ移動してくる際の海峡と陸橋に関しては，汎世界的に海水準が 120 m まで低下した最終氷期最寒期（2 万 4000〜1 万 2000 年前）に，陸上の生物地理と海底地形は陸橋が成立しなかったことを示唆する．また対馬海峡内部に存在する堆積成平坦面が 1 万 8300〜1 万 7900 年前であることから相対的な海水準低下量は 100〜120 m となる（多田, 1998a）．浮遊性有孔虫殻の $\delta^{18}O$ に基づいて，最終氷期に日本海へ流入する海水量を復元し，対馬海峡の断面積から推定した海峡深度は，1 万 9000 年前に 10〜8 m まで浅化し，1 万 6000 年前までの 3000 年間に海峡の幅は

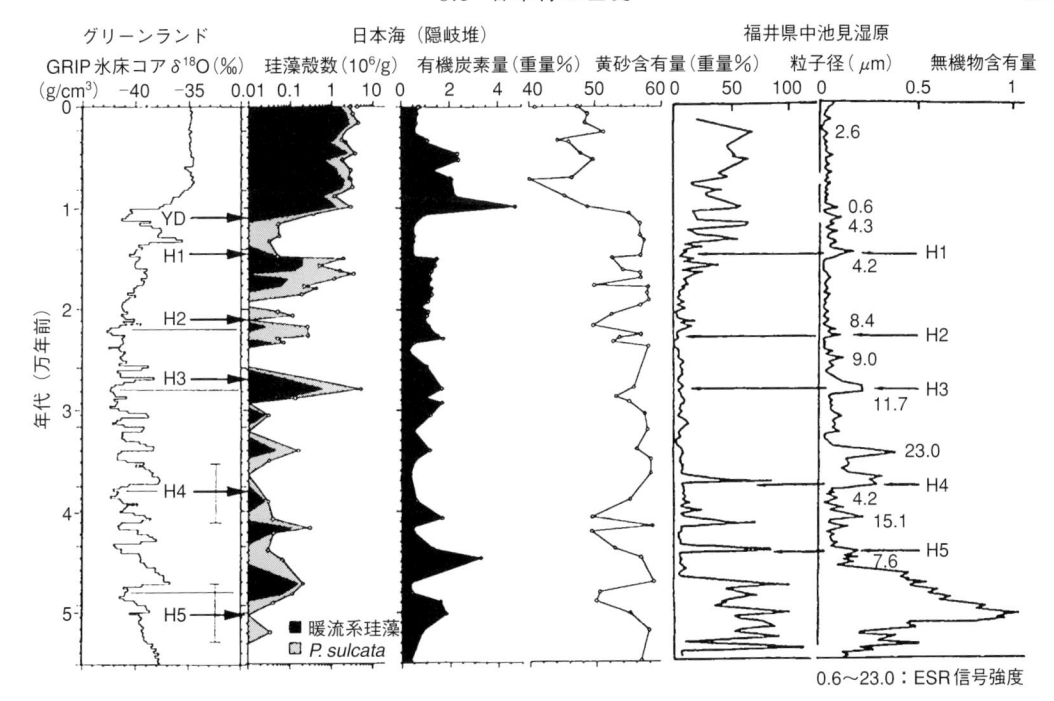

図8.13 自然環境変動の連動
日本海堆積物の表層水-深層水の水環境と黄砂フラックスは陸上の風成塵変動（大気循環）と連動しており，さらにグリーンランド氷床コアの酸素同位体比変動（水界-大気）と同調している．YD：ヤンガードリアス，H1〜H5：ハインリッヒイベント．

15kmまで狭まった．この期間を通じて津軽海峡からは海水が流出していたので，対馬海峡に陸橋は成立しなかったが，ヒトが海峡を渡る機会はあったと考えられる（図8.12；松井ら，1998）．

b. 陸上（乾湿・植生・自然災害）-日本海（海水温・海流）-大気（風向・風速）

日本海の海底堆積物に含まれる珪藻化石のうち，対馬暖流の特徴種と東シナ海沿岸性種の個体数は対馬暖流の流入期（温暖期）に増加し，停止期（寒冷期）に減少する（図8.13；小泉，2006）．その変動形状は氷河性海水準の変動を反映している $\delta^{18}O$ の変動曲線に酷似している．

海底堆積物には明暗色の縞模様がみられる．有機炭素の含有量が0.8％以下の明色縞は現在のように海水準が高い温暖期に酸素を含んだ底層水のもとで形成されたのに対し，暗色縞は最高5％の有機炭素量を含み，海水準が低下した寒冷期に酸素が少なく硫化水素の多い海底環境のもとで堆積した（Tada et al., 1999）．表層における生物生産の増加と深層〜底層水の還元度強化が堆積物中の有機炭素量を増加させ暗色縞をもたらす．堆積物中の黄砂含有量は後背地の乾燥度を反映しており，寒冷期に増加し温暖期に減少する．黄砂の粒径は卓越風の強度を示している（Irino and Tada, 2000）．

陸上では，寒冷期に風成塵（無機物）の含有量が増加し粒径が大きくなり，冬季モンスーンが強化されたことを示す．温暖期には夏季モンスーンが活発となり降水量が増加した．5万5000〜4万5000年前に北方アジア大陸が乾燥状態となり，高緯度コースの風成塵が運び込まれると同時に，夏季モンスーンが流水物質を多量に堆積させた．2万4000〜1万2000年前の寒冷期に太平洋岸や瀬戸内は極度に乾燥して山地の植生が破壊されてはげ山のようになった（成瀬，2006）．

引用文献

Aagaard, K. and Carmack, E. C., 1994. The Arctic Ocean and climate : A perspective. In Johannessen, O. M., Muench, R. D. and Overland, J. E. (eds.) *The Polar Oceans and Their Role in Shaping the Global Environment.* Geophys. Monogr. 85, 5-20, American Geophysical Union.

Aagaard, K., Swift, J. H. and Carmack, E. C., 1985. Thermohaline circulation in the arctic Mediterranean seas. *Jour. Geophy. Res.*, **90**, 4833-4846.

Alley, R. B. and MacAyeal, D. R., 1994. Ice-rafted debris associated with binge/purge oscillations of the Laurentide Ice Sheet. *Paleoceanography*, **9**, 503-511.

Alvarez, L. E., Alvarez, W., Asaro, F. and Michel, H. V., 1980. Extraterrestrial cause for the Cretaceous-Tertiary extinction. Eperimental results and theoretical interpretation. *Science*, **208**, 1095-1108.

Alvarez, W., 1986. Toward a theory of impact crises. *EOS*, **67**, 653-655, 658.

Alvarez, W., Smit, J., Lowrie, W., Asaro, F., Margolis, S. V., Claeys, P., Kastner, M. and Hildebrand, A. R., 1992. Proximal impact deposits at the Cretaceous-Tertiary boundary in the Gulf of Mexico : A restudy of DSDP Leg 77 Sites 536 and 540. *Geology*, **20**, 697-700.

Anderson, L. and Dyrssen, D., 1989. Chemical oceanography of the Arctic Ocean. In Herman, Y. (ed.) *The Arctic Seas—Climatology, Oceanography, Geology, and Biology*. 93-114, Van Nostrand Reinhold.

Arinobu, T., Ishiwatari, R., Kaiho, K. and Lamolda, M. A., 1999. Spike of pyrosynthetic polycyclic aromatic hydrocarbon associated with an abrupt decrease in $\delta^{13}C$ of a terrestrial biomarker at the Cretaceous-Tertiary boundary at Caravaca, Spain. *Geology*, **27**, 723-726.

Arthur, M. A., Dean, W. E. and Pratt, L. M., 1988. Geochemical and climatic effects of increased marine organic carbon burial at the Cretaceous/Turonian boundary. *Nature*, **335**, 714-717.

Arthur, M. A., Schlanger, S. O. and Jenkyns, H. C., 1987. The Cenomanian-Turonian Oceanic Anoxic Event, II. In Brooks, J. and Fleet, A. J. (eds.) *Marine Petroleum Source Rocks.* Geol. Soc. Spec. Pub. 26, 401-420, Blackwell Scientific.

Aubry, M.-P., Berggren, W. A., Van Couvering, J., McGowran, B., Pillans, B. and Hilgen, F., 2005. Quaternary : Status, rank, definition, survival. *Episodes*, **28**, 1-3.

Azzaroli, A., 1995. The "Elephant-*Equus*" and the "End-Villafranchian" events in Eurasia. In Vrba, E. S., Denton, G. H., Partridge, T. C. and Burckle, L. H. (eds.) *Paleoclimate and Evolution with Emphasis on Human Origins.* 311-318, Yale Univ. Press.

馬場悠男, 2000. ホモ・サピエンスはどこから来たか―ヒトの進化と日本人のルーツが見えてきた！KAWADE夢新書, 208 p.

Barrett, P. J., Adams, C. J., McIntosh, W. C., Swisher, C. C., III and Wilson, G. S., 1992. Geochronological evidence supporting Antarctic deglaciation three million years ago. *Nature*, **359**, 816-818.

Barron, E. J., 1985. Explanations of the Tertiary global cooling trend. *Palaeogeogr., Palaeoclimatol., Palaeoecol.*, **15**, 45-61.

Barron, J. A., 1987. Diatoms. In Lipps, J. H. (ed.) *Fossil Prokaryotes and Protists.* 155-167, Blackwell Scientific.

Barron, J. A., 1998. Late Neogene changes in diatom sedimentation in the North Pacific. *Jour. Asian Earth Sci.*, **16**, 85-95.

Barron, J. A., 2003. Planktonic marine diatom recorded of the past 18 m. y. : Appearances and extinctions in the Pacific and southern oceans. *Diatom Res.*, **18**, 203-224.

Barron, J. A. and Baldauf, J. G., 1995. Cenozoic marine diatom biostratigraphy and applications to paleoclimatology and paleoceanography. In Ausich, W. I. (ed.) *Siliceous Microfossils.* Short courses in paleontology 8, 107-118, The Paleontol. Soc. USA.

Belyayeva, T. V., 1968. Range and numbers of diatoms of the genus Ethmodiscus (Castr) in Pacific plankton and sediments. *Oceanology*, **8**, 79-85.

Bender, M., Sowers, T., Dickson, M. L., Orchardo, J., Grootes, P., Mayewski, P. A. and Meese, D. A., 1994. Climate correlations between Greenland and Antarctica during the past 100,000 years. *Nature*, **372**, 663-666.

Berger, W. H. and Keir, R., 1984. Glacial-Holocene changes in atmospheric CO_2 and the deep-sea record. In Hansen, J. E. and Takahashi, T. (eds.) *Climate Processes and Climate Sensitivity.* Geophys. Monog. 29, 337-351, Amer. Geophys. Union.

Berggren, W. A., 1998. The Cenozoic Era : Lyellian (chromilno) stratigraphy and nomenclatural reform at the millennium. In Blundell, D. J. and Scott, A. C. (eds.) *The Past is the Key to the Present*. 111-132, Geol. Soc., London, Spec. Pub. 143.

Berrett, P. J., 1991. Antarctica and global climatic change : A geological perspective. In Harris, C. and Stonehouse, B. (eds.) *Antarctica and Global Climatic Change*. 35-50, Belhaven Press.

Birchfield, G. E. and Broecker, W. S., 1990. A salt oscillator in the glacial Atlantic? 2. A "scale analysis" model. *Paleoceanography*, 5, 835-843.

Blunier, T., Chappellaz, J., Schwander, J., Dallenbach, A., Stauffer, B., Stocker, T. F., Raynaud, D., Jouzel, J., Clausen, H. B., Hammer, C. U. and Johnsen, S. J., 1998. Asynchrony of Antarctic and Greenland climate change during the last glacial period. *Nature*, 394, 739-743.

Bonan, G. B., Pollard, D. and Thompson, S., 1992. Effects of boreal forest vegetation on global climate. *Nature*, 359, 716-718.

Bond, G., Broecker, W., Johnsen, S., McManus, J., Labeyrie, L., Jouzel, J. and Bonani, G., 1993. Correlations between climate records from North Atlantic sediments and Greenland ice. *Nature*, 365, 143-147.

Bond, G., Kromer, B., Beer, J., Muscheler, R., Evans, M. N., Showers, W., Hoffmann, S., Lotti-Bond, R., Hajdas, I. and Bonani, G., 2001. Persistent solar influence on North Atlantic climate during the Holocene. *Science*, 294, 2130-2136.

Bond, G. and Lotti, R., 1995. Iceberg discharges into the North Atlantic on millennial time scales during the last glaciation. *Science*, 267, 1005-1010.

Bond, G., Showers, W., Cheseby, M., Lotti, R., Almasi, P., de Menocal, P., Priore, P., Cullen, H., Hajdas, I. and Bonani, G., 1997. A pervasive millennial-scale cycle in North Atlantic Holocene and glacial climates. *Science*, 278, 1257-1266.

Boyle, E. A., 1988a. Cadminum : Chemical tracer of deepwater paleoceanography. *Paleoceanography*, 3, 471-489.

Boyle, E. A., 1988b. The role of vertical chemical fractionation in controlling late Quaternary atmospheric carbon dioxide. *Jour. Geophys. Res.*, 93, 701-714.

Boyle, E. A. and Keigwin, L., 1987. North Atlantic thermohaline circulation during the past 20,000 years linked to high-latitude surface temperature. *Nature*, 330, 35-40.

Bralower, T. J., Paull, C. K. and Leckie, R. M., 1998. The Cretaceous-Tertiary boundary cocktail : Chicxulub impact triggers margin collapse and extensive, sediment gravity flows. *Geology*, 26, 331-334.

Brass, G. W., Southam, J. R. and Peterson, W. H., 1982. Warm saline bottom water in the ancient ocean. *Nature*, 296, 620-623.

ブリッグス, P. 著, 竹内 均訳, 1976. 海底下の2億年―海洋の起源を探る航海. 東海科学選書, 東海大学出版会, 289 p.

Broecker, W. S., Bond, G., Klas, M., Bonani, G. and Wolfli, W., 1990. A salt oscillator in the glacial Atlantic? 1. The concept. *Paleoceanography*, 5, 469-477.

Broecker, W. S., Bond, G., MacManus, J., Klas, M., Clark, E., 1992. Origin of the Northern Atlantic's Heinrich events. *Climatic Dynamics*, 6, 265-273.

Broecker, W. S. and Denton, G. H., 1989. The role of ocean-atmosphere reorganizations in glacial cycles. *Geochim. Cosmochim. Acta*, 53, 2465-2501.

Burckle, L. H., Jacobs, S. S. and McLaughlin, R. B., 1987. Late austral spring diatom distribution between New Zealand and the Ross Ice Shelf, Antarctica : Hydrographic and sediment correlations. *Micropaleontology*, 33, 74-81.

バローズ, W. J. 著, 松野太郎監訳, 2003. 気候変動―多角的視点から―. シュプリンガー・フェアラーク東京, 371 p.

Calvert, S. E., 1983. Sedimentary geochemistry of siliceous. In Aston, S. R. (ed.) *Silicon Geochemistry and Biogeochemistry*. 143-186, Academic Press.

Cande, S. C. and Kent, D. V., 1995. Revised calibration of the geomagnetic polarity time scale for the Late Cretaceous and Cenozoic. *Jour. Geophys. Res.*, 100, 6093-6095.

Cao, L. Q., Arculus, R. J. and McKelvey, B. C., 1995. Geochemistry and petrology of volcanic ashes recovered from Sites 881 through 884 : A temporal record of Kamchatka and Kurile volcanism. In Rea, D. K., Basov, L. A., Scholl, D. W. and Allan, J. F. (eds.) *Proc. ODP, Sci. Results*, 145, 345-381, College Station, TX (Ocean Drilling Program).

Cerling, T., 1992. Development of grass and savannas in East Africa during the Neogene. *Palaeogeogr., Palaeoclimatol., Palaeoecol.*, 97, 241-247.

Cerling, T. and Hay, R. L., 1988. An isotopic study of paleosol carbonates from Olduvai Gorge. *Quat. Res.*, 25, 63-78.

Chinzei, K., 1978. Neogene molluscan funas in the Japanese Islands : An ecologic and zoogeographic synthesis. *The Veliger*, 21, 155-170.

Cita, M. B., 1976. Biodynamic effects of the Messinian salinity crisis on the evolution of planktonic foraminifera in the Mediterranean. *Palaeogeogr., Palaeoclimatol., Palaeoecol.*, 20, 23-42.

Claps, M. and Masetti, D., 1994. Milankovitch periodicities recordedin Cretaceous deep-sea sequences from the Southern Alps (Northern Italy). In de Boer, P. L. and Smith, D. G. (eds.) *Orbital Forcing and Cyclic Sequences*. Spec. Pub. Int. Ass. Sediment., 19, 99-107, Blackwell Scientific.

Clemons, M. J. and Miller, C. B., 1984. Bloom of large diatoms in the oceanic subarctic Pacific. *Deep-Sea Res.*, Part A, **31**, 85-98.

Coates, A. G., Jackson, J. B. C., Collins, L. S., Cronin, T. M., Dowsett, H. J., Bybell, L. M., Jung, P. and Obando, J. A., 1992. Closure of the Isthmus of Panama : The near-shore marine record of a Costa Rica and western Panama. *Geol. Soc. Am. Bull.*, **104**, 814-824.

Creager, J. S., Scholl, D. W. *et al.*, 1973. Initial Reports of the Deep Sea Drilling Project. 19, U. S. Govt. Printing Office, 913 p.

Curry, W. B. and Lohmann, G. P., 1982. Carbon isotopic changes in benthic foraminifera from the western South Atlantic : Reconstruction of glacial abyssal circulation patterns. *Quaternary Res.*, **18**, 218-235.

Dansgaard, W., Johnsen, S. J., Clausen, H. B., Dahl-Jensen, D., Gundestrup, N., Hammer, C. U., Hividgerg, C. S., Steffensen, J. P., Sveinbjornsdottir, A. E., Jouzel, J. and Bond, G., 1993. Evidence for general instability of past climate from 250-kyr ice core record. *Nature*, **364**, 218-220.

Dansgaard, W., Johnsen, S. J., Clausen, H. B., Dahl-Jensen, D., Gundestrup, N., Hammer, C. U. and Oeschger, H., 1984. North Atlantic climatic oscillations revealed by deep Greenland ice aores. In Hansen, J. E. and Takahashi, T. (eds.) *Climate Processes and Climate Sensitivity*. 288-298, Amer. Geophys. Union.

Demaison, G. J. and Moore, G. T., 1980. Anoxic environments and oil source bed genesis. *AAPG Bull.*, **64**, 1179-1209.

deMenocal, P. B., 1995. Plio-Pleistocene African climate. *Science*, **270**, 53-59.

deMenocal, P. B. and Bloemendal, J., 1995. Plio-Pleistocene climatic variability in subtropical Africa and the paleoenvironment of Hominid evolution : A combined data-model approach. In Vrba, E. S., Denton, G. H., Partridge, T. C. and Burckle, L. H. (eds.) *Paleoclimate and Evolution with Emphasis on Human Origins*. 262-288, Yale Univ. Press.

Denton, G. H., 1995. The problem of Pliocene paleoclimate and ice-sheet evolution in Antarctica. In Vrba, E. S., Denton, G. H., Partridge, T. C., Burckle, L. H. (eds.) *Paleoclimate and Evolution with Emphasis on Human Origins*. 211-229, Yale Univ. Press.

Dersch, M. and Stein, R., 1992. Pliocene-Pleistocene fluctuations in composition and accumulation rates of eolo-marine sediments at Site 798 (Oki Ridge, Sea of Japan) and climatic change : Preliminary results. *Proc. ODP, Sci. Results*, 127/128, Pt. 1, 409-422, College Station, TX (Ocean Drilling Program).

Dersch, M. and Stein, R., 1994. Late Cenozoic records of eolian quartz flux in the Sea of Japan (ODP Leg 128, Sites 798 and 799) and paleoclimate in Asia. *Palaeogeogr., Palaeoclimatol., Palaeoecol.*, **108**, 523-535.

Dickens, G. R., O'Neil, J. R., Rea, D. K. and Owen, R. M., 1995. Dissociation of oceanic methane hydrate as a cause of the carbon isotope excursion at the end of the Paleocene. *Paleoceanography*, **10**, 965-971.

Dickson, R. C., Abelson, J., Barres, W. M. and Reznikoff, W. S., 1975. Genetic regulations : The Lac control region. *Science*, **187**, 27-35.

Dietz, R. S. and Holden, J. C., 1970. Reconstruction of Pangaea : Breakup and dispersion of continents, Permian to present. *Jour. Geophy. Res.*, **75**, 4939-4956.

Domack, E. W., Jull, A. J. T. and Nakao, S., 1991. Advance of East Antarctic outlet glaciers during the Hypsithermal : Implications to the volume state of the Antarctic ice sheet under global warming. *Geology*, **19**, 1059-1062.

Dowdeswell, J. A., Maslin, M. A., Andrews, J. T. and McCave, I. N., 1995. Iceberg production, debris rafting, and the extent and thickness of Heinrich layers (H-1, H-2) in North Atlantic sediments. *Geology*, **23**, 301-304.

Duplessy, J. C., Shackleton, N. J., Fairbanks, R. G., Labeyrie, L., Oppo, D. W. and Kallel, N., 1988. Deep water source variations during the last climatic cycle and their impact on the global deep water circulation. *Paleoceanography*, **3**, 343-360.

Dymond, J. R., 1966. Potassium-Argon geochronology of deep sea sediments. *Science*, **152**, 1239-1241.

Eldholm, O. and Thiede, J., 1980. Cenozoic continental separation between Europe and Greenland. *Palaeogeogr., Palaeoclimatol., Palaeoecol.*, **30**, 243-259.

Emiliani, C., 1955. Pleistocene temperatures. *Jour. Geol.*, **63**, 538-575.

Emiliani, C., 1992. *Planet Earth : Cosmology, Geology, and the Evolution of Life and Environment*. Cambridge Univ. Press. 736 p.

Erba, E. and Premoli-Silva, I., 1994. Orbitally driven cycles in trace-fossil distribution from the Piobbico core (late Albian, central Italy). *Spec. Publs Int. Ass. Sediment.*, **19**, 211-225.

Erbacher, J., Thurow, J. and Littke, R., 1996. Evolution patterns of radiolaria and organic matter variations : A new approach to identify sea-level changes in mid-Cretaceous pelagic environments. *Geology*, **24**, 499-502.

Erez, J., 1978. Vital effect on stable-isotope composition seen in foraminifera and coral skeletons. *Nature*, **273**, 199-202.

Fairbanks, R. G. and Dodge, R. E., 1979. Annual periodicity of the $^{18}O/^{16}O$ and $^{13}C/^{12}C$ ratios in the coral Montastrea annularis. *Geochim. Cosmochim. Acta*, **43**, 1009-1020.

Farrell, J. W., Pedersen, T. F., Calvert, S. E. and Nielsen, B., 1995. Glacial-interglacial changes in nutrient utilization in the equatorial Pacific Ocean. *Nature*, **377**, 514-517.

Fisher, A. G., 1981. Climatic oscillations in the biosphere. In

Nitecki, M. H. (ed.) *Biotic Crises in Ecological and Evolutionary Time*. 102-131, Academic Press.

Frakes, L. A. and Francis, J. E., 1988. A guide to Phanerozoic cold polar climates from high-latitude ice-rafting in the Cretaceous. *Nature*, **333**, 547-549.

Frakes, L. A., Francis, J. E. and Syktus, J. I., 1992. *Climate Modes of the Phanerozoic*. Cambridge Univ. Press, 274 p.

Francois, R. and Bacon, M. P., 1994. Heinrich events in the North Atlantic：Radiochemical evidence. *Deep-Sea Res.*, **41**, 315-334.

Fronval, T., Jansen, E., Bloemendal, J. and Johnsen, S., 1995. Oceanic evidence for coherent fluctuations in Fennoscandian and Laurentide ice sheets on millennium timescales. *Nature*, **37**, 443-446.

福山　薫, 1992. 過去200万年における日射量の変化と気候変動モデル. 安成哲三・柏谷健二編著, 地球環境変動とミランコヴィッチ・サイクル. 3-24, 古今書院.

福沢仁之・小泉　格, 1994. ODP日本海の掘削試料と日本海・オホーツク海沿岸陸域第三系との比較検討. 月刊地球, **16**, 154-163.

古谷　研, 1992. 生物生産は何できまるか. 科学, **62**, 669-674.

Gasse, F., Arnold, M., Fontes, J. C., Fort, M., Gilbert, E., Huc, A., Bingyan, L., Yuanfang, L., Qing, L., Melieres, F., Van Campo, E., Fubao, W. and Qingsong, Z., 1991. A 13,000-year climate recorded from western Tibet. *Nature*, **353**, 742-745.

Gillespie, R. and Street-Perrott, F. A., 1983. Post glacial arid episodes in Ethiopia have implications for climate prediction. *Nature*, **306**, 680-683.

Gordienko, P. A. and Laktionov, A. F., 1969. Circulation and physics of Arctic Basin waters. *Ann. Int. Geophys.*, **Year 46**, 94-127.

Gordon, A. L., 1967. Structure of Antarctic waters between 20°W and 170°W. In Bushnell, V. (ed.) *Antarctic Map Folio Series*. Folio 6, Am. Geogr. Soc.

グリビン, J. 著, 平沼洋次訳, 1984. 夏がなくなる日―明日を襲う気象激変と「温室効果」. カッパ・サイエンス, 光文社, 252 p.

GRIP Members, 1993. Climate instability during the last interglacial period recorded in the GRIP ice core. *Nature*, **346**, 203-207.

Grobe, H., Futterer, D. K. and Spiess, V., 1990. Oligocene to Quaternary sedimentation process on the Antarctic continental margin, ODP Leg 113, Site 693. In Barker, P. F., Kennett, J. P. et al. (eds.) *Proc. ODP, Sci. Results*, 113, 121-131, College Station, TX (Ocean Drilling Program).

Grootes, P. M., Stulver, M., White, J. W., Johnsen, S. J. and Jouzel, J., 1993. Comparison of oxygen isotope records from the GISP2 and GRIP Greenland ice cores. *Nature*, **366**, 552-554.

Gupta, A. K., Anderson, D. M. and Overpeck, J. T., 2003. Abrupt changes in the Asian southwest monsoon during the Holocene and their links to the North Atlantic Ocean. *Nature*, **421**, 354-357.

Gwiazda, R. H., Hemming, S. R. and Broecker, W. S., 1996. Tracking the sources of icebergs with lead isotopes：The provenance of ice-rafted debris in Heinrich layer 2. *Paleoceanography*, **11**, 77-93.

Haq, B. U., 1984. Paleoceanography：A synoptic overview of 200 million years of ocean history. In Haq, B. U. and Milliman, J. D. (eds.) *Marine Geology and Oceanography of Arabian Sea and Coastal Pakistan*. 201-231, Van Nostrand Reinhold.

Haq, B., Hardenbol, J. and Vail, P., 1987. Chronology of fluctuating sea levels since the Triassic. *Science*, **235**, 1156-1167.

Hart, M. B. and Leary, P. N., 1991. Stepwise mass extinction：The case for the Late Cenomanian event. *Terra Nova*, **3**, 142-147.

Hays, J. D., 1967. Quaternary sediments of the Antarctic Ocean. In Sears, J. D. (ed.) *Progress in Oceanography*. 117-131, Pergamon Press.

Heath, G. R., 1974. Dissolved silica and deep-sea sediments. In Hay, W. W. (ed.) *Studies in Paleo-oceanography*. 77-93, Soc. Econ. Paleontol. Mineral. Spec. Publ. 20.

Hedberg, H. D. (ed.), 1976. International Stratigraphic Guide—a guide to stratigraphic classification, terminology, and procedure. International Subcommission on Stratigraphic Classification of IUGS Commission on Stratigraphy, John Wiley and Sons, 200 p.

Heinrich, H., 1988. Origin and consequences of cyclic ice rafting in the Northeast Atlantic Ocean during the past 130,000 years. *Quaternary Res.*, **29**, 143-152.

Herbert, T. D. and Fischer, A. G., 1986. Millankovitch climatic origin of mid-Cretaceous black shale rhythms in central Italy. *Nature*, **321**, 739-743.

Hildebrand, A. R., Penfield, G. T., Kring, D. A., Pilkington, M., Camargo, Z. A., Jacobsen, S. B. and Boynton, W. V., 1991. Chicxulub Crater：A possible Cretaceous/Tertiary boundary impact crater on the Yukatan Peninsula, Mexico. *Geology*, **19**, 867-871.

平野弘道・海保邦夫, 2004. 地球史における生物事変―大量絶滅と多様化. 鎮西清高・植村和彦編, 地球環境と生命史. 古生物の科学5, 196-222, 朝倉書店.

北海道立地下資源調査所ニュース, 1995. 湿度調整機能で建材などに注目される稚内層頁岩―共同研究報告 本道珪藻土の高度利用と資源評価に関する研究. 11, 1-2.

本多牧生, 1998. 最終氷期の基礎生産力―海洋における炭酸系の変化―. 地学雑誌, **107**, 166-188.

Honjo, S., 1976. Coccoliths：Production, transportation and sedimentation. *Mar. Micropaleontol.*, **1**, 65-79.

Hovan, S. A. and Rea, D. K., 1992. The Cenozoic record of continental mineral deposition on Broken and Ninetyeast Ridges, Indian Ocean：Southern African aridity and sediment discharge from the Himalayas. *Paleoceanography*, **7**, 833-860.

Huber, B. T., Hodell, D. A. and Hamilton, C. P., 1995. Middle-Late Cretaceous climate of the southern high latitudes : Stable isotopic evidence for minimal equator-to-pole thermal gradients. *Geol. Soc. Am. Bull.*, **107**, 1164-1191.

Huzioka, K., 1964. The Aniai flora of Akita Prefecture, and the Aniai-type floras in Honshu, Japan. *Jour. Min. Coll. Akita Univ.*, Ser. A, **3**, 1-105.

藤岡一男, 1972. 日本海の生成期について. 石油技術協会誌, **37**, 233-244.

茨木雅子, 1994. 浮遊性有孔虫群から見た九州北西部第三系の年代と古環境. 月刊地球, **16**, 150-153.

Ikeda, A., Ochiai, K. and Koizumi, I., 1999. Late Quaternary paleoceanographic changes off southern Java. *The Quaternary Res.*, **38**, 387-399.

池谷仙之・北里 洋, 2004. 地球生物学—地球と生命の進化. 東京大学出版会, 228 p.

Imbrie, J., Boyle, E., Clemens, S., Duffy, A., Howard, W., Kukla, G., Kutzbach, J., Martinson, D., McIntyre, A., Mix, A., Molfino, B., Morley, J., Peterson, L., Pisias, N., Prell, W., Raymo, M., Shackleton, N. and Toggweiler, J., 1992. On the structure and origin of major glaciation cycles, 1, Linear responses to Milankovitch forcing. *Paleoceanography*, **7**, 701-738.

Imbrie, J., Hays, J. D., Martinson, D. G., McIntire, A., Mix, A. C., Morley, J. J., Pisias, N. G., Prell, W. L. and Shackleton, N. J., 1984. The orbital theory of Pleistocene climate : Support from a revised chronology of the marine $\delta^{18}O$ record. In Berger, A., Imbrie, J., Hays, J., Kukla, G. and Saltzman, B. (eds.) *Milankovitch and Climate*. Part I, Nato ASI Serries, 269-305, Reidel.

Ingle, J. C., Jr., 1981. Origin of Neogene diatomites around the North Pacific rim. In Garrison, R. E. and Douglas, R. G. (eds.) *The Monterey Formation and Related Siliceous Rocks of California*. Soc. Econ. Paleontol. Mineral., Spec. Publi. Pac. Ser., 159-179.

IPCC, 1995. Climate change 1955. In Houghton, J. T., Meira Filho, L. G., Callendar, B. A., Harris, N., Kattenberg, A. and Maskell, K. (eds.) *The Science of Climate Change*. Cambridge Univ. Press, 571 p.

Irino, T. and Tada, R., 2000. Quantification of Aeolian dust (Kosa) contribution to the Japan Sea sediments and its variation during the last 200 kyr. *Geochemical Jour.*, **34**, 59-93.

石川尚人, 1995. 日本列島は新生代にどのような動きをしたか—日本海の生成発達史—. 公開普及講演会, 講演資料, 19-29, 日本地質学会関西支部.

Jarvis, I., Carson, G. A., Cooper, M. K. E., Hart, M. B., Leary, P. N., Tocher, B. A., Horne, D. and Rosenfeld, A., 1988. Microfossil assemblages and the Cenomanian-Turonian (late Cretaceous) Oceanic Anoxic Event. *Cretaceous Research*, **9**, 3-103.

Jenkyns, H. C., Gale, A. S. and Corfield, R. M., 1994. Carbon- and oxygen-isotope stratigraphy of the English Chalk and Italian Scaglia and its palaeoclimatic significance. *Geol. Magazine*, **131**, 1-34.

Ji, S., Xingqi, L., Sumin, W. and Matsumoto, R., 2005. Palaeoclimatic changes in the Quinghai Lake area during the last 18,000 years. *Quaternary Int.*, **136**, 131-140.

Johnsen, S. J., Clausen, H. B., Dansgaard, W., Fuhrer, K., Gundestrup, N., Hammer, C. U., Iversen, P., Jouzel, J., Stauffer, B. and Steffensen, J. P., 1992. Irregular glacial interstadials recorded in a new Greenland ice core. *Nature*, **359**, 311-313.

Jolivet, L. and Tamaki, K., 1992. Neogene kinematics in the Japan Sea region and volcanic activity of the northeast Japan Arc. In Tamaki, K., Suehiro, K., Allan, J., McWilliams, M. *et al.* (eds.) *Proc. ODP, Sci. Results*, 127/128, Pt. 2, 1311-1331, College Station, TX (Ocean Drilling Program).

海保邦夫, 1992. 地球環境変動と大量絶滅. 科学, **62**, 654-660.

海保邦夫, 1995. 古生代/中生代境界での大量絶滅と地球変動. 科学, **65**, 90-100.

海保邦夫, 2000. 生物事変総説. 月刊地球, 号外 **29**, 128-135.

Kaiho, K., Arinobu, T., Ishiwatari, R., Morgans, H. E. G., Okada, H., Takeda, N., Tazaki, K., Zhou, G., Kajiwara, Y., Matsumoto, R., Hirai, A., Niitsuma, N. and Wada, H., 1996. Latest palecene benthic foraminiferal extinction and environmental changes at Tawanui, New Zealand. *Paleoceanography*, **11**, 447-465.

Kaiho, K. and Saito, S., 1994. Oceanic crust production and climate during the last 100 Myr. *Terra Nova*, **6**, 376-384.

Kanaya, T., 1971. Some aspects of pre-Quaternary diatoms in the cores. In Riedel, W. R. and Funnel, B. M. (eds.) *The Micropaleontology of Oceans*. 545-565, Cambrige Univ. Press.

Kanaya, T. and Koizumi, I., 1966. Interpretation of diatom thanatocoenoses from the North Pacific applied to a study of core V20-130 (studies of a deep-sea core V20-130, part IV). *Sci. Rep. Tohoku Univ.*, Ser. 2, **37**, 89-130.

鹿野和彦・柳沢幸夫, 1989. 阿仁合型植物群及び台島型植物群の年代. 地調月報, **36**, 427-438.

Kano, K., Yoshikawa, T., Yanagisawa, Y., Ogasawara, K. and Danhara, T., 2002. An unconformity in the early Miocene syn-rifting succession, northern Noto Peninsula, Japan : Evidence for short-term uplifting precedent to the rapid opening of the Japan Sea. *Island Arc*, **11**, 170-184.

加藤 進・中野孝教, 1999. 石油探鉱におけるストロンチウム同位体層序. 石油技術協会誌, **64**, 72-79.

川幡穂高，1998a．外洋域の沈降粒子—堆積粒子からの古海洋の復元のために—．地学雑誌，**107**，274-297．

川幡穂高，1998b．顕生代の地球表層環境変動—気候，生物イベント，物質輸送，そしてスーパープルーム—．地質学論集，**49**，185-198．

Kawahata, H., Suzuki, A. and Ohta, H., 1998. Sinking particles between the equatorial and subarctic regions (0°N-46°N) in the central Pacific. *Geochemical Jour.*, **32**, 125-133.

河村公隆，1992a．大気から海へ，海から大気へ．科学，**62**，642-647．

河村善也，1992b．哺乳動物相の移り変わり．科学，**62**，240-244．

河村善也，1998．第四紀における日本列島への哺乳類の移動．第四紀研究，**37**，251-257．

Keller, G. and Barron, J. A., 1983. Paleoceanographic implications of Miocene deep-sea hiatus. *Geol. Soc. Am. Bull.*, **94**, 590-613.

Kemp, A. E. S., Pearce, R. B., Koizumi, I., Pike, J. and Rance, S. J., 1999. The role of mat-forming diatoms in formation of the Mediterranean Sapropels. *Nature*, **398**, 57-61.

Kemp, A. E. S., Pike, J., Pearce, R. B. and Lange, C. B., 2000. The "Fall dump"— a new perspective on the role of a "shade flora" in the annual cycle of diatom production and export flux. *Deep-Sea Res.*, **II**, 47, 2129-2154.

Kennett, J. P., 1980. Paleoceanographic and biogeographic evolution of the southern ocean and during the Cenozoic, and Cenozoic microfossil datums. *Palaeogeogr., Palaeoclimatol., Palaeoecol.*, **31**, 123-152.

Kennett, J. P., 1986. Miocene to early Pliocene oxygen and carbon isotope stratigraphy in the southwest Pacific, Deep Sea Drilling Project Leg 90. In Kennett, J. and Vonder Borch, C. C. (eds.) *Initial Reports, Deep Sea Drilling Program*, **90**, 1383-1411, U. S. Govt. Printing Office.

Kennett, J. P., Keller, G. and Srinivasan, M. S., 1985. Miocene planktonic foraminiferal biogeography and paleoceanographic development of the Indo-Pacific region. In Kennett, J. P. (ed.) *The Miocene Ocean: Paleoceanography and Biogeography*. Geol. Soc. Am., Memoir 163, 197-236.

Kennett, J. P. and Stott, L. D., 1990. Proteus and proto-Oceans: Ancestral Paleogene oceans as revealed from Antarctic stable isotopic results; ODP Leg 113. In Barker, P. F., Kennett, J. P. *et al.* (eds.) *Proc. ODP, Sci. Results*, 113, 865-880, College Station, TX (Ocean Drilling Program).

小林和男，1977．海洋底地球科学．東京大学出版会，312 p．

小泉　格，1979．日本海の地史—堆積物と微化石から—．研究連絡誌「日本海」，**10**，69-90．

小泉　格，1980．海底に探る地球の歴史．UP Earth Science 5，東京大学出版会，108 p．

小泉　格，1986．中新世の珪質堆積物と海洋事件．月刊海洋科学，**18**，146-153．

Koizumi, I., 1986a. Late Neogene temperature record in the northwest Pacific Ocean. *Sci. Rep. Coll. Gen. Educ. Osaka Univ.*, **34**, 145-153.

Koizumi, I., 1986b. Pliocene and Pleistocene diatom levels related with paleoceanography in the northwest Pacific. *Mar. Micropaleontology*, **19**, 309-325.

Koizumi, I., 1988. Early Miocene proto-Japan Sea. *Jour. Paleont. Soc. Korea*, **4**, 6-20.

小泉　格，1990．日本海の拡大・形成に伴う古環境の珪藻・堆積相による研究．平成2年度科学研究費補助金（一般研究（C））研究成果報告書，1-20．

Koizumi, I., 1990. The disappearance of the *Coscinodiscus yabei* zone in the subarctic Hokkaido region. *Jour. Fac. Sci. Hokkaido Univ.*, Ser. IV, **22**, 577-589.

小泉　格，1998．21 世紀の深海掘削計画．地質学論集，**49**，227-232．

小泉　格，1999．日本列島の自然．検証・日本列島—自然，ヒト，文化のルーツ．20-36，クバプロ．

小泉　格，2006．日本海と環日本海地域—その成立と自然環境の変遷．角川書店，145 p．

小泉　格，2007．気候変動と文明の盛衰．地学雑誌，**116**，62-78．

Koizumi, I., Irino, T. and Oba, T., 2004. Paleoceanography during the last 150 kyr off central Japan based on diatom floras. *Mar. Micropaleontology*, **53**, 293-365.

小泉　格・的場保望，1989．西黒沢階の上限について．地質学論集，**32**，187-195．

Koizumi, I. and Shiono, M., 2006. Diatoms in the eastern Mediterranean sapropels. *Nova Hedwigia, Bei.*, **130**, 185-200.

小泉　格・上田誠也，1974．地球科学と深海掘削計画．科学，**44**，203-211．

小泉　格・安田喜憲編，1995．地球と文明の周期．講座文明と環境1，朝倉書店，280 p．

国立科学博物館・読売新聞社，1996．いま復活するジャワ原人—ピテカントロプス展．読売新聞社，88 p．

Koya, K., 1999MS. Late Pliocene-Pleistocene paleoceanographic study based on diatom assemblage of the Japan Sea cores (ODP Leg 127). Dr. thesis at Graduate School Sci., Hokkaido Univ., 69 p.

Kozlova, O. G., 1971. The main features of diatom and silicoflagellate distribution in the Indian Ocean. In Funnell, B. M. and Riedel, W. R. (eds.) *The Micropaleontology of the Oceans*. 271-275, Cambridge Univ. Press.

Krueger, H. W., 1964. K-Ar age of basalt cored in the Mohole Project (Guadalupe Site). *Jour. Geophy. Res.*, **69**, 1155-1156.

倉本真一，1992．日本海堆積物の物性測定が明らかにしたこと—ODP 日本海航海—．月刊地球，号外6，223-228．

Kuramoto, S., Tamaki, K., Langseth, M. G., Nobes, D. C., Tokuyama, H., Pisciotto, K. A. and Taira, A., 1992. Can opal-A/opal-CT BSR be an indicator of the thermal structure of the Yamato Basin, Japan Sea? In Tamaki, K., Suehiro, K., Allan, J., McWilliams, M. et al. (eds.) *Proc. ODP, Sci. Results*, 127/128, Pt. 2, 1145-1156, College Station, TX (Ocean Drilling Program).

米谷盛壽郎・井上洋子, 1981. 新潟堆積盆地における中新統中下部の有孔虫群集と古地理の変遷. 化石, 30, 73-78.

Kyte, F. T., 1998. A meteorite from the Cretaceous/Tertiary boundary. *Nature*, 396, 237-239.

Larson, R. L., 1991a. Geological consequences of superplumes. *Geology*, 19, 963-966.

Larson, R. L., 1991b. Latest pulse of Earth : Evidence for a mid-Cretaceous super plume. *Geology*, 19, 547-550.

Lasaga, A. C., Bermer, R. A. and Garrels, R. M., 1985. An improved geochemical model of atmospheric CO_2 fluctuations over the past 100 million years. In Sundquist, E. T. and Broecker, W. S. (eds.) *The Carbon Cycle and Atmospheric CO_2 : Natural Variations Archean to Present*. Geophys. Mono. 23, Am. Geophys. Union, 397-411.

Legrand, J., Feniet-Saigne, M., Saltzman, C., Germain, E. S., Barkov, C. and Petrov, N. I., 1991. Icecore record of oceanic emissions of dimethylsulphide during the last climate cycle. *Nature*, 350, 144-146.

Lindsay, E. H., Opdyke, N. D., Johnson, N. M., 1980. Pliocene dispersal of horse *Equus* and late Cenozoic mammalian dispersal events. *Nature*, 287, 135-138.

Lorius, C., Raisbeck, G., Jouzel, J. and Raynaud, D., 1989. Longterm environmental records from Antarctic ice cores. In Ocshger, H. and Langway, C. C., Jr. (eds.) *The Environmental Record in Glaciers and Ice Sheets*. 343-361, John Wiley and Sons.

Lowell, T. V., Heusser, C. J., Andersen, B. G., Moreno, P. I., Huser, A., Heusser, L. E., Schluchter, C., Marchant, D. R. and Denton, G. H., 1995. Interhemispheric correlation of late Pleistocene glacial events. *Science*, 269, 1541-1549.

MacAyeal, D. R., 1993a. A low order model of the Heinrich events cycle. *Paleoceanography*, 8, 767-775.

MacAyeal, D. R., 1993b. Binge/purge oscillations of the Laurentide Ice Sheet as a cause of the North Atlantic Heinrich events. *Paleoceanography*, 8, 775-784.

町田 洋・大場忠道・小野 昭・山崎晴雄・河村善也・百原 新, 2003. 第四紀学. 朝倉書店, 326 p.

MacLeod, K. G. and Huber, B. T., 1996. Reorganization of deep ocean circulation accompanying a late Cretaceous extinction event. *Nature*, 380, 422-425.

Magny, M., 1993. Solar influences on Holocene climatic changes illustrated by correlations between past lake-level fluctuations and their atmospheric ^{14}C record. *Quaternary Res.*, 40, 1-9.

Magny, M., 1995. Successive oceanic and solar forcing indicated by Younger Dryas and early Holocene climatic oscillations in the Jura. *Quaternary Res.*, 43, 279-285.

Martin, J. H., 1990. Glacial-interglacial CO_2 change : The iron hypothesis. *Paleoceanography*, 5, 1-13.

Martinson, D. G., Pisias, N. G., Hays, J. D., Imbrie, J., Moore, T. C., Jr. and Shackleton, N. J., 1987. Age dating and the orbital theory of the ice ages : Development of a high-resolution 0 to 300,000-year chronostratigraphy. *Quaternary Res.*, 27, 1-29.

丸山茂徳・磯崎行雄, 1998. 生命と地球の歴史. 岩波新書, 275 p.

増田富士雄, 1989. 過去6億年間の気候変動にみる周期—酸素同位体変遷史と地球系の同時摂理. 科学, 59, 455-463.

増田富士雄, 1996. 地質時代の気候変動. 住 明正ほか, 気候変動論. 岩波講座 地球惑星科学 11, 157-219, 岩波書店.

松井裕之・多田隆治・大場忠道, 1998. 最終氷期の海水準変動に対する日本海の応答—塩分収支モデルによる陸橋成立の可能性の検証. 第四紀研究, 37, 221-233.

松本 良・市川裕一郎, 1997. 海洋ガスハイドレートのライザー掘削. 月刊地球, 号外 19, 190-195.

Mayewski, P. A., Meeker, L. D., Whitlow, S., Twickler, M. S., Morrison, M. C., Bloomfield, P., Bond, G. C., Alley, R. B., Gow, A. J., Grotes, P. M., Meese, D. A., Ram, M., Taylor, K. C. and Wumkes, W., 1994. Changes in atmospheric circulation and ocean ice cover the North Atlantic during the last 41,000 years. *Science*, 263, 1747-1751.

McKelvey, B. C., Webb, P.-N., Harwood, D. M. and Mabin, M. C. G., 1991. The Dominion Range Sirius Group : A record of the Late Pliocene-Early Pleistocene Beardmore Glacier. In Thomson, M. R. A., Crame, J. A. and Thompson, J. W. (eds.) *Geological Evolution of Antarctica*. 675-682, Cambridge Univ. Press.

Mikkelsen, N., 1977. On the origin of Ethmodiscus ooze. *Mar. Micropaleontology*, 2, 35-46.

ミランコヴィッチ, M. 著, 柏谷健二・山本淳之・大村 誠・安成哲三訳, 1992. 気候変動の天文学理論と氷河時代. 古今書院, 526 p.

Miller, K. G., Barrera, E., Olsson, R. K., Sugarman, P. J. and Savint, S. M., 1999. Does ice drive early Maastrichtian eustacy? *Geology*, 27, 783-786.

Miller, K. G., Fairbanks, R. G. and Mountain, G. S., 1987. Tertiary oxygen synthesis, sea level history, and continental margin erosion. *Paleoceanography*, 2, 1-19.

Müller, R. D., Roset, W. R., Royer, J.-Y., Gahagan, L. M. and Sclater, J. G., 1997. Digital isochrons of the world's ocean floor. *Jour. Geophys. Res.*, 102(B2), 3211-3214.

中村俊夫, 2001. 放射性炭素年代とその高精度化. 第四紀研究, 40, 445-459.

中塚 武, 1998. 堆積有機物の炭素・窒素安定同位体比による古海洋解析. 地学雑誌, 107, 203-217.

Nakatsuka, T., Harada, N., Matsumoto, E., Handa, N., Oba, T., Ikehara, M., Matsuoka, H. and Kimoto, K., 1995. Glacial-interglacial migration of an upwelling field in the western equatorial Pacific recorded by sediment ^{15}N/^{14}N. *Geophys. Res. Lett.*, **22**, 2525-2528.

成瀬敏郎, 2006. 風成塵とレス. 朝倉書店, 208 p.

奈須紀幸, 1977. 国際深海掘削計画 (その1). *JAMSTEC*, **9**, 8-17.

Nelson, D. M., Tréguer, P., Brzezinski, M. A., Leynaert, A. and Quéguiner, B., 1995. Production and dissolution of biogenic silica in the ocean: Revised global estimates, comparison with regional data and relationship to biogenic sedimentation. *Global Biogeochem. Cycles*, **9**, 359-373.

西 弘嗣, 2000. 無氷河時代 (白亜紀) の気候と生物の絶滅. 月刊地球, 号外 **29**, 189-199.

西 弘嗣・北里 洋・松岡 篤, 2002. 古海洋学の最近の進展と古生物学—地球史における海洋環境研究の最前線—. 月刊地球, **24**, 377-381.

西村 昭, 1992. 地球規模の環境問題と南極およびその周辺海域. 地質ニュース, **452**, 10-18.

Nishimura, S., 1992. Tectonic approach to changes in surface-water circulation between the tropical Pacific and Indian oceans. In Tsuchi, R. and Ingle, J. C., Jr. (eds.) *Pacific Neogene—Environment, Evolution, and Events.* 157-167, Univ. of Tokyo Press.

Nobes, D. C., Langseth, M. G., Kuramoto, S. and Holler, P., 1992. Identification and correction of a systematic error in index property measurements. In Tamaki, K., Suehiro, K., Allan, J., McWilliams, M. *et al.* (eds.) *Proc. ODP, Sci. Results*, 127/128, Pt. 2, 985-1016, College Station, TX (Ocean Drilling Program).

野村律夫, 2000. 新生代の生物界のビッグバン—暁新世/始新世の温暖化事変—. 月刊地球, 号外 **29**, 182-188.

Norris, R. D., Kroon, D., Huber, B. T. and Erbacher, J., 2001. Cretaceous-Palaeogene ocean and climate change in the subtropical North Atlantic. In Kroon, D., Norris, R. D. and Klaus, A. (eds.) *Western North Atlantic Palaeogene and Cretaceous Palaeoceanography*. Geol. Soc., London, Spec. Pub. 183, 1-22.

野崎義行, 1994. 地球温暖化と海—炭素の循環から探る. 東京大学出版会, 196 p.

大場忠道, 2003. 氷床コア. 町田 洋・大場忠道・小野昭・山崎晴雄・河村善也・百原 新編著, 第四紀学. 88-103, 朝倉書店.

O'Brien, S. R., Mayewski, P. A., Meeker, L. D., Meese, D. A., Twickler, M. S. and Whitlow, S. I., 1995. Complexity of Holocene climate as reconstructed from a Greenland ice core. *Science*, **270**, 1962-1964.

Oeschger, H., Beer, J., Siegenthalter, U., Stauffer, B., Dansgaard, W. and Langway, C. C., 1984. Late glacial history from ice cores. In Hansen, J. E. and Takahashi, T. (eds.) *Climate Processes and Climate Sensitivity*. 299-306, Amer. Geophys. Union.

大口健志・山崎貞治・野田浩司・佐々木清隆・鹿野和彦, 2005. 男鹿半島から見出された 20 Ma 以前の海生堆積物. 石油技術協会誌, **70**, 207-215.

岡田 誠, 1997. Leg 145: North Pacific Transect. 月刊地球, 号外 **19**, 27-30.

岡本和夫, 1981. 山陰中新世貝類化石からみた古対馬海峡. 化石, **30**, 49-53.

Oppo, D. W. and Horowitz, M., 2000. Glacial deep water geometry: South Atlantic benthic foraminiferal Cd/Ca and ^{13}C evidence. *Paleoceanography*, **15**, 147-160.

Otofuji, Y., Matsuda, T. and Nohda, S., 1985. Paleomagnetic evidence for the Miocene counterclockwise rotation of northeast Japan-rifiting process of the Japan Sea. *Earth Planet. Sci. Lett.*, **75**, 265-277.

尾崎正紀, 1999. 山口県北西部に分布する日置層群と油谷湾層群の FT 年代—特に伊上層の層序学的位置づけについて—. 地球科学, **53**, 391-396.

Pedersen, T. F. and Calvert, S. E., 1990. Anoxia vs. productivity: What controls the formation of organic-rich sediments and sedimentary rocks? *Am. Assoc. Petrol. Geol. Bull.*, **74**, 454-466.

Peterman, Z. E., Hedge, C. E. and Tourtelot, H. A., 1970. Isotopic composition of strontium in seawater throughout Phanerozoic time. *Geochim. Cosmochim. Acta*, **34**, 105-120.

Petit, J. R., Jouzel, J., Raynaud, D., Barkov, N. I., Barnola, J. M., Basilke, I., Bender, M., Chappellaz, J., Davis, M., Delaygue, G., Delmotte, M., Kotlyakov, V. M., Legrand, M., Lipenkov, V. Y., Lorius, C., Pepin, L., Ritz, C., Saltzman, E. and Stievenard, M., 1999. Climate and atmospheric history of the past 420,000 years from the Vostok ice core, Antarctica. *Nature*, **399**, 429-436.

Pichon, J.-J., Bareille, G., Labracherie, M., Labeyrie, L. D., Baudrimont, A. and Turon, J.-L., 1992. Quantification of the biogenic silica dissolution in Southern Ocean sediments. *Quaternary Res.*, **37**, 361-378.

Pickard, G. L. and Emery, W. J., 1990. *Descriptive Physical Oceanography* (5th Enlarged ed.). Butterworth-Heinmann, 320 p.

Pike, J. and Kemp, A. E. S., 1997. Early Holocene decadal-scale ocean variability recorded in Gulf of California laminated sediments. *Paleoceanography*, **12**, 227-238.

Pisias, N. G. and Delaney, M. L. (eds.), 1999. *COMPLEX Conference on Multiple Platform Exploration of the Ocean*. 7, Joint Oceanographic Institutions, 180 p.

Premoli-Silva, I. and Sliter, W., 1999. Cretaceous paleoceanography: Evidence from planktonic foraminiferal evolution. In Barrera, E. and Johnson, C. C. (eds.) *Evolution of the Cretaceous Ocean-Climate System*. Geol. Soc. Special Paper 32, 301-328.

Prueher, L. M. and Rea, D. K., 1998. Rapid onset of glacial conditions in the subarctic North Pacific region at 2.67 Ma: Clues to causality. *Geology*, **26**, 1027-1030.

Ramirez, P. R., 1981. *Beiträge zur Taxonomie und Verbreitung der Gattung Thalassiosira Cleve* (*Bacillar-*

iophyceae) in den Küstengewässern Chiles. Biblio. Phycologica 56, J. Cramer, 220 p.

Rampino, M. R. and Self, S., 1992. Volcanic winter and accelerated glaciation following the Toba super-eruption. Nature, 359, 50-52.

Rampino, M. R. and Self, S., 1993. Climate-volcanism feedback and the Toba eruption of 74,000 years ago. Quaternary Res., 40, 269-280.

Raymo, M. E., 1991. Geochemical evidence supporting T. C. Chambering's theory of glaciation. Geology, 19, 344-347.

Raymo, M. E., 1997. The timing of major climate terminations. Paleoceanography, 12, 577-585.

Raymo, M. E. and Nisancioglu, K., 2003. The 41 kyr world : Milankovitch's other unsolved mystery. Paleoceanography, 18, 11-1-11-6, doi : 10. 1029/200 PA000791, 2003.

Raymo, M. E., Ruddiman, W. F. and Froelich, P. N., 1988. Influence of Late Cenozoic mountain building on ocean geochemical cycles. Geology, 16, 649-653.

Rea, D. K., Basov, I. A., Krissek, L. A. and Leg 145 Scientific Party, 1995. Scientific results of drilling the North Pacific transect. Proc. In Rea, D. K., Basov, I. A., Scholl, D. W. and Allan, J. F. (eds.) Proc. ODP, Sci. Results, 145, 577-596, College Station, TX (Ocean Drilling Program).

Rea, D. K. and Schrader, H., 1985. Late Pliocene onset of glaciation : Ice-rafting and diatom stratigraphy of North Pacific DSDP cores. Palaeogeogr., Palaeoclimatol., Palaeoecol., 49, 313-325.

リーキー, R. 著, 馬場悠男訳, 1996. ヒトはいつから人間になったか. サイエンス・マスターズ 3, 草思社, 262 p.

Rich, P. V., Rich, T. H., Wagstaff, B. E., McEwen-Mason, J., Douthitt, C. B., Gregory, R. T. and Felton, E. A., 1988. Evidence for low temperatures in Cretaceous high latitudes of Australia. Science, 242, 1403-1406.

Royer, A., DeAngelis, M. and Petit, J. R., 1983. A 30,000 year record of physical and optical properties of microparticles from an East Antarctic ice core and implications for paleoclimate reconstruction models. Climatic Change, 5, 381-412.

Ruddiman, W. F. and Kutzbach, J. E., 1989. Forcing of late Cenozoic northern hemisphere climate by plateau uplift in southern Asia and the American West. Jour. Geophy. Res., 94, 18409-18427.

Ruddiman, W. F. and McIntyre, A., 1984. Ice-age thermal response and climatic role of the surface Atlantic Ocean 40°N to 63°N. Geol. Soc. Am. Bull., 95, 381-396.

斉藤常正, 1999. 最近の古地磁気層序の改訂と日本の標準微化石層序. 石油技術協会誌, 64, 2-15.

桜井邦朋, 2003. 夏が来なかった時代—歴史を動かした気候変動. 歴史文化ライブラリー 161, 吉川弘文館, 223 p.

Sarnthein, M. and Tiedemann, R., 1990. Younger Dryas-style cooling events at glacial terminations I-VI at ODP Site 658 : Associated benthic $\delta^{13}C$ anomalies constrain meltwater hypothesis. Paleoceanography, 5, 1041-1055.

Schlanger, S. O. and Jenkyns, H. C., 1976. Cretaceous anoxic events : Causes and consequences. Geol. Mijinbouw., 55, 179-184.

Schrader, H.-J., 1974. Revised diatom stratigraphy of the Experimental Mohole Drilling, Guadalupe site. Proc. Calif. Acad. Sci., 4th Ser., 39, 517-562.

Shackleton, N. J., 1977. Carbon-13 in Uvigerina : Tropical rainforest history and the equatorial Pacific carbonate dissolution cycles. In Andersen, N. R. and Malahoff, A. (eds.) The Fate of Fossil Fuel CO_2 in the Ocens. 401-427, Plenum.

Shackleton, N. J., Hall, M. A. and Pate, D., 1995. Pliocene stable isotope stratigraphy of Site 846. In Pisias, N. G., Mayer, L. A. Janecek, T. R., Palmer-Julson, A. and Van Andel, T. H. (eds.) Proc. ODP, Sci. Results, 138, 337-355, College Station, TX (Ocean Drilling Program).

Shackleton, N. J. and Opdyke, N. D., 1977. Oxygen isotope and palaeomagnetic evidence for early North Hemiasphere glaciation. Nature, 270, 216-219.

Shiono, M. and Koizumi, I., 2001. Phylogenic evolution of the Thalassiosira trifulta group (Bacillariophyceae) in the northwestern Pacific Ocean. Jour. Geol. Soc. Japan, 107, 496-514.

Smit, J. and Romein, A. J. T., 1985. A sequence of events across the Cretaceous-Tertiary boundary. Earth Planetary Sci. Lett., 74, 155-170.

Sowers, T. and Bender, M., 1995. Climate records covering the last deglaciation. Science, 269, 210-214.

スピロ, T. G.・スティグリアニ, W. M. 著, 岩田元彦・竹下英一訳, 2000. 地球環境の化学. 学会出版センター, 340 p.

Stein, R., 1986. Organic carbon and sedimentation rate-further evidence for anoxic deep-water conditions in the Cenomanian/Turonian Atlantic Ocean. Mar. Geol., 72, 199-209.

Stommel, H. and Arons, A. B., 1960. On the abyssal circulation of the world ocean—II. An idealized model of circulation pattern and amplitude in oceanic basins. Deep-Sea Res., 6, 217-233.

Stuiver, M. and Braziunas, T. F., 1989. Atmospheric ^{14}C and century-scale solar oscillations. Nature, 338, 405-408.

Stuiver, M., Braziunas, T. F., Becker, B. and Kromer, B., 1991. Climatic, solar, oceanic, and geomagnetic influences on late-Glacial and Holocene atmospheric $^{14}C/^{12}C$ change. Quaternary Res., 35, 1-24.

Stuiver, M., Quay, P. D. and Ostlund, H. G., 1983. Abyssal water carbon-14 distribution and the age of the world oceans. Science, 219, 849-851.

Stuiver, M. and Reimer, P. J., 1993. Radiocarbon calibration program 1993. Radiocarbon, 35, 215-230.

Stuiver, M., Reimer, P. J., Bard, E., Beck, J. W., Burr, G. S.,

Hughen, K. A., Kromer, B., McCormac, F. G., van der Plicht, J. and Spurk, M., 1998. INTCAL98 radiocarbon age calibration, 24,000-0 cal BP. *Radiocarbon*, **40**, 1041-1083.

Sugimura, A., 1967. Uniform rates and duration period of Quaternary earth movements in Japan. *Jour. Geosciences, Osaka City Univ.*, **10**, 25-35.

杉村 新, 1987. グローバルテクトニクス—地球変動学. 東京大学出版会, 250 p.

杉村 新, 1988. 太平洋プレートの運動変化と第三紀/第四紀変動. 月刊地球, **10**, 551-555.

Sun, J. and Liu, T., 2000. Stratigraphic evidence for the uplift of the Tibetan Plateau between~1.1 and~0.9 myr ago. *Quaternary Res.*, **54**, 309-320.

多田隆治, 1982. 珪質堆積物からチャートへの石化過程について. 月刊地球, **4**, 510-516.

Tada, R., 1994. Paleoceanographic evolution of the Japan Sea. *Palaeogeogr., Palaeoclimatol., Palaeoecol.*, **108**, 487-508.

多田隆治, 1994. 石油炭坑における堆積リズム解析の可能性—第四紀日本海海洋循環ダイナミックスの復元を例として. 石油技術協会誌, **59**, 54-62.

多田隆治, 1998a. 最終氷期の日本列島. 遺伝, **52**, 10-15.

多田隆治, 1998b. 数百年〜数千年スケールの急激な気候変動—Dansgaard-Oeschger Cycleに対する地球システムの応答—. 地学雑誌, **107**, 218-233.

Tada, R. and Iijima, A., 1992. Lithostratigraphy and compositional variation of Neogene hemipelagic sediments. In Tamaki, K., Suehiro, K., Allan, J., McWilliams, M. *et al.* (eds.) *Proc. ODP, Sci. Results*, 127/128, Pt. 2, 1229-1260, College Station, TX (Ocean Drilling Program).

Tada, R., Irino, T. and Koizumi, I., 1999. Land-ocean linkages over orbital and millennial timescales recorded in late Quaternary sediments of the Japan Sea. *Paleoceanography*, **14**, 236-247.

田口一雄, 1979. 石油鉱床形成の地球化学. 佐々木昭・石原舜三・関陽太郎 (編) 地球の資源/地表の開発. 岩波講座 地球科学14, 82-99, 岩波書店.

多井義郎, 1963. 瀬戸内・山陰新第三紀層有孔虫群の変遷とForam. Sharp Line. 化石, **5**, 1-7.

平 朝彦, 1992. 国際深海掘削計画 (ODP) の学術的成果と地球科学への貢献. 月刊地球, 号外 **6**, 8-16.

平 朝彦, 2001. 地質学1 地球のダイナミックス. 岩波書店, 296 p.

平 朝彦・末広 潔, 1997. 総論:国際深海掘削計画 (ODP) 第2期の成果と第3期の展望—地質記録の解読から地質現象の観測へ—. 月刊地球, 号外 **19**, 5-14.

高橋孝三・久道研一・籐田 満・米田義昭, 1996. 海洋植物プランクトン生産性の季節変動—セディメント・トラップ実験より—. 月刊海洋, 号外 **10**, 109-115.

Tamaki, K., 1988. Geological structure of the Japan Sea and its tectonic implications. *Bull. Geol. Surv. Jpn.*, **39**, 269-365.

玉木賢策, 1990. 砂が教える奥尻海嶺の上昇. 科学朝日, May 1990, 20-21.

Tamaki, K. and Honza, E., 1985. Incipient subduction and obduction along the eastern margin of the Japan Sea. *Tectonophysics*, **119**, 381-406.

Tamaki, K., Pisciotto, K. A., Allan, J. *et al.*, 1990. *Proc. ODP, Init. Repts.*, 127, College Station, TX (Ocean Drilling Program), 844 p.

Tamaki, K., Suyehiro, K., Allan, J., Ingle, J. C., Jr. and Pisciotto, K. A., 1992. Tectonic synthesis and implications of Japan Sea ODP Drilling. In Tamaki, K., Suehiro, K., Allan, J., McWilliams, M. *et al.* (eds.) *Proc. ODP, Sci. Results*, 127/128, Pt. 2, 1333-1348, College Station, TX (Ocean Drilling Program).

Tanai, T., 1961. Neogene floral change in Japan. *Jour. Fac. Sci., Hokkaido Univ.*, Ser. IV, **11**, 119-398.

Taylor, K. C., Lamorey, G. W., Doyle, G. A., Alley, R. B., Grootes, P. M., Mayewski, P. A., Whitre, J. W. C. and Barlow, L. K., 1993. The 'flickering switch' of late Pleistocene climate change. *Nature*, **361**, 432-436.

鳥居雅之・林田 明・乙藤洋一郎, 1985. 西南日本の回転と日本海の誕生. 科学, **55**, 47-52.

Truesdale, R. S. and Kellogg, T. B., 1979. Ross Sea diatoms: Modern assemblage distributions and their relationship to ecologic, oceanographic and sedimentary conditions. *Mar. Micropaleontology*, **4**, 13-31.

Tsuchi, R., Shuto, T. and Ibaraki, M., 1987. Geologic ages of the Ashiya Group, north Kyushu from a view point of planktonic foraminifera. *Repts. Fac. Sci. Shizuoka Univ.*, **21**, 109-119.

上田誠也, 1989. プレートテクトニクス. 岩波書店, 268 p.

植村和彦, 1993. 大型植物化石に基づく新生代の古気候変遷と気温. 化石, **54**, 24-34.

Van Andel, T. H., 1994. *New Views on an Old Planet—A History of Global Change*. 2nd ed., Cambridge Univ. Press, 439 p. 〔卯田 強訳, 1987. さまよえる大陸と海の系譜. 初版, 築地書館, 326 p〕

Van Campo, E. and Gasse, F., 1993. Pollen- and diatom-inferred climatic and hydrological changes in Sumxi Co basin (western Tibet) aince 13,000 yr B. P. *Quaternary Res.*, **39**, 300-313.

若土正暁, 1992. 深層水の形成. 科学, **62**, 661-664.

Wang, Y., Cheng, H., Edwards, R. L., He, Y., Kong, X., An, Z., Wu, J., Kelly, M. J., Dykoski, C. A. and Li, X., 2005. The Holocene Asian monsoon: Links to solar changes and North Atlantic climate. *Science*, **308**, 854-857.

渡部芳夫・山本正伸, 1995. 地球環境の変遷と石油天然ガス根源岩の形成. 地質ニュース, **487**, 7-16.

渡辺興亜, 1991. 氷床コアにみる気候変動. 科学, **61**, 635-639.

渡辺興亜, 1999. 34万年の地球環境変動を南極氷床コアに読む. 科学, **69**, 608-618.

Webb, P.-N., Harwood, D. M., McKelvey, B. C. and Stott, L. D., 1984. Cenozoic marine sedimentation and ice-volume variation on the East Antarctic craton. *Geology*, **12**, 287-291.

Weber, J. R., 1989. Physiography and bathymetry of the Arctic Ocean seafloor. In Y. Herman (ed.) *The Arctic Seas — Climatology, Oceanography, Geology, and Biology*. 797-828, Van Nostrand Reinhold.

Westgate, J. A., Stemper, B. A. and Péwé, T. L., 1990. A 3 m. y. record of Pliocene-Pleistocene loess in interior Alaska. *Geology*, **18**, 858-861.

Williams, D. F., 1988. Evidence for and against sea-level changes from the stable isotopic record of the Cenozoic. *Soc. Econ. Paleontol. Mineral. Spec. Publ.*, **42**, 31-36.

Wolbach, W. S., Gilmour, I., Anders, E., Orth, C. J. and Brooks, R. R., 1988. Global fire at the Cretaceous-Tertiary boundary. *Nature*, **334**, 665-669.

Wolbach, W. S., Lewis, R. S. and Anders, E., 1985. Cretaceous extinctions : Evidence for wildfires and search for material. *Science*, **230**, 167-170.

Wolfe, J. A., 1978. A paleobotanical interpretation of Tertiary climates in the northern hemisphere. *Amer. Sci.*, **66**, 694-703.

Wolfe, J. A. and Upchurch, G. R., 1987. North American non-marine climates and vegetation during the Late Cretaceous. *Palaeogeogr., Palaeoclimatol., Palaeoecol.*, **61**, 33-77.

Woodruff, F., Savin, S. and Douglas, R., 1981. Miocene stable isotope : A detailed deep Pacific Ocean study and its paleoclimatic implications. *Science*, **21**, 665-668.

Wu, W. and Liu, T., 2004. Possible role of the "Holocene Event 3" on the collapse of Neolithic Cultures around the Central Plain of China. *Quaternary Int.*, **117**, 153-166.

Yamamoto, M., Oba, T., Shimamura, J. and Ueshima, T., 2004. Orbital-scale anti-phase variation of sea surface temperature in mid-latitude North Pacific margins during the last 145,000 years. *Geophy. Res. Lett.*, **31**, L16311, doi : 10. 1029/2004GL020138.

山野井徹, 1978. 佐渡（中山峠）における新第三系の花粉層序. 石油技術協会誌, **43**, 119-127.

安成哲三・柏谷健二編著, 1992. 地球環境変動とミランコヴィッチ・サイクル. 古今書院, 174 p.

横山祐典. 2004. 氷期-間氷期スケールおよびMillennialスケールの気候変動の研究：同位体地球化学的・地球物理的手法によるアプローチ. 地球化学, **38**, 127-150.

Yokoyama, Y., Esat, T. M. and Lambeck, K., 2001a. Coupled climate and sea-level changes deduced from Huon Peninsula coral terraces of the Last Ice Age. *Earth Planet. Sci. Lett.*, **193**, 579-587.

Yokoyama, Y., Esat, T. M. and Lambeck, K., 2001b. Last Glacial sea-level change deduced from uplifted coral terraces of Huon Peninsula, Papua New Guinea. *Quaternary Inter.*, **83-85**, 275-283.

Zachos, J. C., Breza, J., Wise, S., Kennett, J., Stott, L., Stott, L. and the ODP Shipboard Scientific Party, 1989. A high latitude, southern Indian Ocean, Middle Eocene to Oliocene paleoclimatic record. *Trans. Am. Geophys. Union (EOS)*, **70**, 375.

Zielinski, G. A., Mayewski, P. A., Meeker, L. D., Whitlow, S., Twickler, M. S., Morrison, M., Meese, D. A., Gow, A. J. and Alley, R. B., 1994. Record of volcanisim since 7000 B. C. from the GISP2 Greenland ice core and implications for the volcano-climate system. *Science*, **264**, 943-948.

Zielinski, G. A., Mayewski, P. A., Meeker, L. D., Whitlow, S., Twickler, M. S. and Taylor, K., 1996. Potential atmospheric impact of the Toba mega-eruption〜71,000 years ago. *Geophy. Res. Lett.*, **23**, 837-840.

結　　び

　1960 年代後半に，海底を掘削することによって初めて海底深部から海底堆積物と基盤岩のサンプルが採取された．それから数々の技術革新と研究の成果が取り入れられて，2003 年 10 月から日本のライザー掘削船「ちきゅう」と米国のライザーレス掘削船「ジョイデスレゾリューション」，欧州諸国の特定任務掘削船（サンゴ礁やデルタ性堆積物が分布するごく浅い海と海氷や氷山が漂流している極域などでの掘削を目的とした掘削プラットホーム）を国際運用する「統合国際深海掘削計画」(Integrated Ocean Drilling Program, IODP) が日本を中核として進行している．

　IODP の成否の鍵を握る「海溝型地震発生帯の解明」に関わる海底掘削が紀伊半島沖の熊野灘で 2007 年の 9 月半ばから始まった．プレートの沈み込み帯で発生する巨大地震や津波は地球上で発生する最大の自然災害であることから，「ちきゅう」の最初の研究航海が地震の巣である南海トラフの掘削にあてられたのである．地震発生帯から岩石サンプルを採取して物性測定を行うとともに，掘削孔を利用した各種の地球物理計測によって地震発生の機構が解明されていけば，地殻変動や地震の予測が可能になる．陸と海をつなぐリンケージポイントとして重要な縁海と大陸縁辺部の大陸棚や大陸斜面には，砂礫や炭化水素が厚く堆積しているために，ライザーレス掘削船の「ジョイデスレゾリューション」では堆積物の採取が不可能であった．しかしライザー掘削船「ちきゅう」は，数年オーダーで解析することが可能な陸源粒子を含む堆積速度の速い堆積物を採取できる．数年オーダーの環境変動やそのメカニズムが解明できれば，将来の環境（気候）変動の予測なども生活レベルで可能になるであろう．

　10 年以内に達成すべき主要な科学目標の 1 つに，縁海や大陸縁辺部の大陸棚と大陸斜面に生息している微生物（他の生物に寄生して発酵や腐敗を起こす単細胞のさまざまな細菌や，糖分をアルコールと二酸化炭素に分解する菌やカビなどの酵母）を研究して，生命の起源を解明することやバイオテクノロジーによる新薬の開発がある．われわれにつながってくる最初の生命体は，有害な紫外線を避けられる深海の海底熱水噴出口付近で二酸化硫黄や硫化水素などの化学変化をエネルギー源として，自己保存能力と増殖能力を有する独立栄養の化学合成細菌であったと考えられている．また，資源の欠乏と環境悪化が進行しつつある現在の状況に対処するために，海底下のメタンハイドレートの起源と微生物の関係，メタンガスの放出に伴って起こる崩壊による海底地滑りなどを解明することも重要である．

　ライザー掘削船「ちきゅう」の最終目標はマントルの掘削である．その第一歩として，沈み込み帯における安山岩質大陸地殻からなる火山弧と背弧海盆の玄武岩質海洋地殻を掘り抜かねばならない．マントルは地球の約 80% を占める．高温と高圧環境におけるコア

ビットとコアキャッチャー，4000 m のライザー管と 1 万 m におよぶ掘削管のハンドリングなど，材料工学や工業デザイン，掘削技術などの結集と支援が必要である．これは 20 世紀の自動車産業や航空機産業に匹敵する，21 世紀における総合産業である．

2007 年に採択された「気候変動に関する政府間パネル（IPCC）」の第 4 次評価報告書（AR4）は，地球全体が温暖化していることに疑問の余地はなく，20 世紀半ば以降に観測された世界の平均気温の上昇のほとんどは人為起源の温室効果ガスの増加によってもたらされた可能性が非常に高いと結論した．近未来の気候予測は観測データに基づいて研究されるのが最上であるが，残念ながら過去 100 年分のデータしかない．紀元後や最終氷期最寒期以降の詳細な古気候データを復元する研究が求められている．

2007～2010 年は「国際惑星地球年」である．われわれが住む惑星，地球で起きている自然現象を詳しく探るとともに，その成果を災害や環境問題などさまざまな課題に生かそうと国連教育科学文化機関（UNESCO）と国際地質科学連合（IUGS）が提唱したのである．

索 引

あ 行

アイスアルジー 96
芦屋動物化石群 121
アシュール石器伝統 52
阿仁合型植物化石群 123,124
アルカリポンプ 73
アルケノン 66
アルベド 17,21,44,56,104,110

イオリアンダスト 47
一次生産 68-70,72,75,81,91
一次生産者 80,96
糸魚川-静岡構造線 114
イリジウム Ir 27
インドシナ海路 30
インドネシア海路 41

ウォーカー循環 65
ウォレス線 59,60

エアロゾル 55,70,106
栄養塩類 80
エルニーニョ（El Niño）65
縁海 22,112,113
沿岸湧昇流 80,82,87,90
エンソ 66
塩分危機 42
塩分振動子モデル 74

黄土 42,47
オスミウム Os 28
オパール 70
オパール A 13,84-86,91,118
オパール A/CT 反射面 121
オパール CT 84-86,91,118
オルドヴァイ石器伝統 51
音響基盤 118
音響的透明層 118
音響的反射面 118
温室（greenhouse）時代 17
温室型地球 121
温暖型氷床 101
温暖高塩分深層水（WSDW）24,30,37

か 行

海溝 112,113
開水面 100
海洋底拡大説 5,16
海洋無酸素事件（OAEs）23

カス I 号 4
ガスハイドレート 13
門の沢動物群 124
還元型有機化合物 68
寒の戻り 57
観音開き 115

基礎生産 26
北大西洋深層水（NADW）39,40,42, 54,57,105
北半球氷河時代 44
北半球氷床 42
軌道要素 47
極地型氷床 101

グリースアイス 104
クリストバル岩-トリディマイト 14
グリーンランド海深層水 105
グローマーチャレンジャー号 9,10

珪藻温度指数 47,61,63,90,91
珪藻土 85,93,94
珪藻軟泥 83
珪藻マット 82,83
ケーク 94
ケーシング 3,15
ケロジェン 77
嫌気性バクテリア 76
原日本海 123

高塩分水 100,104
後期暁新世最温暖化（LPTM）37
光合成 68,69
黄砂 70,127
国際共同深海掘削計画（IPOD-DSDP）11
国際深海掘削計画（ODP）11
国際層序委員会（ICS）43
弧状列島 112
古生物事件 8
古土壌 42
ゴンドワナ 17,20,97
コンベアベルト 110

さ 行

再貫入システム 9
再貫入装置 10
歳差 44,47,53,67
歳差運動 46,56
サイスミックプロファイル 13

再生生産 72
サフル大陸 59
サプロペル 23,24,84
酸素極小層 70
酸素同位体比（$^{18}O/^{16}O$）30,33

塩原・耶麻動物群 124
子午線湧昇流 70
脂質 77
自主栄養細胞 69,72
自主栄養生物 81
示準化石 6
示準面 7
始新世末期事件 38
地震波トモグラフィー 16,19
シダ植物 23,29
自転軸（地軸）の傾き 42,44,45,47,53, 56,67
自動船位保持装置 9
地の粉 93
ジブラルタル海峡 42
ジャイヤ 104
ジョイデスレゾリューション号 11
蒸発残留海盆（古地中海）40
ショックドクォーツ 28
シリカ交代 39,87,89,90
深海掘削計画（DSDP）5,9
深海性クロロフィル最大層 82,84
新庄型植物群 125
新生産 72
新生代地球最温暖化（CGCO）37
新ドリアス期 61,63,65
人類 58

水圧式ピストンコアラー（HPC）9
水素同位体比（D/H）34,97
ステファン-ボルツマンの法則 95
スーパープルーム 17,21,22,37
スーパープルーム仮説 16
スンダーランド 59,112

生物生産 21,23,26,40,47,81,98,127
生物ポンプ 72
赤道循環流 20,21,30,39,54,89
セジメントトラップ 75,79
セルフポジショニングシステム 4

ゾウ-ウマ（Elephant-Equus）イベント 50
層序学 6

索 引

た 行

大気の遠隔作用　66
台島型植物化石群　123,124
帯状湧昇流　70
堆積間隙　39
ダイナミックポジショニングシステム　9
対比　4,6
太陽活動　63
太陽光反射率　17
太陽放射熱　95,96
大量絶滅　86
卓状型氷山　97
多成分反射法探査　13
棚倉構造線　115
棚氷　97
ターミネーション　56,58
炭酸塩補償深度（CCD）　37,91
ダンスガード-オシュガーサイクル　108
炭素同位体比（$^{13}C/^{12}C$）　31,35

地球軌道要素　45,56
地球放射熱　95
地史学　5
地磁気異常の縞模様　116
窒素同位体比（$^{15}N/^{14}N$）　71
抽出性有機物　77
中新世末期事件　42
中層水　96
中米海路　30,89
朝鮮海峡　126

対馬海峡　126
対馬暖流　127

低速度層　112
テクタイト　29
テーチス海　19-21,23,30,37,39
鉄　70
テレコネクション　66
天体衝突　27,28
伝播　118
デンマーク海峡　105

島弧　112
統合国際深海掘削計画（IODP）　14
淘汰圧　92
ドームふじ　98
　――の氷床コア　99
トランスポーラドリフト　105
ドロップストーン　44

な 行

南極収束帯　99
南極循環流　20,30,31,39,40,82,89
南極底層水　38,57
南極底層流　42
南極ブナ　39
南方振動　66

日本海東縁部活断層帯　121
日本海の拡大　114

熱塩循環（THC）　57,74,75

は 行

ハイアタス　39,40
バイオマス　69,78,79
背弧海盆　22,112
ハインリッヒイベント　60,64,108,110
白亜紀の大海進　21
白金 Pt　28
パナマ海峡　42,53,54
パナマ海路　41
パナマ地峡　54
パナマ陸橋　37,53
パンゲア　17,19,20,21
パンサラッサ海　19
反射式連続音波探査法　12
反射能　104

微化石年代層序　6
被子植物　23,29
非晶質シリカ　13,70
ビチューメン　77
氷河型気候　43
氷河型地球　121
氷河時代　17
氷河融解水　57
氷室（icehouse）時代　17
氷漂岩屑　47,53,63
氷流　98
漂流岩屑（IRD）　42,44,55,99-101,107,108,110
ビラフランカ動物群　48

風成塵　47,52,127
フェレル循環　65
複合年代尺度　7
船川遷移面　125
ブライン　100,102-104
フラジルアイス　104
フラックス　75
フラム海峡　102,105
ブルーミング（大繁殖）　81,83
プルームテクトニクス　18
プルームテクトニクス説　16
プレコート　94
プレートテクトニクス　17,18,30
プレートテクトニクス説　5,16
プロパゲーション　118
噴出防止装置（BOP）　1

ベーリング/アレレード期　61
ベーリング海峡　103
ベルトコンベア　77
偏狭性　40,87,90
編年　6

放射性炭素　62
暴噴装置　15

ボストーク氷床コア　97,98,107
北極海深層水　105
北極圏氷床　56
北極振動　65
ホットスポット　19
ボディフィード　94
ボーフォート旋回流　104
ポリニヤ　100,104
ボンドイベント　61,63-65
ボンドサイクル　64,109

ま 行

マイクロテクタイト　28
マルチチャンネルサイスミックプロファイル　119
マングローブ　124
マントル対流　18
マントルプルーム　16
マンモス動物群　125

みそすり運動　46
三徳型植物群　125
ミランコヴィッチサイクル　45,56,110

無氷河時代　17

明暗色の縞模様　127
メキシコ湾流　37,43,54,89
メタンスルホン酸　98
メタンハイドレート　37,79,120
メタンハイドレートBSR　121
メッシニアン事件　42

モホ面　112
モホール計画　3,8
モンスーン　52,53,60
モンスーン湧昇流　70

や 行

八尾動物群　124

融氷水パルス　107

溶解ポンプ　73
溶存態有機物　68,71
横ずれ断層　118

ら 行

ライザー　3
ライザー掘削　15
裸子植物　23,29
ラニーニャ　66
乱泥流堆積物　121

離心率　45,47,56,67
リソクライン　91
リソスフェア　112
陸橋　125
リピド　77
硫化ジメチル　98
隆起サンゴ礁　110,111

霊長類 41
暦年代 62
レス 42,47
連続音波探査記録 13

濾過助剤 94
ローラシア 17,20
ローレンタイド氷床 109
ロンボク海峡 61

わ 行

和達-ベニオフ帯 112

欧 文

bio-chronostratigraphy 6
BOP (blow-out preventer) 1
BSR (bottom simulating reflector) 13

^{14}C 62
C_3植物 53,69
C_4植物 53,69
CCD (calcium carbonate compensation depth) 37,38,40,41,91
Cd/Ca 比 57
CGCO (Cenozoic Global Climatic Optimum) 37
chronology 6
correlation 6

D-O イベント 110

D-O サイクル 57,64,108
datum level 7
datum plane 7
DSDP (Deep Sea Drilling Project) 9

ENSO 66
Ethmodiscus 軟泥 82

fall dump 82-84
Foram. Sharp Line 125

GISP2 氷床コア 106,107

Heinrich event 108
historical geology 5
HPC (hydraulic piston corer) 9

ICS (International Commission on Stratigraphy) 43
IODP (Integrated Ocean Drilling Program) 14
IPOD-DSDP (International Phase of Ocean Drilling) 11
IRD (ice rafted debris) 57,108

K/T 境界 27,86

LPTM (Late Paleocene Thermal Maximum) 37

Messinian Event 42

MIS (marine isotope stage) 34
Mohole Project 3

NADW (North Atlantic deep water) 39,54,57,74
Nothofagus 39

OAEs (Oceanic Anoxic Events) 23
ODP (Ocean Drilling Program) 11
OI (oxygen isotope stage) 34

PDB (Pee Dee belemnite shell) 34
Planktonic Foram. Sharp Surface 125
proto-Japan Sea 123

Ramapithecus 41

salinity crisis 42
Southern Oscillation 66
SPECMAP (Mapping Spectral Variability in Global Climate Project) 34
stratigraphy 6

T_1~T_4 61,63,65
Td 値 47,90,91
Td' 値 61,63
Terminal Eocene Event 38
Terminal Miocene Event 42
THC (thermohaline circulation) 57

WSDW (warm saline deep water) 24

著者略歴

小泉　格(こいずみ　いたる)

1937年　秋田県に生まれる
1968年　東北大学大学院理学研究科
　　　　博士課程修了
現　在　北海道大学名誉教授
　　　　理学博士

図説　地球の歴史　　　　　　　　　　　　定価はカバーに表示

2008年6月20日　初版第1刷

　　　　　　　　　　　著　者　小　泉　　　格
　　　　　　　　　　　発行者　朝　倉　邦　造
　　　　　　　　　　　発行所　株式会社　朝倉書店
　　　　　　　　　　　　　　　東京都新宿区新小川町6-29
　　　　　　　　　　　　　　　郵便番号　162-8707
　　　　　　　　　　　　　　　電話　03(3260)0141
　　　　　　　　　　　　　　　FAX　03(3260)0180
〈検印省略〉　　　　　　　　　　http://www.asakura.co.jp

　　ⓒ 2008〈無断複写・転載を禁ず〉　　　　　真興社・渡辺製本
　　ISBN 978-4-254-16051-2　C 3044　　　　　Printed in Japan

法大 田渕 洋編著
自然環境の生い立ち（第3版）
―第四紀と現在―
16041-3 C3044　　　　A5判 216頁 本体3200円

地形，気候，水文，植生などもっぱら地球表面の現象を取り扱い，図や写真を多く用いることにより，第四紀から現在に至る自然環境の生い立ちを理解することに眼目を置いて解説。〔内容〕第四紀の自然像／第四紀の日本／第四紀と人類

町田 洋・大場忠道・小野 昭・
山崎晴雄・河村善也・百原 新編著
第 四 紀 学
16036-9 C3044　　　　B5判 336頁 本体7500円

現在の地球環境は地球史の現代（第四紀）の変遷史研究を通じて解明されるとの考えで編まれた大学の学部・大学院レベルの教科書。〔内容〕基礎的概念／第四紀地史の枠組み／地殻の変動／気候変化／地表環境の変遷／生物の変遷／人類史／展望

兵庫教育大 成瀬敏郎著
風 成 塵 と レ ス
16048-2 C3044　　　　A5判 208頁 本体4800円

今後の第四紀研究に寄与するこの分野の成書。〔内容〕研究史／風成塵とレスの特徴／ESR分析と酸素同位体比分析／南西諸島と南九州のレス／北九州，本州，北海道／韓国／中国黄土／最終間氷期以降／ボーリングコア／文明の基盤／気候変動

前京大 鎮西清高・国立科学博 植村和彦編
古生物の科学5
地 球 環 境 と 生 命 史
16645-3 C3344　　　　B5判 264頁 本体12000円

地球史・生命史解明における様々な内容をその方法と最新の研究と共に紹介。〔内容〕〈古生物学と地球環境〉化石の生成／古環境の復元／生層序／放散虫と古海洋学／海洋生物地理学／同位体〈生命の歴史〉起源／動物／植物／生物事変／群集／他

日本古生物学会編
古 生 物 学 事 典
16232-5 C3544　　　　A5判 496頁 本体18000円

古生物学に関する重要な用語を，地質，岩石，脊椎動物，無脊椎動物，中古生代植物，新生代植物，人物などにわたって取り上げて解説した五十音順の事典（項目数約500）。巻頭には日本の代表的な化石図版を収録し，化石図鑑として用いることができ，巻末には系統図，五界説による生物分類表，地質時代区分，海陸分布変遷図，化石の採集法・処理法などの付録，日本語・外国語・分類群名の索引を掲載して，研究者，教育者，学生，同好者にわかりやすく利用しやすい編集を心がけている

前気象庁 新田 尚・東大 住 明正・前気象庁 伊藤朋之・
前気象庁 野瀬純一編
気象ハンドブック（第3版）
16116-8 C3044　　　　B5判 1032頁 本体38000円

現代気象問題を取り入れ，環境問題と絡めたよりモダンな気象関係の総合情報源・データブック。[気象学]地球／大気構造／大気放射過程／大気熱力学／大気大循環[気象現象]地球規模／総観規模／局地気象[気象技術]地表からの観測／宇宙からの気象観測[応用気象]農業生産／林業／水産／大気汚染／防災／病気[気象・気候情報]観測値情報／予測情報[現代気象問題]地球温暖化／オゾン層破壊／汚染物質長距離輸送／炭素循環／防災／宇宙からの地球観測／気候変動／経済[気象資料]

早大 坂 幸恭監訳
オックスフォード辞典シリーズ
オックスフォード 地球科学辞典
16043-7 C3544　　　　A5判 720頁 本体15000円

定評あるオックスフォードの辞典シリーズの一冊"Earth Science（New Edition）"の翻訳。項目は五十音配列とし読者の便宜を図った。広範な「地球科学」の学問分野――地質学，天文学，惑星科学，気候学，気象学，応用地質学，地球化学，地形学，地球物理学，水文学，鉱物学，岩石学，古生物学，古生態学，土壌学，堆積学，構造地質学，テクトニクス，火山学などから約6000の術語を選定し，信頼のおける定義・意味を記述した。新版では特に惑星探査，石油探査における術語が追加された

前東大 不破敬一郎・国立環境研 森田昌敏編著
地球環境ハンドブック（第2版）
18007-7 C3040　　　　A5判 1152頁 本体35000円

1997年の地球温暖化に関する京都議定書の採択など，地球環境問題は21世紀の大きな課題となっており，環境ホルモンも注視されている。本書は現状と課題を包括的に解説。〔内容〕序論／地球環境問題／地球／資源・食糧・人類／地球の温暖化／オゾン層の破壊／酸性雨／海洋とその汚染／熱帯林の減少／生物多様性の減少／砂漠化／有害廃棄物の越境移動／開発途上国の環境問題／化学物質の管理／その他の環境問題／地球環境モニタリング／年表／国際・国内関係団体および国際条約

上記価格（税別）は2008年5月現在